全国高等院校建筑环境与能源应用工程专业统编教材

建筑环境测试技术
（第二版）

Measuring Technique of Building Environment

丛书审定委员会

付祥钊　张　旭　李永安　李安桂　李德英

沈恒根　陈振乾　周孝清　徐向荣

本书主审　郁鸿凌

本书主编　万金庆　杨晚生

本书副主编　胡明江

本书编写委员会

万金庆　杨晚生　胡明江

华中科技大学出版社

中国·武汉

内 容 提 要

本书系统地讲述了建筑环境与能源应用工程专业经常遇到的温度、湿度、压力、流量、物位、气体成分、环境噪声、照度、环境中的放射性等参量的基本测量方法、测试仪表的原理及应用，同时介绍了测量的基本知识、测量误差和数据处理、智能仪表等内容。

本书系统性强，内容适用，可作为建筑环境与能源应用工程专业本科教材，也可供相关专业的工程技术人员参考。

图书在版编目(CIP)数据

建筑环境测试技术/万金庆，杨晚生主编. —2版. —武汉：华中科技大学出版社，2020.1
(2023.7重印)
全国高等院校建筑环境与能源应用工程专业统编教材
ISBN 978-7-5680-5789-9

Ⅰ.①建… Ⅱ.①万… ②杨… Ⅲ.①建筑物-环境管理-测试技术-高等学校-教材 Ⅳ.①TU-856

中国版本图书馆CIP数据核字(2019)第266887号

建筑环境测试技术(第二版) 万金庆 杨晚生 主编
Jianzhu Huanjing Ceshi Jishu(Di-er Ban)

策划编辑：周永华
责任编辑：陈 忠
封面设计：原色设计
责任校对：李 弋
责任监印：朱 玢
出版发行：华中科技大学出版社(中国·武汉) 电话：(027)81321913
武汉市东湖新技术开发区华工科技园 邮编：430223
录 排：华中科技大学惠友文印中心
印 刷：广东虎彩云印刷有限公司
开 本：850mm×1060mm 1/16
印 张：15.5
字 数：323千字
版 次：2023年7月第2版第4次印刷
定 价：49.80元

全国高等院校建筑环境与能源应用工程专业统编教材

总　　序

地球上本没有建筑，人类创造了建筑；地球上本没有城市，人类构建了城市。建筑扩大了人类的生存地域，延长了人类的个体寿命；城市增强了人类的交流合作，推动了人类社会的发展。建筑和城市是人类最伟大的工程创造，彰显着人类文明进步的历史。建筑和城市的出现，将原来单纯统一的地球环境分割为三个不同的层次：第一层次为自然环境，其性状和变化由自然力量决定；第二层次为城市环境，其性状和变化由自然力量和人类行为共同决定；第三层次为建筑环境，其性状和变化由人类行为决定。自然力量恪守着自然的规律，人类行为体现了人类的欲望。工程师必须协调好二者之间的关系。

由于城市物质文化活动的高效益，人们越来越多地聚集于城市。发达国家的城市人口已达全国人口的70%；中国正在加快城市化进程，城市的实际人口很快将超过50%。现代社会，人类大多数活动在建筑内开展。城市居民一生中约有90%的时间在建筑环境中度过。为了提高生产水平，保护生态环境，包括农业在内的现代生产过程也越来越多地从自然环境转移进建筑环境。建筑环境已成为现代人类社会生存发展的主要空间。

建筑环境与自然环境必须保持良好的空气、水、能源等生态循环，才能支撑人类的生存发展。但是，随着城市规模越来越大，几百万、上千万人口的城市不断形成，城市面积由几十平方千米扩展到几百平方千米、上千平方千米，一些庞大的城市正在积聚成群，建筑环境已被城市环境包围，远离自然。建筑自身规模也不断扩大，几十万、上百万平方米的单体建筑已不鲜见，内外空间网络关联异常复杂。目前建筑环境有两方面问题亟待解决：一方面，通过城市环境，建立和保持建筑环境与自然环境的良性生态循环是人类的一个难题；另一方面，建筑环境在为人类生存发展提供条件的同时，消耗了大量能源，能耗已占社会总能耗的1/3左右，在全球能源紧缺、地球温室效应日渐显著的严峻形势下，提高建筑能源利用率是人类的又一个重大课题。

满足社会需求，解决上述课题，必须依靠工程。工程是人类改造物质世界活动的总称，涉及建筑环境与设备工程的内容。工程的出发点是为了人类更好地生存发展。工程的基本问题是能否改变世界和怎样改变世界。工程以价值定向，以使用价值作为基本的评价标准。建筑环境与设备工程的根本任务是：遵循自然规律，调控建筑环境，满足当代人生活与生产的需求；同时节约能源，善待自然，维护后代生存发展的条件。

进行工程活动的基本社会角色是工程师。工程师需要通过专业教育奠定基础。

建筑环境与设备工程专业人才培养的基本类型是建筑环境与设备工程师。工程创造自然界原本没有的事物,其特点是创造性。工程过程包括策划、实施和使用三个阶段,其核心是创造或建造。策划、运筹、决策、操作、运行与管理等工程活动,离不开科学技术,更需要工程创造能力。从事工程活动与科学活动所需要的智能是不一样的。科学活动主要通过概念、理论和论证等实现从具体到一般的理论抽象,需要发现规律的智能;工程活动则更强调实践性,通过策划决策、计划实施、运行使用实现从一般到具体的实践综合,需要的是制定、执行标准规范的运作智能。这就决定了建筑环境与设备工程专业的人才培养模式和教学方法不同于培养科学家的理科专业,教材也不同于理科教材。

建筑环境与设备工程专业的前身——供热、供燃气及通风工程专业,源于苏联(1928 年创建于俄罗斯大学),我国创建于 1952 年。到 1958 年,仅有 8 所高校设立该本科专业。该专业创建之初没有教材。1963 年,在当时的"建工部"领导下,成立了"全国高等学校供热、供燃气及通风专业教材编审委员会",组织编审全国统编教材。20 世纪 70 年代后期这套统编教材得到完善,在专业技术与体系构成上呈现出强烈的共性特征,满足了我国计划经济时代、专业大一统的教学需求。在我国供热、供燃气及通风空调工程界,现在的专业技术骨干绝大多数是学这套教材毕业的。该套教材的历史作用不可磨灭。

进入 21 世纪,建筑环境与设备工程专业教育出现了以下重大变化。

(1) 20 世纪末,人类社会发展和面临的能源环境形势,将建筑环境与设备工程这个原本鲜为人知的配套专业,推向了社会舞台的中心,建筑环境与设备工程专业的社会服务面空前扩大。

(2) 新旧世纪之交,我国转入市场经济体制,毕业生由统一分配转为自谋职业,就业类型越来越多样化。地区和行业的需求差异增大,用人单位对毕业生的知识能力与素质要求各不相同。该专业教育的社会需求特征发生了本质性的改变。

(3) 该专业的科学基础不断加深和拓展,技术日益丰富和多样,工程活动的内涵和形式发生了显著变化。

(4) 强烈的社会需求,使该专业显示出良好的发展前景和广阔的就业领域,刺激了该专业教育的快速扩展。目前全国已有 150 多所高校设立该本科专业,每年招生人数已达 1 万以上,而且还在继续增加。这 1 万多名入学新生,分属"985""211"和一般本科院校等多个层次的学校,在认知特性、学习方法、读书习惯上都有较大差异。

在这样的背景下,对于该工程专业教育而言,特色比统一更重要。各校都在努力办出自己的特色,培养学生的个性,以满足不同的社会需求。学校的特色不同,自然对教材有不同的要求。若不是为了应试,即使同一学校的学生,也会选择不同的教材。多样性的人才培养,呼唤多样性的教材。时代已经变化,全国继续使用同一套统编教材,已经不合时宜了,该专业教材建设必须创新,必须开拓。结合 1998 年的专业调整并总结跨世纪的教育教学改革成果,高校建筑环境与设备工程专业教学指导委员会组织编写了一套推荐教材，由中国建筑工业出版社出版；同时，重庆大学出版社组织编写了一套系列教材；随后机械工业出版社等也先后组织成套编写该专业教材。

在国家“十五”“十一五”教材建设规划的推动下，各出版社出版教材的理念开放，境界明显提升。华中科技大学出版社在市场调研的基础上，组织编写的这套针对二、三类本科院校的系列教材，力求突出实用性、适用性和前沿性。教材竞争力的核心是质量与特色，教材竞争的结果必然是优胜劣汰，这对广大师生而言，是件大好事。希望该专业的教材建设由此呈现和保持百家争鸣的局面。

教材不是给教师作讲稿的，而是给学生学习的，企望编写者能面向学生编写教材，深入研究学生的认知特点。我们的学生从小就开始学科学，现在才开始学工程，其学习和思维的方式适应理科，而把握工程的内在联系和外部制约，建立工程概念则较为困难。在学习该专业时，往往形成专业内容不系统、欠理论，具体技术和工程方法只能死记硬背的印象。编写该专业教材，在完善教材自身的知识体系的同时，更要引导学生转换这种思维方法，学会综合应用；掌握工程原理，考虑全局。对现代工程教学的深入思考，对该专业教学体系的整体把握，丰富的教学经验和工程实践经验，是实现这一目标的基本条件。这样编写出来的教材一定会有特色，必将受到学生的欢迎。期盼华中科技大学出版社组织编写的这套教材，能使学生们说，“这是让我茅塞顿开的教材！”

借此机会，谨向教材的编审和编辑们表示敬意。

付祥钊

2009.6.30 于重大园

前　言

建筑环境测试技术是面向建筑环境与能源应用工程专业本科生开设的一门技术基础课。

本书按照建筑环境与能源应用工程专业的教学要求，讲述了温度、湿度、压力、流量、物位、气体成分、环境噪声、照度、环境中的放射性等参量的基本测量方法、测试仪表的原理及应用，为学生将来从事设计、安装、运行管理及科学研究打下坚实的基础。

本书在编写中参考了大量相关教材、专业书籍和期刊资料，注意融入现代新技术成果和应用经验，力求扩大本书向读者提供的信息量，强调基础性与适用性。

本书可作为高等工科院校建筑环境与能源应用工程专业的本科教材，也可供高职高专院校同类专业使用。

本书第1、2、3、4、5章由上海海洋大学万金庆编写，第7、8、12章由广东工业大学杨晚生编写，第6、9、10、11章由河南城建学院胡明江编写。全书由万金庆统稿，上海理工大学郁鸿凌主审。

由于时间仓促、编者水平有限，错误和不妥之处在所难免，敬请读者不吝指教。

编者

2019年11月

目　录

第1章　测量的基本知识

测量是人类对自然界的客观事物取得数量概念的一种认识过程。自然科学和工程技术领域中所进行的一切研究活动，无非是探求客观事物质与量的变化关系，而研究这种变化关系离不开测量。测量技术推动科学的新发现并使之应用于技术实践中。测量技术是研究有关测量方法和测量工具的科学技术，根据测量对象的差异可将其分成若干方面，如力学测量、电学测量、热工测量等。

1.1　测量的基本概念

1.1.1　测量

1）测量概念

测量就是以确定量值为目的的一组操作，即利用各种测量工具，通过实验的方法将被测量与同类标准量，即测量单位，进行直接或间接的比较，从而确定被测量与标准量之间的比值的过程。

被测量就是所要检测的物理量，也可称作被测参数，如压力、温度、湿度、流量、转速、气体流速、液位等。根据适当定义而规定的数值为1的物理量称为单位，被测量由测量值和测量单位组成，即

$$m = xn \tag{1-1}$$

式中　m——被测量；

n——标准量（测量单位）；

x——测量值，被测量与单位量的数字比值。

被测量又可分为静态参数和动态参数。如稳态流体的速度、压力、温度等，这些物理量在整个测量过程中，其数值大小不随时间的变化而变化，这些量称为静态参数。严格地说，这些参数的数值也并非绝对恒定不变，只是随时间变化得非常缓慢而已，因而在进行测量的时间间隔内由于其数值大小变化甚微，可以忽略不计。

又如非稳态流体的速度、压力、温度等，这些量在测量过程中随着时间的变化而变化，其数值不断发生改变，这些量称为动态参数。这些参数随时间变化的函数可以是周期函数、随机函数等。

想要知道被测量的大小，就要用相应的测量仪表来检测它的数值，而仪表的测量过程是把被测量的信号，以能量的形式进行一次或多次转换和传递，并与相应的测量单位进行比较。测量过程就是能量转化和传递的过程。例如，弹簧管压力计对

压力的测量过程为:被测压力作用在弹簧管上,使其发生角变形,通过杠杆传动机构的传递和放大,以及齿轮机构的传动,角变形变成压力表指针的偏转,最后与压力刻度标尺上的测压单位进行比较,显示出被测压力的数值。

2) 测量方法

测量方法是实现被测量和标准量比较的方法。根据获得测量结果的方式不同,测量方法可分为直接测量法、间接测量法和组合测量法。

(1) 直接测量法

将被测量直接与选用的标准量进行比较,或者用预先标定好的测量仪器进行测量,从而直接求得被测量数值的测量方法,称为直接测量法。直接测量法又分为直读法和比较法。

① 直读法:被测量可以从测量仪表上直接读得测量结果。例如:用水银温度计测量介质温度、用压力表测量容器内介质压力等,都属于直读法。这种方法的优点是使用方便,但精度一般较差。

② 比较法:这种测量方法一般不能从测量仪表直接读得测量结果,往往要使用标准量具,因此测量比较麻烦,但测量仪表本身的误差及其他某些误差则往往在测量过程中被抵消,所以测量精度一般高于直读法。根据不同的比较方法又可分为以下三种。

a. 零示法。零示法又称零值法,在测量时,使被测量的作用与已知量的作用相抵消,以致总的效应减到零,这样就可以肯定被测量等于已知量。例如利用电位差计来测量热电偶在测温时产生的热电势大小。

b. 差值法。使用适当的手段测量出被测量 X 与已知量 a 的差值 $(X-a)$,则有

$$X=(X-a)+a$$

这种方法称为差值法。例如用热电偶温度计测量温度 t 时,从仪表上得到的是被测温度 t 与热电偶冷端温度 t_0 之差。

c. 代替法。在被测量无法直接测量的条件下,可选择一个可测的、能产生相同效应的已知量代替它,这种方法称为代替法。例如,用光学高温计测量钢水的温度。

(2) 间接测量法

通过直接测量与被测量有某种确定函数关系(可以是公式、曲线、表格)的其他各个变量,然后将所测得的数值代入函数关系进行计算(查图、查表),从而求得被测量数值的方法,称为间接测量法。例如,用差压式流量计测量标准节流件两侧的压差,进而求得被测对象的流量。

在间接测量中,未知量 Y 可以表示成

$$Y=f(X_1,X_2,\cdots)$$

式中 $X_1,X_2,\cdots$ 是用直接测量法得到的变量值。

(3) 组合测量法

在测量两个或两个以上相关的未知量时,通过改变测量条件使各个未知量以不

同的组合形式出现，根据直接测量或间接测量所获得的数据，通过联立方程组以求得未知量的数值，这类测量方法称为组合测量法。例如，用铂电阻温度计测量介质温度时，其电阻值 R 在 0～850 ℃时与温度 t 的关系是

$$R_t = R_0(1 + At + Bt^2) \tag{1-2}$$

式中 R_t、R_0——温度分别为 t ℃和 0 ℃时铂电阻的电阻值，Ω；

A、B——常数。

为了确定常系数 A 和 B，首先需要测得铂电阻在不同温度下的电阻值 R_t，然后再联立方程求解，从而得到 A、B 的数值。

组合测量的操作手续很复杂，花费的时间很长，是一种特殊的精密测量方法。它多适用于科学实验或特殊场合。如建立测压管的方向特性、总压特性和速度特性曲线的经验关系式等。

在实际测量工作中，一定要从测量任务的具体情况出发，经过具体分析后，再确定选用哪种测量方法。

3）测量的精密度、准确度、精确度

测量必然会存在误差。通常用精密度、准确度和精确度来衡量测量结果和真值接近的程度。

（1）精密度

对同一被测量在相同的条件下进行多次测量，所得的测定值重复一致的程度，或者说测定值分布的密集程度，称为测量的精密度。精密度反映的是随机误差的影响，随机误差越小，精密度就越高。

（2）准确度

对同一被测量进行多次测量，测定值偏离被测量真值的程度称为测量的准确度。准确度反映的是系统误差的影响程度，系统误差越小，准确度越高。

（3）精确度

精确度是精密度和准确度的综合反映，是测量结果的一致性与真值的接近程度，又称精度。测量的精确度是反映测量好坏的重要指标之一。从测量误差的角度来说，精确度是测得值的随机误差和系统误差的综合反映。

在一个具体的测量中，精密度、准确度和精确度三者之间既有联系，又有区别。对于同一个被测量，精密度高的，其准确度未必高，而准确度高的，其精密度也不一定高，只有精确度高的，其精密度和准确度才高。

图 1-1 是以射手打靶的例子来解释精密度、准确度和精确度及它们三者之间的关系。

假设图中的圆心○为被测量的真值，黑点为其测量值，则

图 1-1(a)：准确度较高、精密度较差。

图 1-1(b)：精密度较高、准确度较差。

图 1-1(c)：精确度很高，即精密度和准确度都较高。

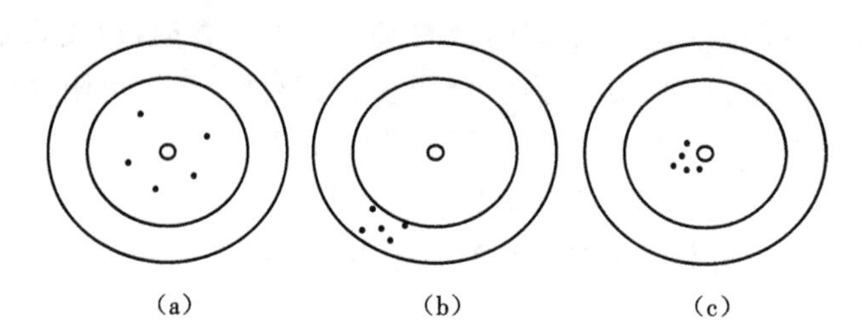

图 1-1 精密度、准确度和精确度含义示意图

1.1.2 测量系统的组成

在测量过程中,为了完成某个或某几个参数的测量,所用的一切量具、仪器仪表和各种辅助设备的统称即为测量系统。测量系统的工作原理、测量的精确度的要求、信息传递与处理、显示方式及功能等不同,其结构也会有很大的差异。例如,测量水的流量,常用标准孔板获得与流量有关的压差信号,然后将压差信号传入压差流量变送器,经过转换、运算,变成电信号,再通过连接导线将电信号传送到显示仪表,显示出被测流量值。这就是一个较为复杂的测量系统,它需要一套较为昂贵、高度自动化的设备。仅需一只测量仪表的系统被认为是简单的测量系统。

任何一个测量系统都可以由有限个具有一定基本功能的环节组成,它可以看成是由许多测量环节组成的测量链。组成测量系统的基本环节有:传感器、变换器、传送元件(或传输通道)和显示装置。

1) 传感器

传感器是能感受规定的被测量,并按照一定的规律转换成可用信号的器件或装置,通常由敏感元件和转换元件组成。它是一种检测装置,能感受到被测量的信息,并能将检测、感受到的信息,按一定规律变换成电信号或其他所需形式的输出,满足信息的传输、存储、显示、记录和控制要求。

敏感元件是传感器直接感受被测量变化的部分,转换元件则将敏感元件的输出转换为便于传输和后续环节处理的电信号。水银温度计的感温泡,能感受被测介质的温度变化,并按温度高低发出与之相应的水银柱位移信号,这就是水银温度计传感器的作用。

一个理想的传感器应满足以下要求。

① 传感器的输入和输出之间应该有稳定的线性单值函数关系。

② 传感器的输出应该只对被测量的变化敏感,且灵敏度高,而对其他一切可能的输入信号不敏感,包括噪音信号。如被测量是压力,敏感元件就只能在压力变化的情况下发出信号,当其他量变化时,传感器不发出任何信号。

③ 在测量过程中,敏感元件应该不干扰或尽量少干扰被测介质的状态。

事实上,传感器很难同时满足以上所有要求,只能限制无用信号的量级,通过理论与实验的方法将其消除。

2）变换器

变换器可将传感器传出的微弱的信号经过处理、加工转换成显示元件易于接受的信号。传感器输出的信号一般都是某种物理变量，如压差、电压、电阻、位移等。大多数情况下，它们的性质和强度总是与显示装置所能接收的信号有差异。测量系统为了实现某种预定的功能，必须通过变换器对传感器输出的信号（包括信号物理性质的变换和数值上的变换）进行变换。

对于变换器的要求，不仅需要性能上的稳定性、精确度高，而且要求信号的损失率最小。变换器的放大形式一般有两种：一种是将感受的信号利用机械式的机构，如杠杆、齿轮等放大，弹簧管压力表测压时，压力信号使弹簧管发生角变形，这个角的变形量很小，需要用拉杆和齿轮机构加以放大；另一种是将感受到的信号利用电子电路加以放大。

目前的测量领域中，主要的变换器有热电偶、电流互感器、电动/气动变换器、计量电桥等。计量电桥的应用极为广泛，其主要功能是将来自传感器的电阻、电容、电感等量的变化，变换成电流或电压的变化。

3）传送元件

如果测量系统各环节是分离的，那么就需要把信号从一个环节送到另一个环节。实现这种功能的元件称为传送元件，其作用是建立各测量环节输入、输出信号之间的联系。传送元件可以较为简单，但有时也可能较为复杂。导线、导管、光导纤维、无线电通信，都可以作为传送元件的一种形式。

传送元件一般较为简单，容易被忽视。实际上，由于传送元件选择不当或安排不周，往往会造成信息能量损失、信号波形失真、引入干扰，致使测量精度下降。例如导压管过细、过长，容易使信号传递受阻，产生传输迟延，影响动态压力测量精度；导线的阻抗失配，将导致电压、电流信号的畸形。

4）显示装置

显示装置是直接与测量人员发生联系的部分。如果被测量信号需要通知观测者，那这种信号必须变成能够让人们的感官识别的形式。显示装置就是实现这种翻译功能的元件。它的作用是根据传递元件传来的信号向观测人员显示被测量数值的大小和变化。

根据显示方式的不同，显示装置主要有以下三种基本形式。

（1）模拟式显示元件

它是以指示器与标尺的相对位置来连续指示被测参数的值，其结构简单，价格低廉，但容易产生视差。例如，U形管是以液面高低来显示压力大小的。

（2）数字式显示元件

它是直接以数字的形式显示被测参数的数值和单位，不会产生视差。数字频率计和数字电压表是最典型的数字式显示元件。

(3) 屏幕显示元件

它既可以按模拟方式显示指示器与标尺的相对位置,参数变化的曲线,也可直接以数字形式显示被测参数的值,或者二者同时显示。它具有形象性和显示大量数据的优点,便于比较判断。

1.2 测量仪表

1.2.1 测量仪表的分类

测量仪表分为模拟式和数字式两大类。模拟式测量仪表是对连续变化的被测物理量(模拟量)直接进行连续测量、显示或记录的仪表,如玻璃水银温度计。其存在测量速度不够快、不利于信息处理和易受干扰等局限性。数字式测量仪表是将被测的模拟量先转换成数字量,再对数字量进行测量的仪表。它将被测的连续物理量通过各种传感器和变送器变换成直流电压或频率信号后,再进行量化处理变成数字量,最后对数字量进行处理(编码、传输、显示、存储及打印)。相对于模拟式测量仪表,数字式测量仪表具有测量精度高、测量速度快、读数客观、易于实现自动化测量及与计算机连接等优点,具有广泛的应用领域和发展前景。

1.2.2 测量仪表的主要性能指标

测量仪表的性能在很大程度上决定着测量结果的质量。为了尽可能获得有价值的测量结果,就需要深入了解测量仪表的主要性能和指标来正确选择和使用仪表。

1) 量程

仪表的量程是指仪表所能测量的最大输入量和最小输入量之间的范围,也称为测量范围。

选用仪表时,首先要对被测量有一个大致的估计,务必使被测量的值都落在仪表的量程之内,否则,当被测量的值超过仪表的量程时,会导致仪表损坏,或者不能得到被测量的真实结果。

2) 仪表精度(准确度)

仪表的精度表征的是测量结果与被测量的真值相符合的程度。它是衡量仪表基本误差大小的标准,一个仪表制成后,只要使用条件和操作均符合说明书规定的技术要求,那么在测量中造成的仪表误差是固定不变的。仪表的精度常用满量程时仪表所允许的最大相对误差的百分数来表示,即

$$\delta=\frac{\Delta_{max}}{A_0}\times 100\% \tag{1-3}$$

式中 δ——仪表的精度;

Δ_{max}——仪表所允许的最大误差;

A_0——仪表的量程。

在掌握仪表的精度概念时必须弄清楚以下两点。

① 在测量中使用同一精度、量程又相同的仪表，所引起的仪表误差（绝对误差）与被测参数的数值大小无关，只能以仪表所允许的最大误差给出。因此，被测量的值最好落在满量程的2/3左右，而应避免出现在满量程的1/3以下，以防止在测量中出现过大的相对误差。

② 对同一精度的仪表，如果量程不等，则在测量中可能产生的绝对误差是不同的。精度相同的仪表，量程越大，其绝对误差也越大，所以当选择仪表时，在满足被测量的数值范围的前提下，应尽可能选择量程小的仪表。

仪表的精度等级是仪表的精度去掉百分号经过圆整之后的数值。

例如，某压力表的量程是10 MPa，测量值的误差不允许超过0.01 MPa，则仪表的精度为

$$\delta=\frac{0.01}{10}\times100\%=0.1\%$$

即该仪表的精度等级为0.1级。

我国工业仪表采用的精度等级序列为：0.005、0.01、0.02、0.04、0.05、0.1、0.2、0.5、1.0、1.5、2.5、4.0、5.0。通常用专用符号表示在仪表的面板上。

【例1-1】 某被监控设备温度为450 ℃左右，现有两种温度计可供选购。第一种量程为0～600 ℃，精度为2.5级；第二种量程为0～1000 ℃，精度为1.5级，问选购哪种温度计好，为什么？

【解】 首先从量程上看，被测量的值均落在两种仪表量程的1/3～2/3，所以两种温度计量程均符合要求。

再看测量误差，第一种温度计测量误差为

$$\Delta_1=\pm(600-0)\times2.5\%\ ℃=\pm15\ ℃$$

第二种温度计测量误差为

$$\Delta_2=\pm(1000-0)\times1.5\%\ ℃=\pm15\ ℃$$

两种温度计产生的测量误差相同。

因为两种温度计均满足量程要求，测量误差又相同，因此可考虑选量程小、精度低的，即选购第一种温度计好。因为它精度等级低，价格便宜，而测量的绝对误差是一样的。

3）稳定性

稳定性是指测量仪表在规定的工作条件保持恒定时，测量仪表的性能在规定时间内保持不变的能力，通常用观测时间内的误差来表示。例如：用毫伏计测量热电偶的温差电动势时，在测点温度和环境温度不变的条件下，24 h内示值变化1.5 V，则该仪表的稳定度为$(1.5/24)\mathrm{mV\cdot h^{-1}}$。

4) 仪表的静态特性

(1) 灵敏度

灵敏度是表征测量仪表对被测参数变化的灵敏程度,或者说是对被测量变化的反应能力,在稳态下,其值为输出增量与输入增量之比,用 S_n 来表示

$$S_n=\frac{\mathrm{d}y}{\mathrm{d}x} \tag{1-4}$$

式中 S_n——灵敏度;

x——输入信号;

y——输出信号。

显然,非线性系统的灵敏度各处不一样。只有线性系统的灵敏度才为常数

$$S_n=\frac{\Delta y}{\Delta x} \tag{1-5}$$

单纯加大灵敏度并不能改变仪表的基本性能,即仪表精度并没有提高,相反有时会出现振荡现象,造成输出不稳定。

(2) 分辨率(灵敏限)

仪表的分辨率是指能引起仪表输出发生变化的输入量的最小变化量,用于表示仪表能够检测出被测量最小变化的能力。

一般指针式仪表的分辨率规定为最小刻度分格值的一半。数字式仪表的分辨率就是当输出最小有效位变化 1 时其示值的变化,常称为“步进量”。在数字测量系统中,分辨率比灵敏度更为常用。例如,用显示保留小数点后两位的数字仪表测量时,输出量的步进量为 0.01,那么 0.01 的输出对应的输入量的大小即为分辨率。

(3) 线性度

仪表都有输入—输出特性,通常希望这个特性(曲线)为线性,这样能方便标定和数据处理。但实际的输出与输入特性只能接近线性,对比理论直线有偏差,如图 1-2 所示。仪表的线性度是衡量仪表实际特性曲线与理想特性曲线之间符合程度的一项指标,用全量程范围内测量系统的实际特性曲线和其理想特性曲线之间的最大偏差值 $\Delta L_{\max}$ 与满量程输出值 y_{FS} 之比来表示。线性度也称为非线性误差,记为 ξ_{L}

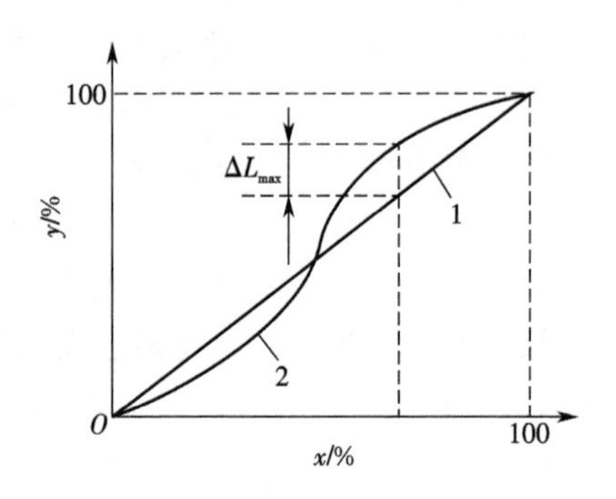

图 1-2 仪表线性度示意

1—理想特性曲线;2—实际特性曲线

$$\xi_{\mathrm{L}}=\frac{\Delta L_{\max}}{y_{\mathrm{FS}}}\times100\% \tag{1-6}$$

任何仪表都有一定的线性范围,线性范围越宽,表明仪表的有效量程越大。测量仪表在线性范围内工作是保证测量准确度的基本条件。在某些情况下,也可以在近似线性的区间内工作。

(4) 变差

在外界条件不变的情况下，使用同一仪表对被测参数进行正反行程(即逐渐由小到大再由大逐渐到小)测量时，在相同的被测参数下仪表的指示值却不相同，其差异程度由变差表征，也称为迟滞差值，如图1-3所示。用全量程中最大迟滞差值 ΔH_{max} 与满量程输出值 y_{FS} 之比来表示仪表的迟滞误差，记作 ξ_H

$$\xi_H = \frac{\Delta H_{max}}{y_{FS}} \times 100\% \qquad (1\text{-}7)$$

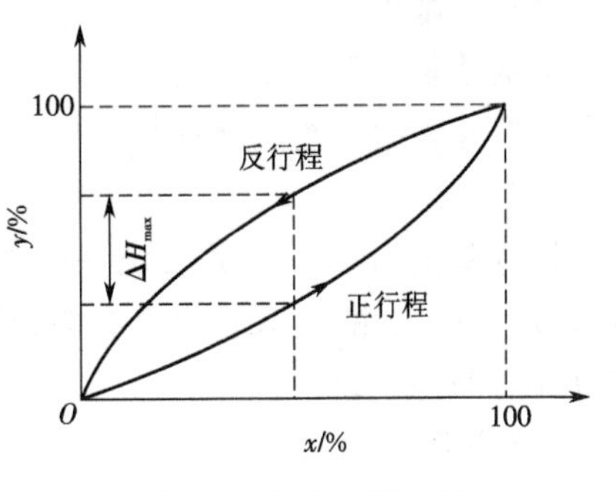

图1-3　仪表变差示意

产生变差的主要原因是仪表传动机构的间隙、运动部件的摩擦、弹性元件的响应滞后等。

(5) 漂移

漂移是指系统的被测量不变，而其输出量却发生了不应有的改变。漂移包括零点漂移与灵敏度漂移。零点漂移或灵敏度漂移又可分为时间漂移(时漂)和温度漂移(温漂)。时漂指在规定条件下，零点或灵敏度随时间缓慢变化。温漂则是由周围温度变化引起的零点漂移或灵敏度漂移。

5) 仪表的动态特性

动态特性是指仪表对随时间变化的被测量的响应特性。只要输入量是与时间相关的函数，则其输出量也必将是与时间相关的函数。动态特性好的仪表，其输出量随时间变化的曲线与被测量随同一时间变化的曲线一致或比较接近。但是由于实际被测量随时间变化的形式是各种各样的，为了便于比较，在研究动态特性时通常输入标准信号。研究动态特性的标准输入形式有三种，即正弦变化、阶跃变化和线性变化，而经常使用的是前两种。正弦变化称为频率响应，阶跃变化称为阶跃响应。对于动态参数的测量，要选择动态特性好的测量仪表，否则动态测量误差就大。

1.3　计量的基本概念

1.3.1　计量

计量是利用技术和法制手段实现单位统一和量值准确可靠的测量，是测量的一种特定形式。在计量过程中，认为所使用的量具和仪器是标准的，用它们来校准、检定受检量具和仪器设备，以衡量和保证使用受检量具仪器进行测量时所获得的测量结果的可靠性。因此，计量是测量的基础和依据。计量工作是国民经济中一项极为重要的技术基础工作。

计量有如下特点。

(1) 准确性

准确性是计量的基本特点,它表征的是计量结果与被计量的真值的接近程度。计量不仅应该明确给出被计量的值,还应该给出该量值的误差范围。

(2) 一致性

计量单位的统一是量值统一的重要前提。无论在何时何地、使用何种计量器具,以及由何人测量,只要符合有关计量所要求的条件,计量结果就应该在给定的误差范围内保持一致。

(3) 溯源性

为了使计量结果准确一致,所有的量值都必须由相同的基准(或标准)传递而来。也就是说,任何一个计量结果,都必须通过连续的比较链与原始的标准器具联系起来,这就是溯源性。

(4) 法制性

计量本身的社会性就要求有一定的法制保障。因为量值的准确统一,不仅依赖于科学技术手段,还要有相应的法律、法规和行政管理。

计量学是研究测量、保证测量统一和准确的科学,它研究的主要内容包括:计量和测量的方法、技术、量具及仪器设备等一般理论;计量单位的定义和转换;量值的传递和保证量值统一所必须采取的措施、规程和法制等。

1.3.2 单位制

任何测量都要有一个统一的体现计量单位的量作为标准,这样的量称作计量标准。计量单位是有明确定义和名称并令其数值为 1 的固定值,它必须以严格的科学理论为依据进行定义。

由选定的一组基本单位和由定义方程式与比例因数构成的导出单位所组成的单位体系,称为单位制。基本单位是那些可以彼此独立地加以规定的物理量单位。国际单位制(International System of Units;SI)由 SI 单位、SI 词头和 SI 单位的十进制倍数和分数单位三部分组成,其中 SI 单位又包括 SI 基本单位、SI 辅助单位和 SI 导出单位。SI 是国际单位制的国际通用符号。SI 基本单位共 7 个,分别是长度米(m),质量千克(kg),时间秒(s),电流安培(A),热力学温度开尔文(K),物质的量摩尔(mol),发光强度坎德拉(cd)。国际上把既可作为基本单位又可作为导出单位的单位,单独列为一类,称其为辅助单位。SI 辅助单位有 2 个,分别是平面角的单位弧度(rad)和立体角的单位球面度(sr)。SI 导出单位的数量很多,其中具有专门名称的 SI 导出单位共有 19 个,例如:力的单位牛顿(N),即 $1\ \mathrm{N}=1\ \mathrm{kg\cdot m/s^2}$;能量(功)的单位焦耳(J),即 $1\ \mathrm{J}=1\ \mathrm{N\cdot m}$;功率的单位瓦特(W),即 $1\ \mathrm{W}=1\ \mathrm{J/s}$。

法定计量单位是国家以法令形式规定使用的计量单位,是统一计量单位制和单位量值的依据和基础,因而具有统一性、权威性和法制性。我国法定计量单位是以国际单位制为基础,保留了少数其他计量单位组合而成的。它包括国际单位制的基本单位、辅助单位、导出单位和词头,并包括 15 个我国国家选定的非国际单位制的单位,如时间(分、时、天),平面角(秒、分、度),质量(吨),长度(海里)和体积(升)等。

1.3.3　计量基准

1) 计量基准器具

计量基准器具,简称计量基准,是在特定计量领域内复现和保存计量单位并具有最高计量特性的计量器具,是统一量值的最高依据。计量基准又分为国际计量基准和国家计量基准。

经国际协议公认,具有当代科学技术所能达到的最高计量性能的计量基准,称为国际计量基准(简称国际基准)。它是世界各国计量单位量值定值的最初依据,也是溯源的起点。

经国家正式承认,具有当代或本国科学技术所能达到的最高计量特性的计量基准,称为国家计量基准(简称国家基准)。

2) 计量基准的划分

计量基准按量值传递体系通常分为主基准、作证基准、副基准、参考基准和工作基准。

(1) 主基准

主基准是指在一特定领域内具有当代最高计量特性的一给定量的计量基准,其值不必参考相同量的其他基准,是被指定的或普遍承认的计量基准。这里的给定量,可以是基本量,也可以是导出量,即主基准的概念既适用于基本单位,也适用于导出单位。

(2) 作证基准

作证基准是指用于核对主基准的变化,或在必要时(如主基准损坏或遗失)可代替主基准的基准。与主基准一样,作证基准也不用于日常计量。

(3) 副基准

副基准是指通过直接或间接与主基准比较或用基准法来定值的基准,一般可以代替主基准使用,它一般也不用于日常计量。

(4) 参考基准

参考基准是指在给定地区或在给定组织内,通常具有最高计量特性的计量标准,在该处所作的计量均由它导出。

(5) 工作基准

工作基准是指用于日常校准或核查实物量具、计量仪器以及参考物质的计量标准,通常由参考基准来校准。

1.3.4 量值的传递及其他

1) 量值传递和量值溯源

量值传递是指通过对计量器具的检定，将国家基准所复现的计量单位值通过各等级计量标准器具传递到工作计量器具，以保证被测对象量值的准确性和一致性。

量值溯源是要求用于测量的工作计量器具必须经过相应的计量标准校准，这种检定或校准自下而上按照实际的准确度要求逐级往上追溯求源，直至国家基准或国际基准。

2) 比对

比对是指在规定条件下，对相同准确度等级的同类基准、标准或工作计量器具之间的量值进行比较，其目的是考察量值的一致性。

3) 检定

检定是指用高一等级准确度的计量器具对低一等级准确度的计量器具进行比较，以达到全面评定被计量器具的计量性能是否合格的目的。

4) 校准

校准是指被校的计量器具与高一等级的计量标准相比较，以确定被校计量器具的示值误差(有时也包括确定被校计量器具的其他计量性能)的全部工作。一般而言，检定要比校准包含的内容更广泛。

测量是利用实验手段，借助各种测量仪器(以它们作为和未知量比较的标准)，获得未知量量值的过程。显然，为了保证测量结果的统一、准确、可靠，必须要求作为比较标准的测量仪器统一、准确、可靠。因此，测量仪器在制造完毕时，必须按规定等级的标准(工作标准)进行校准，该标准又要定期地用更高等级的标准进行检定，一直到国家级工作基准，如此逐级进行。同样，测量仪器在使用过程中也要按法定规程(包括检定方法、检定设备、检定步骤，以及对受检仪器量具给出误差的方式等)，定期由上级计量部门进行检定，并核发检定合格证书。没有合格证书或证书失效(比如超过有效期)者，该仪器的精度指标及测量结果只能作为参考。检定、比对和校准是各级计量部门的重要业务活动，主要是通过这些业务活动和国家法令、法规的执行，将全国各地区、各部门、各行业、各单位都纳入法律规定的完整计量体系中，从而保证现代社会中的生产、科研、贸易、日常生活等各个环节的顺利运行和健康发展。

思考与练习题

1-1 举例说明什么是直接测量法、间接测量法和组合测量法。

1-2 测量系统由哪几部分组成？各部分的作用是什么？

1-3 精度等级为1.0级，量程为0～2.5 MPa的工作压力表，经检定该表最大误差为0.03 MPa，试问该工作压力表是否合格？如不合格，应定为哪一级？

1-4 对量程范围为(0～100)×10^5 Pa，精度等级为1.5级的压力表进行检定，测得数据如下(单位：10^5Pa)，试计算被检表的变差并判断该表是否合格。

标准表：	0	20	40	60	80	100
被检表：(正)	0.1	20.1	40.5	60.8	82	102
被检表：(反)	0.1	19.6	39.8	60	81	101

1-5 什么是计量？其特点是什么？

1-6 国际单位制的基本单位有哪些？

1-7 什么是量值传递？什么是量值溯源？

第 2 章　测量误差和数据处理

2.1　测量误差

2.1.1　误差

1）误差

测量误差简称为误差，是指测量值与真值之间的差，即

$$\Delta x = x - x_0 \tag{2-1}$$

式中　Δx——测量误差；

x——测量值；

x_0——被测量的真值。

上式表示的误差也被称为绝对误差。被测量的真值是一个严格定义的理论值，即真值是一个理想概念，无法测到，但又客观存在。在实际工作中，通常都用约定真值来代替真值，约定真值是为了使用目的所采用的接近真值的值，它与真值之间的差可以忽略不计，因而可以代替真值。在工业测量中，常采用标准器的相对真值作为约定真值。当高一级标准器的误差与低一级标准器或普通仪器的误差相比，为其1/10～1/3 时，可以认为前者为后者的约定真值（相对约定真值）。

2）单次测量和多次测量

单次测量（一次）是用测量仪器对被测量进行一次测量的过程。在测量精度要求不高的场合，可以只进行单次测量。单次测量不能反映测量结果的精密度。

多次测量是用测量仪器对同一被测量进行多次重复测量的过程。依靠多次测量可以观察测量结果一致性的好坏（即精密度）。通常要求较高的精密测量都必须进行多次测量，如仪表的比对校准等。

3）等精度测量与非等精度测量

假如对一个不变量的多次测量是在相同条件下，由同一种仪器和同一个操作者进行，则称为等精度测量；反之即为非等精度测量。等精度测量的测量结果具有同样的可靠性。

2.1.2　误差分类

误差可以按照不同的方式进行分类。按照其表示形式，误差可以分为绝对误差和相对误差。按照其特性，误差又可以分为系统误差、随机误差和粗大误差。

1）按表示形式分类

（1）绝对误差

绝对误差定义同式(2-1)。

绝对误差是一个具有确定的大小、符号及单位的量值，不能完全说明测量的精确度。

（2）相对误差

绝对误差与测量值之比为相对误差，并用百分数表示，即

$$\delta=\frac{\Delta x}{x}\times 100\%$$

相对误差能更确切地反映出测量工作的精细程度。

2）按特性分类

（1）系统误差

在相同条件下多次重复测量同一量时，绝对值保持不变，或者在条件改变时，按一定规律变化的误差，称为系统误差。

系统误差具有一定的规律性，因此可以根据其产生原因，采取一定的技术措施，设法消除或减小误差。

（2）随机误差

在相同条件下多次重复测量同一量时，其绝对值和符号都是无规律变化的误差称为随机误差。

随机误差是由于测量过程中许多独立的、微小的、随机变化的综合因素所引起的，又称为偶然误差。虽然一次测量的随机误差没有规律，不可预见，也不能用实验的方法消除。但是，经过大量的重复测量可以发现，它是遵循某种统计规律的。因此，在不改变测量条件和装置的情况下，对同一量值进行多次测量才能估计出随机误差。

（3）粗大误差

在相同条件下多次重复测量同一量时，明显歪曲了测量结果的误差，称为粗大误差（或简称粗差），又称为疏忽误差、过失误差。其原因主要是某些偶尔突发性的异常因素或疏忽所致，如测量方法不当或错误，测量操作疏忽和失误（如未按规程操作、读错读数或单位、记录或计算错误等），测量条件的突然变化（如电源电压突然增高或降低、雷电干扰、机械冲击和振动等）等。应按统计检验方法的一些准则进行判别，将含有粗大误差的测量数据予以剔除。

2.1.3　误差的来源

为了减小测量误差，提高测量准确度，就必须了解误差来源。误差来源是多方面的，在测量过程中，几乎所有因素都将引入测量误差。其中最主要的误差来源分为四个方面。

(1) 测量仪器误差

测量仪器误差即由测量仪器本身引起的误差。这主要是由于测量仪器本身的结构、制造水平、调整及磨损、老化或故障所引起的。

(2) 人员误差

人员误差是指测量人员主观因素和操作技术所引起的误差。这主要是由于测量人员的工作责任心、技术熟练程度、生理感官与心理因素、测量习惯等的不同而引起的。

(3) 环境误差

环境误差是指周围环境,如尘埃、温度、湿度、大气压力、电源电压、电磁干扰、气流、振动等因素的影响,使实际环境条件与规定环境条件不一致所引起的误差。

(4) 测量方法误差

测量方法误差又称为理论误差,是指因使用的测量方法不完善,或采用近似的计算公式等原因所引起的误差。

总之,误差的来源是多方面的,在进行测量时,要仔细进行全面分析,既不能遗漏,也不能重复。对误差来源的分析研究既是测量准确度分析的依据,也是减小测量误差、提高测量准确度的必经之路。

2.2 随机误差分析

本节讨论的内容都是以已经消除了测量中的系统误差为前提来进行的。

2.2.1 随机误差的性质和特点

随机(偶然)误差来自某些不可知的原因,其误差的数值或大或小、或正或负,它的出现完全是随机的,因此无法逐个估计出每个因素对测量结果的影响,但却可以运用数理统计方法来处理测量结果,从而了解总的随机误差对测量结果的影响,进而提供削弱随机误差影响的方法。

从大量的实践统计中,已经总结出一个关于随机误差进行数理统计处理的结论(这一结论在数理统计中由中心极限定理给出)。一般随机误差的出现是遵循正态分布的。这一结论可用数学的语言描述。

设在一定的条件下,对某个被测量 x(其真值为 x_0)进行 n 次(从理论上应定义 $n\to\infty$)等精度的重复测量,得到一列测量的结果为 $x_1,x_2,\cdots,x_i,\cdots,x_n$,则各个测量值 x_i 出现的概率密度 $f(x)$ 的分布为正态分布函数

$$f(x)=\frac{1}{\sigma\sqrt{2\pi}}\exp\left[-\frac{(x-x_0)^2}{2\sigma^2}\right] \tag{2-2}$$

x_0 和 σ 的值确定以后,则正态分布的分布密度就确定了,所以 x_0 和 σ 也叫正态分布的特征数。分布密度曲线关于直线 $x=x_0$ 对称,并在 $x=x_0$ 处达到最大值,在 $x=x_0\pm$

σ 处有拐点，以 x 轴为渐近线。用误差 $\delta=x-x_0$ 代入上式，得

$$f(\delta)=\frac{1}{\sigma\sqrt{2\pi}}\exp\left[-\frac{\delta^2}{2\sigma^2}\right] \tag{2-3}$$

上式又称为高斯公式，其图形如图 2-1 所示。式中 σ 称为标准误差，其定义式为

$$\sigma=\lim_{n\to\infty}\sqrt{\frac{1}{n}\sum_{i=1}^{n}\delta_i^2}=\lim_{n\to\infty}\sqrt{\frac{1}{n}\sum_{i=1}^{n}(x_i-x_0)^2} \tag{2-4}$$

式(2-4)表明，随机误差的平方和除以测量次数的开方取极限即可得到标准误差。根据上述定义，σ 又称为均方根误差。

如给出误差区间$[a,b]$，则随机误差 δ 在区间$[a,b]$内出现的概率为

$$P\{a\leqslant\delta\leqslant b\}=\int_a^b f(\delta)\mathrm{d}\delta \tag{2-5}$$

即等于图 2-2 中阴影部分的面积。因为$-\infty<\delta<\infty$是必然事件，显然有

$$\int_{-\infty}^{\infty} f(\delta)\mathrm{d}\delta=1 \tag{2-6}$$

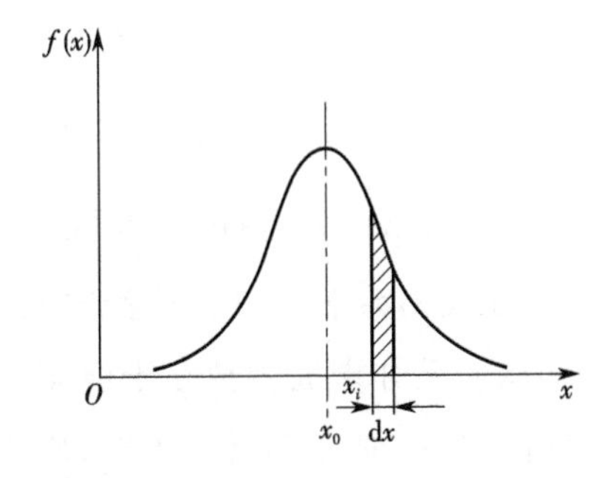

图 2-1　测量值的概率分布密度曲线

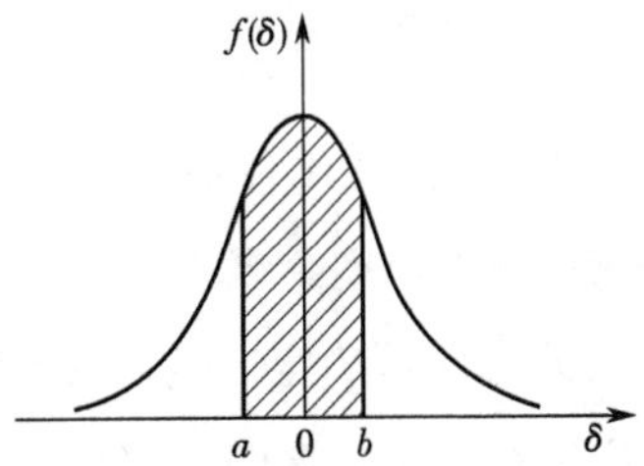

图 2-2　随机误差的概率密度分布曲线

由图 2-2 可看出，按正态分布的随机误差有下列几个特性。

① 误差可正可负，绝对值相等的正误差和负误差出现的概率相同，即 $f(\delta)$关于纵坐标轴对称分布，因而全体误差的代数和 $\sum\delta=0$。

② 绝对值小的误差比绝对值大的误差出现的概率大，等于零的误差其概率密度具有最大值。

③ 绝对值很大的误差出现的概率近于零，即可认为随机误差值存在一定的实际极限。

上述特性有时也称为随机误差的公理。

2.2.2　正态分布的统计性质

1）数学期望

对于分布密度服从正态分布的测量值 x，落在$[x,x+\Delta x]$的概率近似为 $f(x)\Delta x$，所以一列等精度测量的数学期望可写为

$$M(x)=\int_{-\infty}^{\infty}x\frac{1}{\sigma\sqrt{2\pi}}\exp\left[-\frac{1}{2}\left(\frac{x-x_0}{\sigma}\right)^2\right]\mathrm{d}x=x_0 \tag{2-7}$$

上式的意义为:数学期望是随机变量(测量值)的概率分布的平均数,也就是把变量的所有可能值乘以各个可能值所分别具有的概率的总和。可以根据一列 n 次等精度测量所得到的结果 $x_1,x_2,\cdots,x_i,\cdots,x_n$ 来估计真值 x_0。因此真值 x_0 的最可能值就是各测量值的算术平均值,即

$$\bar{x}=\frac{1}{n}(x_1+x_2+\cdots+x_i+\cdots+x_n)=\frac{1}{n}\sum_{i=1}^{n}x_i \tag{2-8}$$

式中,$\bar{x}$ 表示有限个测量值的平均值,它在 x_0 附近摆动,当 n 为无穷大时,$\bar{x}$ 会依概率收敛于 x_0,把 $\bar{x}$ 称作 x_0 的无偏估计,即 x_0 的最佳估计值。

2) 标准误差(均方根误差)

式(2-4)说明标准误差 σ 是以真误差 $\delta=x-x_0$ 来定义的,并要求测量次数 $n\to\infty$ 且知道 x_0 值,因为实际所能知道的仅是有限次等精度测量值及依此所求得的最佳估计值 $\bar{x}$,所以在计算 σ 时是用 $\bar{x}$ 代替 x_0,用 $x_i-\bar{x}=\upsilon_i$(剩余误差)代替 δ。显然根据式(2-8),不论 n 为何值,都有

$$\sum_{i=1}^{n}\upsilon_i=\sum_{i=1}^{n}(x_i-\bar{x})=\sum_{i=1}^{n}x_i-\sum_{i=1}^{n}\bar{x}=n\bar{x}-n\bar{x}=0 \tag{2-9}$$

在计算 σ 时,用 υ_i^2 代替 δ^2,要考虑到虽然一共有 n 个剩余误差,但由于 $\sum\upsilon_i=0$ 的约束,只有 $n-1$ 个剩余误差是独立量(即 $n-1$ 个自由度),余下的一个剩余误差由 $\sum\upsilon_i=0$ 关系式即可确定。这意味着余下的这一剩余误差并未提供独立于前面 $(n-1)$ 个剩余误差中所包含的任何信息。这样,当利用 n 个 υ_i^2 值来估计 σ 值时,应该在求和之后除以 $(n-1)$,而不是除以 n,所以便得到

$$\hat{\sigma}=\sqrt{\frac{1}{n-1}\sum_{i=1}^{n}(x_i-\bar{x})^2} \tag{2-10}$$

当 $n\to\infty$ 时,$\bar{x}\to x_0$,$(n-1)\to n$,利用上式计算时,n 为有限值,所以计算出的结果是 σ 的估计值,用符号 $\hat{\sigma}$ 来表示。

应该注意,用标准表对直接测量仪表进行检定或校验时,是把标准表的示值(修正了的)作为约定真值 x_0 的,这时计算标准误差不用被校表读数的算术平均值 $\bar{x}$,而用约定真值 x_0,因此 n 次校验的自由度就是 n,校验结果的标准误差应按下式计算

$$\sigma=\sqrt{\frac{1}{n}\sum_{i=1}^{n}(x_i-x_0)^2} \tag{2-11}$$

式中,σ 的大小表征各个测量值彼此间的分散程度,不同 σ 值的三条正态分布曲线如图 2-3 所示。由图可见,σ 越小,则分布曲线越瘦高,这意味着小误差出现的概率越大,而大误差出现的概率越小。因此可以用参数 σ 来表征测量的精密度,也就是说,σ 越小,测量值之间的差异越小,精密度越高。但是也应指出,一列等精度测量的 σ 不是其中任何一个测量值的误差,而是这一列测量值的标准误差。在不同条件下进行

的两列等精度测量，一般来说具有不同的 σ 值。

3）概率积分

利用概率积分可求出在某一区间内的误差的概率。对于正态分布的误差，一般取对称区间[$-a,a$]来估计 δ 出现的概率（$a>0$），即

$$P\{-a\leqslant\delta\leqslant a\}=P\{|\delta|\leqslant a\}=\int_{-a}^{a}f(\delta)\mathrm{d}\delta$$

$$=2\int_{0}^{a}f(\delta)\mathrm{d}\delta \qquad (2\text{-}12)$$

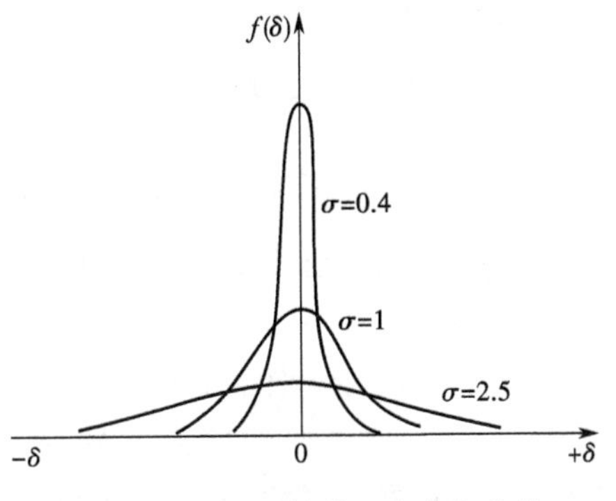

图 2-3　不同 σ 值的正态分布曲线

因为随机误差 δ 在某一区间内出现的概率与标准偏差 σ 的大小密切相关，故常把区间值 a 取为 σ 的若干倍，即令

$$a=z\sigma$$

那么

$$z=\frac{a}{\sigma}$$

代入式(2-12)，并以 $f(\delta)=\frac{1}{\sigma\sqrt{2\pi}}\mathrm{e}^{-\frac{1}{2}\left(\frac{x-x_0}{\sigma}\right)^2}$ 代入，得

$$\varphi(z)=P\{|\delta|\leqslant z\sigma\}=\frac{2}{\sqrt{2\pi}}\int_{0}^{z}\mathrm{e}^{-\frac{z^2}{2}}\mathrm{d}z \qquad (2\text{-}13)$$

$\varphi(z)$称为概率积分值，它与 z 的关系如表 2-1 所示。

表 2-1　$\varphi(z)=\frac{2}{\sqrt{2\pi}}\int_{0}^{z}\mathrm{e}^{-\frac{z^2}{2}}\mathrm{d}z$ 的数值表

z	$\varphi(z)$	z	$\varphi(z)$	z	$\varphi(z)$	z	$\varphi(z)$	z	$\varphi(z)$
0	0.000 00	0.7	0.516 07	1.5	0.866 39	2.2	0.972 19	2.9	0.996 27
0.1	0.079 66	0.8	0.576 29	1.6	0.890 40	2.3	0.978 55	3.0	0.997 30
0.2	0.158 52	0.9	0.631 88	1.7	0.910 87	2.4	0.983 61	3.5	0.999 535
0.3	0.235 82	1.0	0.682 69	1.8	0.928 14	2.5	0.987 58	4.0	0.999 937
0.4	0.310 84	1.1	0.728 67	1.9	0.942 57	2.58	0.990 12	4.5	0.999 993
0.5	0.382 93	1.2	0.769 86	1.96	0.950 00	2.6	0.990 68	5.0	0.999 999
0.6	0.451 49	1.3	0.806 40	2.0	0.954 50	2.7	0.993 07		
0.6745	0.500 00	1.4	0.838 49	2.1	0.964 27	2.8	0.99489		

例如：$z=1$（即 $a=\sigma$），查表 2-1 得 $\varphi(z)\approx0.683$，也就是说，绝对值小于 σ 的随机误差出现的概率是 68.3%。换句话说，在一列等精度直接测量值中，可能有 68.3% 的误差落在 $\pm\sigma$ 范围内，31.7%的误差在 $\pm\sigma$ 范围外，即大约每三次测量中可能有一次测量值的误差大于 σ。

同样可得出

$$P\{|\delta|\leqslant 2\sigma\}\approx 0.955=95.5\%;P\{|\delta|>2\sigma\}\approx 0.045\approx\frac{1}{22}$$

$$P\{|\delta|\leqslant 3\sigma\}\approx 0.997=99.7\%;P\{|\delta|>3\sigma\}\approx 0.003\approx\frac{1}{370}$$

即前者大约每 22 次测量中可能有一次$|\delta|>2\sigma$,后者大约每 370 次测量中可能有一次$|\delta|>3\sigma$。

如图 2-4 所示,把$\pm a$(即$\pm\sigma$,$\pm 2\sigma,\cdots,\pm z\sigma$)称作置信区间或置信限,其中$z$称作置信系数;把概率$P\{-a\leqslant\delta\leqslant a\}$称作在$\pm a$置信区间内的置信概率;把$1-P=a$称作置信水平或显著性水平。置信限和置信概率合起来称为置信度,即可信赖的程度。

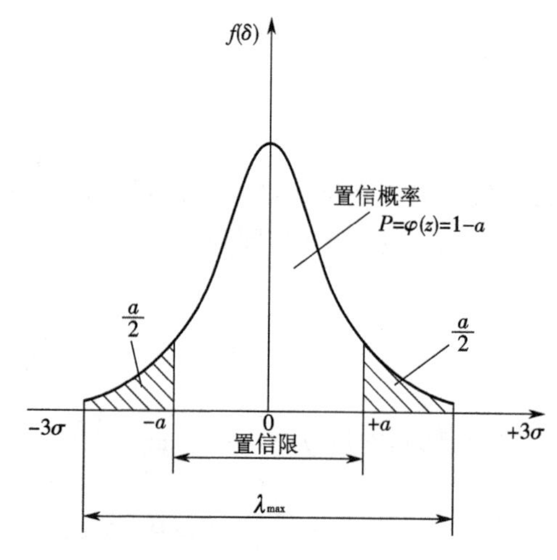

图 2-4　置信概率的几何意义

显然,置信区间越宽,置信概率越大;反之,置信区间越窄,置信概率越小。置信概率一般可取 68%、90%、95%、99.5%、99.73%等数值,究竟取多少,要根据实验要求及该项测量的重要性而定,要求越高,置信概率取值越小。

在一般测试中,当置信系数$z=3$时,绝对值小于$\pm 3\sigma$的误差出现的概率为 99.73%,所以对任何参数的重复测量,其随机误差不会超过$\pm 3\sigma$。通常把$\pm 3\sigma$称作测量值的极限误差或最大可能误差或公差,又称随机不确定度,用符号$\lambda_{\max}$来表示,即

$$\lambda_{\max}=\pm 3\sigma \tag{2-14}$$

或

$$\lambda_{\max}=\pm 3\hat{\sigma} \tag{2-15}$$

对于一个仪器,如果进行了多次等精度测量后得到$\hat{\sigma}$值,那么当用此仪器一次测量时,如果没有系统误差和粗大误差,则其随机误差不会超出$\pm 3\hat{\sigma}$,就是说单次测量结果可表示为

$$x\pm\lambda_{\max}=x\pm 3\hat{\sigma} \tag{2-16}$$

因此,上述判断出现错误的概率是 0.27%。

4) 算术平均值的标准误差

对于一列n次等精度测量,是用算术平均值$\bar{x}$作为真值x_0的最佳估计值,由于x和δ是正态分布的,而正态分布的随机变量之和的分布仍是正态的,故$\bar{x}$也属于正态分布。因此,也可用$\bar{x}$的标准误差s来作为$\bar{x}$的精密度参数。可以证明一列等精度测量值x的标准误差σ和其算术平均值的标准误差s之间关系为

$$s=\frac{\sigma}{\sqrt{n}} \tag{2-17}$$

或

$$\hat{s}=\frac{\hat{\sigma}}{\sqrt{n}} \tag{2-18}$$

把 s 称作测量值算术平均值的标准误差。由上式可见，测量次数 n 增加，s 减小，也就是说当 n 增加时，用 $\bar{x}$ 作为 x_0 的估计值的精度增加，削弱了随机误差对测量最终结果 $\bar{x}$ 的影响。然而，由于 s 与 $\sqrt{n}$ 成反比，s 下降的速度比 n 的增长速度要慢得多，在实际测量中 n 很少超过 50，一般取 15 至 20。

对于一列等精度的多次重复测量值，假如没有系统误差和粗大误差，那么可表示为

$$x=\bar{x}\pm 3\hat{s}=\bar{x}\pm 3\frac{\hat{\sigma}}{\sqrt{n}} \tag{2-19}$$

2.2.3 可疑数据的舍弃

要对实验数据作出正确的整理，首先要求所获得的测量数据是可靠的，但是在一列等精度的测量中，有时会出现某一个测量值与其余各测量值相差甚大（即该测量值的绝对误差特别大）。而前面的讨论中已经指出：随机误差的分布是服从正态分布的，而正态分布出现大误差的概率很小，其误差绝对值大于 3σ 测量值出现的概率仅 0.27%，也就是说，每进行 1000 次测量，误差绝对值大于 3σ 的测量值仅出现 3 次。因此，就有理由在测量中对误差特别大的测量值是否可靠提出怀疑，如不可靠，则应把这一次测量值舍弃，但是，也必须指出，虽然大误差出现的概率很小，然而毕竟还是有出现的可能性。所以当遇到某次测量值的误差特别大时，在判断是否舍弃之前，首先应检查一下该次测量的读数是否有差错，如肯定无差错，则还应从某种瞬变系统误差（如电源电压突然跳动）方面去分析一下出现大误差的因素是否存在；其次可在同样条件下，增补测量次数，取得更多的测量数据，以削弱弥散性特别大的个别数据对最终估计的影响。在进行了上述工作之后，再回过头来判别测量值是否合理。判别的方法很多，常用的一种方法是莱特准则（也称 3σ 判据）。由于误差绝对值大于 3σ 的测量值出现的概率仅有 0.27%，就把 3σ 作为判别的依据，即把剩余误差 $|x_i-\bar{x}|$ 大于 3σ 的测量值 x_i 判作可疑数据而将其舍弃。

由于 3σ 判据实质上是建立在测量次数 $n\to\infty$ 基础上的，当 n 有限，特别是 n 较小时，这一判据并不十分可靠，即判为可疑数据的测量值实际上并不应该舍弃，但由于这一判据简单，使用方便，还是常常为测量者所引用。

2.3 系统误差分析

2.3.1 产生的原因

系统误差通常是由于仪表使用不当、仪表本身的原因及测量时外界条件的变化引起的。在测量系统和测量条件不变时,增加重复测量的次数,并不能减少系统误差。

系统误差一般可以通过实验或分析的方法,查明其变化规律及产生的原因。因此,它是可以测出的,也是可以消除的。

2.3.2 系统误差的类型

根据对系统误差的掌握程度,可将系统误差分为已定系统误差和未定系统误差两大类。已定系统误差是指误差的大小和方向已被确切掌握了的系统误差;未定系统误差是指误差的大小和方向还未能确切掌握,或者不必花费过多精力去掌握而只需估计出其不超过某一极限范围的系统误差。已定系统误差又可分为恒定系统误差和可变已定系统误差两种。

恒定系统误差是指误差大小和方向始终不变的系统误差。如千分尺的调零误差、量块的偏差等。它对每一个测量值的影响均为一个常量。

可变已定系统误差是指误差大小和方向随测试的某一个或某几个因素按确定的规律变化的系统误差。可变已定系统误差种类较多,主要有以下几种。

(1) 线性变化的系统误差

它指在测量过程中,随某因素而线性递增或递减的系统误差。例如,检定标尺时,由于室温与 20 ℃的偏差所产生的测量误差是随被测长度而线性变化的系统误差。

(2) 周期性变化的系统误差

它指在测量过程中,随某因素作周期性变化的系统误差。例如,千分表表盘的中心与指针回转中心的偏离引起的示值误差,就属于按正弦函数变化的系统误差。

(3) 复杂规律变化的系统误差

它指在测量过程中,按一定的复杂规律变化的系统误差。例如,微安表的指针偏转角与偏转力矩间不严格保持线性关系,而表盘仍采用均匀刻度所产生的误差就属于复杂规律变化的系统误差。这些复杂规律一般可以用代数多项式、三角多项式或其他正交函数多项式来描述。

2.3.3 系统误差的发现

在实际工作中,检验和发现系统误差的方法有多种,常用的有如下几种。

(1) 用标准器具检定

在计量工作中，常以标准器具作为检定工具来检定仪器的测量值是否正确。标准器具的量值 x_0 是经上级计量机构检定并可视为约定真值。用被测仪器测得其量值 x，它与 x_0 之差是仪器的误差，既包含系统误差，也包含随机误差。通过统计学的计算，可以发现系统误差并加以消除。

(2) 组间数据检验

组间数据检验，就是利用两组测量数据进行检验。当两组测量数据来自正态总体，或者偏离正态总体但样本数不是太少（最好大于 20）时，可用 t 检验法判断两组间是否存在系统误差。当得到的数据组较多时，可以用方差分析，即 F 检验法，它可以较快地得出检验结果。当已知两组测量的结果均来自同一正态总体时，可以使用正态检验法。

(3) 残差统计法（组内数据检测）

计算残差并不能发现恒定系统误差，但能够发现可变已定系统误差。其方法是：以测量先后的顺序号 i 为横坐标，以残差值为纵坐标，画出残差的散点图，如图 2-5所示。图 2-5(a)说明不存在可变已定系统误差，但尚不能判断是否存在恒定系统误差；图 2-5(b)说明存在线性变化的系统误差；2-5(c)说明存在周期性变化的系统误差；图 2-5(d)说明存在复杂规律变化的系统误差。

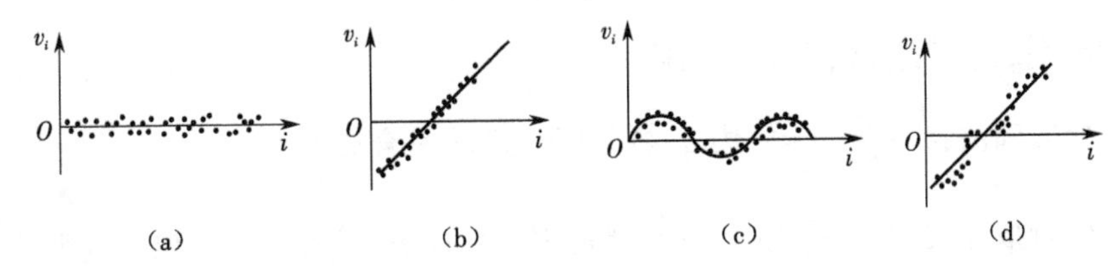

图 2-5　含有系统误差的残差散点图

散点图可以帮助直观地判断是否存在系统误差，但缺乏明确的检验界限。而基于对残差的统计判断法，可以弥补散点图的不足。常用的统计判断法有四种：符号检验法、残差和检验法、序差检验法和小样本检验法。这些方法各有特点，如符号检验法简便，但未涉及残差数值的影响，可靠性稍差；残差和检验法适于检验线性变化的系统误差，但对周期性变化的系统误差不敏感；序差检验法和小样本检验法适于发现周期性变化的系统误差，但对线性变化的系统误差不敏感。在实际应用中，需结合各种检验法的特点，选择多种方法来判断，才能有效地发现系统误差。

2.3.4　系统误差的减小和消除

在测量过程中，如果发现有显著的系统误差存在，就必须设法将其减小或消除。最基本和最常用的方法有以下三种。

(1) 消除误差源法

这种方法能将产生误差的根源消除掉，是最理想的方法，相应要求测量人员对测量过程中有可能产生系统误差的各个环节进行仔细分析,并在正式测试前就将系统误差消除或减小到可以忽略的程度。虽然在消除误差源的过程中,没有一成不变的方法,但应注意考虑所用的基准是否可靠,所用的仪器是否处于正常的工作状态,所采用的测量方法和计算方法是否正确,测量场所是否符合要求等。

(2) 加修正值法

这种方法是预先将测量仪器的系统误差检定出来,取与系统误差大小相等而符号相反的值为修正值,将测量值加上修正值作为测量结果。

(3) 改进测量方法

这种方法是在测量过程中,根据具体的测量条件和系统误差的性质,采取一定的技术措施,选择适当的测量方法,使测量值中的系统误差在测量过程中相互抵消而不带入测量结果之中,从而实现减小或消除系统误差的目的。

2.4 误差的合成

任何测量都会产生各种误差,分析和综合这些误差,并正确地表述这些误差的综合影响就称为误差的合成。

2.4.1 误差合成方法

常用的误差合成方法有以下几种。

① 代数和法:$\delta=\sum_{i=1}^{n}\delta_i$,式中 δ_i 是分项误差,δ 是合成误差。

② 绝对值和法:$\delta=\sum_{i=1}^{n}|\delta_i|$,该方法没有考虑误差的抵消,是最保守的方法。

③ 方和根法:$\delta=\sqrt{\sum_{i=1}^{n}\delta_i^2}$,该方法充分体现了大误差项对结果的影响,并考虑了各项误差的抵偿,适用于随机误差。但当误差项较少时,合成误差偏低。

④ 广义方和根法:$\delta=K\sqrt{\sum_{i=1}^{n}(\delta_i/k_i)^2}$,式中 k_i 是相应 δ_i 的置信系数,K 是总置信系数。

在误差合成过程中,还普遍采用了微小误差准则:在误差合成过程中,常常有些绝对值较小的微小误差可以略去,将此误差舍去不会对合成误差产生影响。

2.4.2 系统误差的合成

已定系统误差和未定系统误差两种系统误差的特征不同,其合成的方法也不相同。

1) 已定系统误差的合成

已定系统误差是指误差大小和方向均已被确切掌握了的系统误差。在测量过程中，若有 n 个单项已定的系统误差，其误差值分别为 $\delta_1,\delta_2,\cdots,\delta_n$，相应的误差传递系数为 $a_1,a_2,\cdots,a_n$，则可按代数和法进行合成，求得总的已定系统误差为

$$\delta=\sum_{i=1}^{n}\delta_i \tag{2-20}$$

在实际测量中，有不少已定系统误差在测量前已消除，未被消除的已定系统误差只是有限的少数几项，它们按代数和法合成后，还可以从测量结果中修正，故最后的测量结果中一般不再包含已定系统误差。

2）未定系统误差的合成

未定系统误差在测量中较为常见，对于某些影响较小的已定系统误差，为简化计算，也可以不对其进行误差修正，而将其作为未定系统误差处理。

对于某一项未定系统误差的极限范围，是根据对该误差源具体情况的分析与判断而作出估计的。估计是否符合实际，往往取决于对误差源的掌握程度及测量人员的经验和判断能力。有些未定系统误差的极限范围是较容易确定的，例如在检定工作中所用的标准计量器具的误差，它对检定结果的影响属于未定系统误差，而此误差值的极限范围一般是已知的。

未定系统误差在测量条件不变时有一恒定值，多次重复测量时其值固定不变，因而不具备抵偿性，利用多次重复测量取算术平均值的办法也不能减小它对测量结果的影响，这是它与随机误差的重要差别。但是当测量条件改变时，由于未定系统误差的取值在某一极限范围内具有随机性，并且服从一定的概率分布，这些特征均与随机误差相同，因而评定它对测量结果的影响也应与随机误差相同，即采用标准差或极限误差来表征未定系统误差取值的分散程度。

若测量过程中存在若干项未定系统误差，应正确地将这些未定系统误差进行合成，以求得最后结果。

由于未定系统误差的取值具有随机性，并且服从一定的概率分布，当若干项未定系统误差综合作用时，它们之间就具有一定的抵偿作用，这种抵偿作用与随机误差的抵偿作用相似，因而未定系统误差的合成，完全可以采用随机误差的合成公式，既可以按标准误差进行合成，也可以按极限误差进行合成。

2.4.3 随机误差的合成

随机误差的合成采用方和根法，合成的参数通常是标准误差和极限误差。

1）标准误差的合成

若有 n 个直接测得量，它们的标准误差分别是 $\sigma_1,\sigma_2,\cdots,\sigma_n$，它们的误差传递系数分别是 $a_1,a_2,\cdots,a_n$，采用方和根法合成的间接测得量的总标准误差为

$$\sigma=\sqrt{\sum_{i=1}^{n}(a_i\sigma_i)^2+2\sum_{i=1}^{n}\rho_{ij}a_ia_j\sigma_j} \tag{2-21}$$

式中 ρ_{ij}——相关系数。

若各个直接测得量的标准误差是互不相关的,即相关系数 $\rho_{ij}=0$,则有

$$\sigma=\sqrt{\sum_{i=1}^{n}(a_i\sigma_i)^2} \tag{2-22}$$

2) 极限误差的合成

极限误差合成时,各直接测得量的极限误差应取同一置信水平。若各个直接测得量的极限误差分别为 $\delta_1,\delta_2,\cdots,\delta_n$,且置信水平相同,相关系数 $\rho_{ij}=0$,则间接测得量的极限误差按方和根法合成后为

$$\delta=\pm\sqrt{\sum_{i=1}^{n}(a_i\delta_i)^2} \tag{2-23}$$

式中 a_i——各极限误差的传递系数。

2.4.4 系统误差和随机误差的合成

当系统误差与随机误差同时存在时,给出一个确切的评价指标比较困难。在日常的工程技术测量中又希望只用一个数值就能简单明了地说明测量的优劣,这时可采用不确定度这个指标。工程测量中习惯采用下式计算

$$\lambda_{\max}=Z\sigma=K\sqrt{\left(\frac{\lambda_{\max\,s1}}{K_1}\right)^2+\cdots+\left(\frac{\lambda_{\max\,sr}}{K_r}\right)^2+\sigma_1^2+\cdots+\sigma_q^2} \tag{2-24}$$

式中 $\lambda_{\max}$——总的不确定度;

Z——合成分布的置信系数;

σ——合成误差的总标准偏差;

$K_1,K_2,\cdots,K_r$——各系统误差分量的置信系数;

$\lambda_{\max\,s1},\lambda_{\max\,s2},\cdots,\lambda_{\max\,sr}$——各系统误差分量的不确定度;

$\sigma_1,\sigma_2,\cdots,\sigma_q$——各随机误差分量的标准偏差。

2.5 间接测量误差分析

间接测量是指被测量的数值是由测得的与被测量有一定函数关系的直接测量量经计算求得。由此可见,间接测量误差不仅与直接测量量有关,还与它们之间的函数关系有关。通常把由直接测量的误差来计算出间接测量的误差数值称为误差的传递。

2.5.1 一次测量的间接测量误差计算

设间接测量中的被测量为 Y,直接测量的物理量为 $X_1,X_2,\cdots,X_n$,它们之间的函数关系为

$$Y=f(X_1,X_2,\cdots,X_n) \tag{2-25}$$

令 $x_1,x_2,\cdots,x_n$ 分别为直接测量的物理量 $X_1,X_2,\cdots,X_n$ 在测量过程中产生的

绝对误差，并假设 $X_1, X_2, \cdots, X_n$ 之间相互独立(在测量中它们之间互不影响，这一假设条件通常是可以满足的)。并令 y 为被测量 Y 的绝对误差，则有

$$Y+y=f[(X_1+x_1),(X_2+x_2),\cdots,(X_n+x_n)] \tag{2-26}$$

现把等式(2-26)的右边按泰勒级数展开，并忽略高阶项，可得

$$\begin{aligned}&f[(X_1+x_1),(X_2+x_2),\cdots,(X_n+x_n)]\\&=f(X_1,X_2,\cdots,X_n)+\frac{\partial f}{\partial X_1}x_1+\frac{\partial f}{\partial X_2}x_2+\cdots+\frac{\partial f}{\partial X_n}x_n+\\&\frac{1}{2}\frac{\partial^2 f}{\partial X_1^2}x_1^2+\cdots+\frac{1}{2}\frac{\partial^2 f}{\partial X_n^2}x_n^2+\frac{\partial^2 f}{\partial X_1 \partial X_2}x_1x_2+\cdots\\&\approx f(X_1,X_2,\cdots,X_n)+\frac{\partial f}{\partial X_1}x_1+\frac{\partial f}{\partial X_2}x_2+\cdots+\frac{\partial f}{\partial X_n}x_n\end{aligned} \tag{2-27}$$

比较式(2-26)和式(2-27)，显然有

$$y=\frac{\partial f}{\partial X_1}x_1+\frac{\partial f}{\partial X_2}x_2+\cdots+\frac{\partial f}{\partial X_n}x_n \tag{2-28}$$

或

$$\frac{y}{Y}=\frac{\partial f}{\partial X_1}\frac{x_1}{Y}+\frac{\partial f}{\partial X_2}\frac{x_2}{Y}+\cdots+\frac{\partial f}{\partial X_n}\frac{x_n}{Y} \tag{2-29}$$

把式(2-28)和式(2-29)称为间接测量的误差传递公式。有了误差传递公式，就可以完成两方面的工作，一是由直接测量量的误差来计算得到间接测量量的误差；二是可以根据被测量的允许误差来分配各直接测量量的允许误差，并据此选择合适的测量仪表。

常用函数的绝对误差和相对误差见表 2-2。

表 2-2　常用函数的绝对误差和相对误差

函　数	绝对误差 y	相对误差 y/Y
$Y=X_1+X_2$	$\pm(x_1+x_2)$	$\pm(x_1+x_2)/(X_1+X_2)$
$Y=X_1-X_2$	$\pm(x_1+x_2)$	$\pm(x_1+x_2)/(X_1-X_2)$
$Y=X_1X_2$	$\pm(X_2x_1+X_1x_2)$	$\pm\left(\frac{x_1}{X_1}+\frac{x_2}{X_2}\right)$
$Y=X_1X_2X_3$	$\pm(X_2X_3x_1+X_1X_3x_2+X_1X_2x_3)$	$\pm\left(\frac{x_1}{X_1}+\frac{x_2}{X_2}+\frac{x_3}{X_3}\right)$
$Y=aX$	$\pm ax$	$\pm\frac{x}{X}$
$Y=X^n$	$\pm nX^{n-1}x$	$\pm n\frac{x}{X}$
$Y=\sqrt[n]{X}$	$\pm\frac{1}{n}X^{\frac{1}{n}-1}x$	$\pm\frac{1}{n}\frac{x}{X}$

续表

函　　数	绝对误差 y	相对误差 y/Y
$Y=X_1/X_2$	$\pm(X_2x_1+X_1x_2)/X_2^2$	$\pm\left(\frac{x_1}{X_1}+\frac{x_2}{X_2}\right)$
$Y=\lg X$	$\pm 0.43429\frac{x}{X}$	$\pm 0.43429\frac{x}{X\lg X}$
$Y=\sin X$	$\pm x\cos X$	$\pm x\cot X$
$Y=\cos X$	$\pm x\sin X$	$\pm x\tan X$
$Y=\tan X$	$\pm\frac{x}{\cos^2 X}$	$\pm\frac{2x}{\sin(2X)}$
$Y=\cot X$	$\pm\frac{x}{\sin^2 X}$	$\pm\frac{2x}{\sin(2X)}$

2.5.2 多次测量的间接测量误差计算

设间接测量中的被测量为 Y,直接测量的物理量为 $X_1,X_2,\cdots,X_n$,它们之间的函数关系为

$$Y=f(X_1,X_2,\cdots,X_n) \tag{2-30}$$

设在测量中对 $X_1,X_2,\cdots,X_n$ 作了 n 次测量,则可算出 n 个 Y 值

$$\left.\begin{aligned}Y_1&=f(X_{11},X_{21},\cdots,X_{n1})\\Y_2&=f(X_{12},X_{22},\cdots,X_{n2})\\&\vdots\\Y_n&=f(X_{1n},X_{2n},\cdots,X_{nn})\end{aligned}\right\}$$

依据式(2-28),每次测量的误差分别为

$$\left.\begin{aligned}y_1&=\frac{\partial Y}{\partial X_1}x_{11}+\frac{\partial Y}{\partial X_2}x_{21}+\cdots+\frac{\partial Y}{\partial X_n}x_{n1}\\y_2&=\frac{\partial Y}{\partial X_1}x_{12}+\frac{\partial Y}{\partial X_2}x_{22}+\cdots+\frac{\partial Y}{\partial X_n}x_{n2}\\&\vdots\\y_n&=\frac{\partial Y}{\partial X_1}x_{1n}+\frac{\partial Y}{\partial X_2}x_{2n}+\cdots+\frac{\partial Y}{\partial X_n}x_{nn}\end{aligned}\right\} \tag{2-31}$$

根据误差分布规律,等值的正负误差的数目相等,故式(2-31)各项平方和中的非平方项抵消,因此,可得

$$\sum y_i^2=\left(\frac{\partial Y}{\partial X_1}\right)^2\sum x_{1i}^2+\left(\frac{\partial Y}{\partial X_2}\right)\sum x_{2i}^2+\cdots+\left(\frac{\partial Y}{\partial X_n}\right)^2\sum x_{ni}^2$$

将上式两端同乘因子$\frac{1}{n-1}$,则得被测量 Y 的标准误差 $\hat{\sigma}$

$$\hat{\sigma}_y^2=\left(\frac{\partial Y}{\partial X_1}\right)^2\hat{\sigma}_{x_1}^2+\left(\frac{\partial Y}{\partial X_2}\right)^2\hat{\sigma}_{x_2}^2+\cdots+\left(\frac{\partial Y}{\partial X_n}\right)\hat{\sigma}_{x_n}^2$$

$$\hat{\sigma}_y=\sqrt{\left(\frac{\partial Y}{\partial X_1}\right)^2\hat{\sigma}_{x_1}^2+\left(\frac{\partial Y}{\partial X_2}\right)\hat{\sigma}_{x_2}^2+\cdots+\left(\frac{\partial Y}{\partial X_n}\right)^2\hat{\sigma}_{x_n}^2} \tag{2-32}$$

或

$$\frac{\hat{\sigma}_y}{Y}=\sqrt{\left(\frac{\partial Y}{\partial X_1}\right)^2\left(\frac{\hat{\sigma}_{x_1}}{Y}\right)^2+\left(\frac{\partial Y}{\partial X_2}\right)^2\left(\frac{\hat{\sigma}_{x_2}}{Y}\right)^2+\cdots+\left(\frac{\partial Y}{\partial X_n}\right)^2\left(\frac{\hat{\sigma}_{x_n}}{Y}\right)^2} \tag{2-33}$$

上式为对直接测量量进行多次等精度测量时，求间接测量量的标准误差的误差传递公式。

2.6　测量数据的处理

2.6.1　有效数字基本概念

1）有效数字

用数字来表示测量结果的量值似乎是没有什么可讨论的了，其实不然。例如用一根分度值为 1 cm 的标尺来测量某一铁棒的长度，结果由不同的测量者可以记录下不同的结果：6 cm、6.12 cm、6.1 cm、0.0612 m、60 mm 等。那么究竟哪一个结果比较精确呢？要回答这一问题，首先要弄清楚两个概念。一是小数点后面的位数越多是否表示测量结果就越精确，例如上述结果中 0.0612 m 是否比 6.12 cm 更精确。其实这两个数值的精确程度完全相同，小数点后面的位数有多有少仅仅是由于使用的单位不同，如 1 m 和 100 cm 完全是等价的，此时，小数点的位置仅与所采用的单位有关。二是测量结果的数值保留的位数是否越多越精确，例如上述结果中 6.12 cm 是否比 6.1 cm 更精确。其实也不然，这是因为使用任何测量仪表来测量时，它都只能达到一定的精确程度，即测量值只能精确到一定的程度，例如上面使用分度值为 1 cm 的标尺来测量铁棒长度时，记录的整数（上例中的 6 cm）是绝对可靠的，而小数点后的第一位（即 1/10 cm）是估计出来的，不同的测量者可以估计出不同的结果（如上例中 6.1 cm 和 6.2 cm），也就是带有一定的可疑性，更不用说小数点后的第二位（即 1/100 cm）了，因而把它记录在结果中是毫无意义的，这就说明并不是测量结果估计的位数越多越好。

为此作了如下规定：所记录的测量结果只保留最后一位是可疑数字，而其余数字均为准确可靠的。根据这一规则记录下来的数字称为有效数字。由于最后一位是可疑数字，如上例中可以读出的是 6.1 cm，也可以是 6.2 cm 或 6.3 cm，甚至是 6.4 cm，由于观察能力差异不大，故大多数测量者读数在 6.1 cm 与 6.3 cm 之间，因此，又规定测量结果的末位有正负一个单位的误差（有的文献规定为正负半个单位误差）。

2）有效数字位数的确定

有效数字的位数是由最左边第一个非零数字开始计算直至最后一位。例如123 cm和0.0253 m,其有效数字的位数均为三位。这里对下述两点作一下说明。

(1) 关于“0”

在测量结果中出现的“0”可以是有效数字,也可以不是,这要视具体情况而定。例如测量温度时记录的结果是20.02 ℃,此处两个“0”均为有效数字,故它有4位有效数字。又如测量长度得0.02 m或20 mm,前一个数字的头两个“0”和后一个数字中的后一个“0”均不是有效数字,即有效数字均为一位,因为这些“0”的出现都是由于单位的改变造成的。但如果使用同一根米尺记录的测量结果(按有效数字的概念记录下来的)分别为1.20 m和3.00 m,则两个结果中的所有“0”均为有效数字,这是因为所记录的测量值的最后一位一定要估计到分度值的十分之一。例如一个温度计的分度值为1 ℃,则测量结果一定要准确到小数点后一位,如果正好是2摄氏度,则结果应记成2.0 ℃,而不能写成2 ℃,否则就会误认为两个结果的读数误差分别是±0.1 ℃和±1 ℃,导致两者的绝对误差相差10倍,所以在记录测量结果时必须严格按照有效数字的定义进行。

(2) 采用指数形式

为了避免在单位换算时出现有效数字的变化,建议用指数形式加以表示。例如用分度值为10 cm的标尺来测量长度时,为避免不同测量者在计算过程中出现如0.2 m、20 cm、200 mm等有效数字含糊不清的情况,按有效数字的定义应记作0.20 m、2.0×10^1 cm、2.0×10^2 mm,这样不管在计算中使用什么单位,其有效数字均是两位,这就避免了由于单位使用不同带来不必要的麻烦。

2.6.2 有效数字的计算法则

为了使实验结果的数据处理有统一的标准,对有效数字的计算法则规定如下。

① 在记录测量值时只保留一位可疑数字,即读数只估计到分度值的1/10。例如对分度值为1 ℃的温度计,读数只估计到小数点后一位(即0.1 ℃)。

② 除另有规定外,可疑数字均表示末位上有正负一个单位的读数误差。如上例中的误差为±0.1 ℃。

③ 在数据处理中,当有效数字确定之后,其余数字应一律舍去,舍去的办法是:以保留数字的末位为单位,它后面的数字若大于0.5个单位,末位进1;小于0.5个单位,末位不变;恰好为0.5个单位,则末位为奇数时加1,末位为偶数时不变,即使是末位凑成偶数。该方法可简单概括为“小于5舍,大于5入,等于5时采取偶数法则”。这样做的目的是为了互相抵消在处理大量数据时由于取舍而造成的误差,从而降低在数据整理过程中的误差积累。

④ 在进行加、减运算时,其和或差的小数点后面所保留的位数应与所参加运算的各数中小数点后位数最少者相同。这是因为进行加、减法运算的数具有相同的量

纲，当然小数点后位数最少者的测量仪表的分度值最大，其最后一位已经是可疑数字，那么其他数据的测量仪表虽然都比它有更小的分度值，但均不能提高运算结果的精度。

例如下列 4 数相加：21.2 cm、2.03 cm、2.023 cm、1.23 cm，则在计算式中应写成

$$(21.2+2.0+2.0+1.2)\ \text{cm}=26.4\ \text{cm}$$

当参加加、减运算的项比较小时，为避免引入过大的舍入误差，往往多保留一位参加运算，在求得和或差后再取其有效位数，则上例的算式为

$$(21.2+2.03+2.02+1.23)\ \text{cm}=26.48\ \text{cm}$$

最后取 26.5 cm，这一结果显然要比上面的计算结果准确。

⑤ 在进行乘、除运算时，各因子所保留的位数应以读数相对误差最大（即有效数字位数最少）的那个数的相应位数为标准来截取，所得之积或商的有效位数一般与此数的位数相同。

例如，在 $0.12\times14.3\times1.045$ 中 3 个因数的读数相对误差分别为

$$\pm\frac{1}{12}=\pm8.3\%$$

$$\pm\frac{1}{143}=\pm0.7\%$$

$$\pm\frac{1}{1045}=\pm0.01\%$$

可见相对误差以 0.12 为最大，故计算时有效数字位数应以它为标准截取，即

$$0.12\times14\times1.0=1.68$$

以上乘积最后取 1.7，但当相乘结果首位有进位时，则相乘之积的有效数字位数要比相乘因子中位数最少者多一位，例如 3.4×5.28，如按上述规则，相乘之积的有效数字位数也应是两位，但实际上它应是三位，因为（可疑数字用“?”代之）

```
      5.2 ?
        3.?
  -----------
      ? ? ?
  156 ?
  -----------
  15? ? ?
```

计算结果中有两位可靠数字，故其有效数字位数就变成三位了。

⑥ 在对数计算中，所取对数尾数应与其真数的有效数字位数相等。

例如计算 $N=\lg 149$：查常用对数表得 $N=2.1372$，其中 2 为首数，0.1372 为尾数，由于真数 149 是 3 位有效数字，最后取 $N=2.137$。

⑦ 在所有的计算式中，对于 π、$\sqrt{2}$ 及 $\frac{1}{2}$ 等常数的有效数字的位数可以认为是没

有限制的,在计算中可根据需要来取舍。

2.6.3 测量结果的一般处理步骤

对被测量进行一列等精度的测量之后,应根据所测得的一组数据 $x_1, x_2, \cdots, x_n$ 计算出算术平均值($\bar{x}$)和算术平均值的标准误差($\hat{s}$),最后写出测量结果,其处理过程如下。

① 将测量得到的一列数据 $x_1, x_2, \cdots, x_n$ 排列成表。

② 求出这一列测量值的算术平均值 $\bar{x}$,计算公式为

$$\bar{x}=\frac{1}{n}\sum_{i=1}^{n} x_i$$

③ 求出对应的每一测量值的剩余误差 v_i,计算公式为

$$v_i=x_i-\bar{x}$$

④ 求出标准误差 $\hat{\sigma}$,计算公式为

$$\hat{\sigma}=\sqrt{\frac{1}{n-1}\sum_{i=1}^{n}(x_i-\bar{x})^2}$$

⑤ 依据上文“可疑数据的舍弃”判别有无可疑数据。

如发现有可疑数据 x_i,则舍弃 x_i 这一数据后重复①至④步骤。这里需要注意的是每次判别只能舍弃一个可疑数据,然后重复①至④步骤,再判别有无可疑数据,一直到无可疑数据为止。

⑥ 在舍弃可疑数据后,计算出算术平均值 $\bar{x}$ 的标准误差 $\hat{s}$

$$\hat{s}=\frac{\hat{\sigma}}{\sqrt{n}}$$

式中,n 不包括可疑数据的测量次数。

⑦ 测量结果为

$$x=\bar{x}\pm 3\hat{s}=\bar{x}\pm 3\frac{\hat{\sigma}}{\sqrt{n}}$$

思考与练习题

2-1 什么叫绝对误差和相对误差?

2-2 用量程 250 V 的 2.5 级电压表测量电压,问能否保证测量的绝对误差不超过 ±5 V?为什么?

2-3 什么是系统误差、随机误差和粗大误差?各有什么特点?其产生的原因是什么?

2-4 七台压缩机在同一时刻的三段入口的压力测量值(单位:kPa)分别为 11.0×10^2、11.0×10^2、10.5×10^2、10.5×10^2、10.7×10^2、10.2×10^2、10.5×10^2。各台压缩机三段入口接同一气体总管。试计算这一时刻进入各台压缩机三段入

口气体压力的平均值及均方根误差。

2-5　有 A、B 两台测量仪器，用长度为 20 mm 的标准量块，分别重复测得如下两组数据（单位：mm），试问哪台仪器精密度高？

A：20.05、19.94、20.08、20.06、19.95、20.07

B：20.49、20.51、20.50、20.50、20.51、20.50

2-6　若已知 $\sigma=0.05$，要求 $s\leqslant0.01$，问至少需测量几次？

2-7　什么是有效数字？0 是有效数字吗？

第3章 温度测量

3.1 概述

3.1.1 测温热力学原理

假定有两个热力学系统，原来各处于一定的平衡态，这两个系统互相接触时，它们之间将发生热交换(这种接触叫做热接触)。实验证明，热接触后的两个系统一般都发生变化，但经过一段时间后，两个系统的状态便不再变化，说明两个系统又达到新的平衡态。这种平衡态是两个系统在有热交换的条件下达到的，称为热平衡。

取三个热力学系统 A、B、C 进一步实验。将 B 和 C 相互隔绝，但使它们同时与 A 接触，经过一段时间后，A 与 B 及 A 与 C 都达到了热平衡。这时如果再将 B 与 C 接触，则发现 B 和 C 的状态都不再发生变化，说明 B 与 C 也达到了热平衡。由此可以得出结论：如果两个热力学系统都分别与第三个热力学系统处于热平衡，则它们彼此间也必定处于热平衡。该结论通常称为热力学第零定律。

由热力学第零定律得知，处于同一热平衡状态的所有物体都具有某一共同的宏观性质，表征这个宏观性质的物理量就是温度。温度这个物理量仅取决于热平衡时物体内部的热运动状态。换言之，温度能反映出物体内部热运动状况，即温度高的物体，分子平均动能大；温度低的物体，分子平均动能小。因此，温度可表征物体内部大量分子无规则运动的程度。

一切互为热平衡的物体都具有相同温度，这是用温度计测量温度的基本原理。选择适当的温度计，在测量时使温度计与待测物体接触，经过一段时间达到热平衡后，温度计就可以显示出被测物体的温度。

3.1.2 温标

1）摄氏温标

摄氏温标和华氏温标都是根据水银体积热胀冷缩的特性建立起来的，温度计都是玻璃水银温度计。摄氏温标规定标准大气压下纯水的冰熔点为 0 度，水沸点为 100 度，中间等分为 100 格，每格为摄氏 1 度，符号为℃。

2）华氏温标

华氏温标规定标准大气压下纯水的冰熔点为 32 度，水沸点为 212 度，中间等分为 180 格，每格为华氏 1 度，符号为℉。华氏温标与摄氏温标之间的关系为

$$C=\frac{5}{9}(F-32) \tag{3-1}$$

式中 C——代表摄氏温度值；

F——代表华氏温度值。

华氏温标与摄氏温标都是经验温标，是德国人华伦海托和瑞典人摄尔修斯分别用实验方法和经验公式建立的，其缺点是随意性和局限性较大，不能保证世界各国所采用的基本测温单位(度)完全一致。

3) 热力学温标

热力学温标是建立在热力学基础上的一种理论温标，根据热力学中的卡诺定理，如果温度为 T_1 的热源与温度为 T_2 的冷源之间实现了卡诺循环，则存在下列关系式

$$\frac{T_1}{T_2}=\frac{Q_1}{Q_2} \tag{3-2}$$

式中，Q_1 和 Q_2 分别是热源给予热机的传热量及热机传给冷源的传热量。如果在式(3-2)中再规定一个条件，就可以通过卡诺循环中的传热量来完全地确定温标。1954 年国际计量会议选定水的三相点为 273.16，并以它的 1/273.16 为一度，这样热力学温标就完全确定了，即 $T=273.16(Q_1/Q_2)$。这样的温标单位叫开尔文，简称开或 K。

热力学温标与实现它的工质性质无关，是一种理想的温标。卡诺循环实际上是不存在的，因而热力学温标也无法直接实现。在热力学中已从理论上证明，热力学温标与理想气体温标是完全一致的，但实际上是用近似理想气体的惰性气体作出定容式气体温度计，并根据热力学第二定律定出这种气体温度计的修正值，从而可用气体温度计来实现热力学温标。然而气体温度计结构复杂，价格昂贵，故通常仅用于国家计量标准实验，复现热力学温标。

4) 国际温标

实现国际温标需要三个条件：一是要有定义温度的固定点，一般是利用水、纯金属及液态气体的状态变化；二是要有复现温度的标准器，通常用的是标准铂电阻、标准铂铑热电偶及标准光学高温计；三是要有固定点之间计算温度的内插方程式。

1927 年采用第一个国际温标(ITS—27)，经过 1933 年、1948 年及 1960 年三次国际度量衡大会修改后，改用 1948 年国际实用温标(IPTS—48)。1949 年后我国采用的就是 IPTS—48。1968 年国际度量衡大会，对 IPTS—48 作了重大的修改和补充，改名为 IPTS—68。1989 年，国际计量委员会根据 1987 年第 18 届国际计量大会的决议，通过了 ITS—90，用它来代替 IPTS—68。自 1990 年 1 月 1 日起，凡是涉及温度量的值一律以 ITS—90 为准。

ITS—90 国际温标指出，热力学温度(符号为 T)是基本物理量，单位是开尔文，符号为 K。规定水的三相点温度为 273.16 K，定义 1 K(开尔文)等于水三相点热力学温度的 1/273.16。通常将比水的三相点低 0.01 K 的温度值规定为摄氏零度，国际开尔文温度(符号为 T_{90})和摄氏温度(符号为 t_{90})的关系为

$$t_{90}=T_{90}-273.15 \tag{3-3}$$

ITS—90 国际温标，是以定义固定点温度指定值及在这些固定点、分度点的基准仪器来实现热力学温标的，各固定点之间的温度是依据内插公式来使基准仪器的示值与国际温标的温度值相联系的。

3.1.3 温度标准的传递

各国都要根据国际实用温标的规定，相应地建立起自己国家的温度温标，为了保证这个标准准确可靠，还要推行国际比对。通过这些方法建立起的温标就作为本国温度测量的最高依据——国家基准。我国的国家基准保存在中国计量科学研究院，而各省级计量局(技术监督局)的标准要定期与国家基准比对，以保证本地区测温标准的统一。

图 3-1 为我国温标传递系统的示意图，图中表明各种基准和标准及工作用的测温仪表的传递关系。

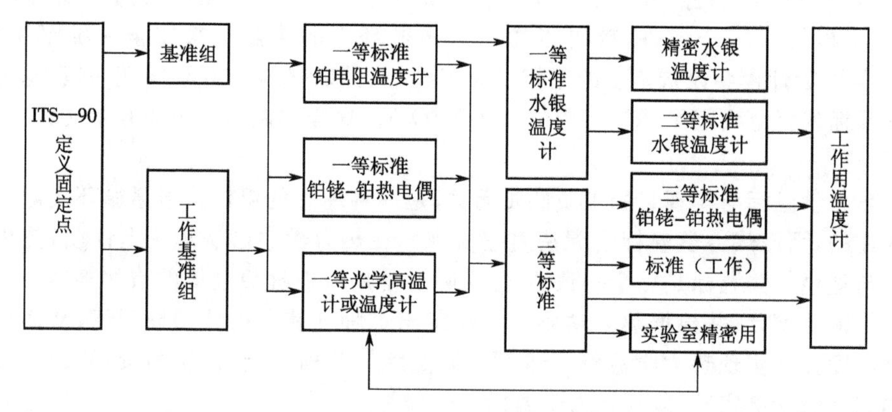

图 3-1 我国温标传递系统示意图

3.1.4 温度测量方法及测量仪表分类

温度测量的方法很多，一般从测量体与被测对象接触与否来分，有接触式测温和非接触式测温两大类。

1) 接触式测温

接触式测温通过测量体与被测对象接触进行热交换来测量物体的温度。按测温原理分为膨胀式测温(根据体积的变化)、热电效应现象测温、利用物质的电阻变化测温等。接触式测温简单、可靠，而且测温精确度较高，因此应用非常广泛。但是由于测温元件需要与被测介质进行充分接触才能达到热平衡，需要一定的时间，因而产生滞后现象，而且可能与被测对象发生化学反应。另外，还由于耐高温材料的限制，接触式测温难以用于高温测量。

2) 非接触式测温

非接触式测温是通过接收被测物体发出的辐射热来测定温度的，测温原理主要是辐射测温。非接触式测温由于测温元件不与被测对象接触，因而测温范围很广，测温上限不受限制，测温速度也较快，而且可以对运动的和转动的物体进行测量。但是受到物体的热发射率、被测对象到仪表之间的距离、烟尘和水汽等其他介质的影响，一般测温误差较大，精确度较低，通常多用于高温测量。

3）温度计的分类

各种常用测温仪表的测温原理、基本特性见表3-1。

表3-1 常用测温仪表的分类及性能

测量方式	仪表名称	测温原理	精度	特点	测量范围/℃
接触式测温仪表	双金属温度计	固体热膨胀变形量随温度变化	1～2.5	结构简单，指示清楚，读数方便；精确度较低，不能远传	一般 −80～600
	压力表式温度计	气（汽）体、液体在定容条件下，压力大小随温度变化	1～2.5	结构简单可靠，可较远距离传送（小于50 m）；精确度较低，受环境温度影响较大	一般 −50～550
	玻璃液体温度计	液体热膨胀体积量随温度变化	0.5～2.5	结构简单，精确度较高，读数不便，不能远传	一般 −100～600
	热电阻温度计	金属或半导体电阻值随温度变化	0.5～3.0	精确度高，便于远传，结构复杂，需外加电源	一般 −200～650
	热电偶温度计	热电效应	0.5～1.0	测温范围大，精确度高，便于远传，低温测量精确度较差	一般 −200～1800
非接触式测温仪表	光学高温计	物体单色辐射强度及亮度随温度变化	1.0～1.5	结构简单，携带方便，不破坏对象温度场；易产生目测主观误差，外界反射辐射会引起测量误差	一般 300～3200
	辐射高温计	物体全辐射能随温度变化	1.5	结构简单，稳定性好；光路上环境介质吸收辐射，易产生测量误差	一般 700～2000

3.2 膨胀式温度计

膨胀式温度计是利用物体受热膨胀的原理制成的温度计。主要有液体膨胀式温度计、固体膨胀式温度计、压力式温度计三种。

3.2.1 液体膨胀式温度计

液体膨胀式温度计是根据液体的热胀冷缩的性质制造而成的。通常将物体温度变化1 ℃所引起的体积的改变与它在0 ℃时体积的比值称为平均体膨胀系数，用β来表示。当温度由t_1变化到t_2时，有

$$\beta=\frac{V_{t_2}-V_{t_1}}{(t_2-t_1)V_0} \tag{3-4}$$

式中 V_{t_1}、V_{t_2}——温度为 t_1 和 t_2 时液体的体积；

V_0——液体在 0 ℃时的体积。

对于玻璃液体温度计，若液体工作介质和玻璃的平均体膨胀系数分别为 β_1 和 β_g，则温度由 t_1 变化到 t_2 时，可以觉察的液体的平均体膨胀系数 β_e（视膨胀系数）为两者之差，即

$$\beta_e=\beta_1-\beta_g \tag{3-5}$$

相应的，此时液体的膨胀称为视膨胀。液体膨胀式温度计就是通过液体的视膨胀与温度之间的函数关系来进行温度测量的，而最常用的为玻璃液体膨胀式温度计。

根据用途不同，玻璃液体膨胀式温度计的结构有多种形式。但都包括感温泡、感温液、毛细管、标尺四个基本单元，如图 3-2 所示。

感温泡位于温度计的下端，内装全部或大部分感温液，是玻璃液体膨胀式温度计的感温部分。感温液是封装在感温泡中的感温介质。毛细管是位于感温泡上方、与感温泡相通的玻璃细管。测温时，感温液在毛细管中上下移动。标尺包括分度线、数字和温标符号。

有的温度计还有安全泡，安全泡是指位于毛细管顶端的扩大泡。其作用是避免因被测温度过高、感温液过度膨胀而使温度计胀破，同时便于接上中断的液柱。

另外，有的温度计还在标尺的零点和感温泡之间带有中间泡，这可以缩短温度计的长度和提高指示值的精确度。

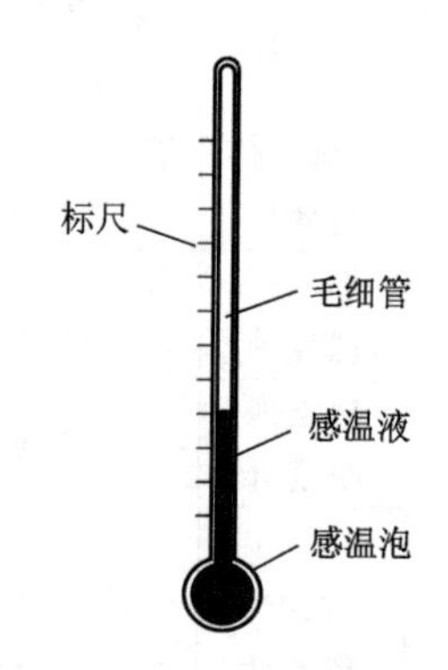

图 3-2 玻璃液体膨胀式温度计的基本结构

3.2.2 固体膨胀式温度计

它是利用两种线膨胀系数不同的材料制成的，有杆式和双金属片式两种，如图 3-3 所示。除用金属材料外，有时为增大膨胀系数差，还选用非金属材料，如石英、陶瓷等。这类温度计常用作自动控制装置中的温度测量元件，它结构简单、可靠，但精度不高。

3.2.3 压力式温度计

压力式温度计是利用密闭容积内工作介质随温度升高而压力升高的性质，通过对工作介质的压力测量来判断温度值的一种机械式仪表。

压力式温度计的工作介质可以是气体、液体或蒸汽，其结构如图 3-4 所示。仪表中包括温包、毛细管、基座和具有扁圆或椭圆截面的弹簧管。弹簧管一端焊在基座上，内腔与毛细管相通，另一端封死，作为自由端。自由端通过拉杆、齿轮传动机构与指针相联系。指针的转角在刻度盘上指示出被测温度。

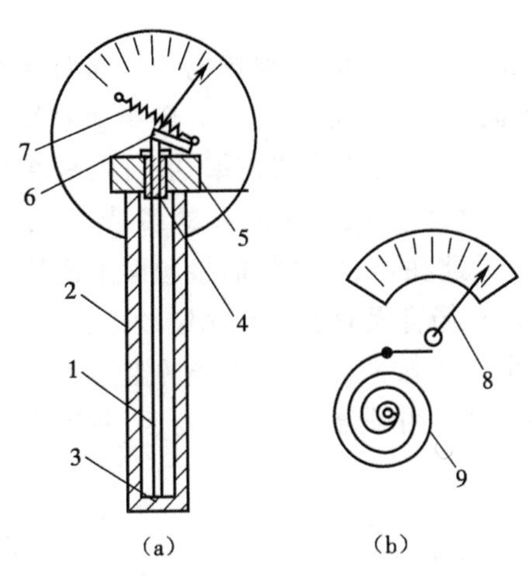

图 3-3　固体膨胀式温度计

(a)杆式；(b)双金属片式

1—芯杆；2—外套；3—顶端；4—弹簧；5—基座；

6—杠杆；7—拉簧；8—指针；9—螺旋式双金属片

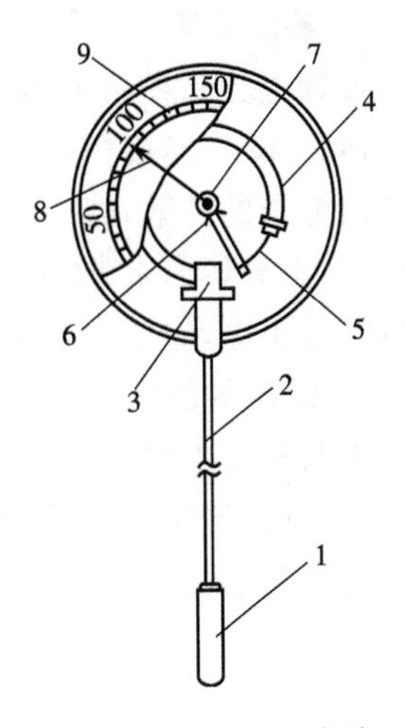

图 3-4　压力式温度计

1—温包；2—毛细管；3—基座；

4—弹簧管；5—拉杆；6—扇齿轮；

7—柱齿轮；8—指针；9—刻度值

压力式温度计由于受毛细管长度的限制，一般工作距离最大不超过 50 m，被测温度一般为−50～550 ℃。它简单可靠，抗震性能好，具有良好的防爆性，故常用在飞机、汽车、拖拉机上，也可用作温度控制信号。但这种仪表动态性能差，示值的滞后性较大，也不能测量迅速变化的温度。

3.3　热电偶测温技术

3.3.1　热电偶测温的基本原理

1) 热电效应

在两种不同的导体或半导体 A 和 B 组成的闭合回路中，如果它们的两个接点的温度不同，则在回路中会产生电流，如图 3-5 所示。这说明此时回路中存在一个电动势，一般称其为热电动势。热电动势常被称为塞贝克电动势或塞贝克效应，是德国物理学家塞贝克(T. J. Secbeck)在 1821 年研究两种不同金属导体构成的回路中的电磁效应时发现的。后经法国物理学家珀耳帖(Peltier)及英国物理学家汤姆逊(Thomson)继续研究，证明了塞贝克电动势是由接触电动势(珀耳帖电动势)和温差电动势(汤姆逊电动势)两种热电动势构成的。

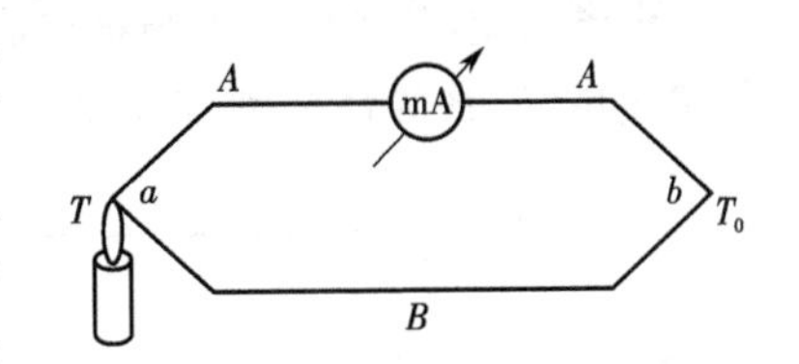

图 3-5　塞贝克效应示意图

2）接触电势

接触电势是在两种不同的导体 A 和 B 接触处产生的一种热电势。当两种不同的导体 A 和 B 连接在一起时，由于两者有不同的电子密度 N_A、N_B，则接触处就会发生自由电子的扩散，若 $N_A>N_B$，则电子在两个方向上扩散的速率就不同，故在单位时间内，由导体 A 扩散到导体 B 的电子数比导体 B 扩散到导体 A 的多，导体 A 因失去电子带正电，导体 B 因得到电子而带负电，因此在 A、B 导体的接触面上便形成一个从 A 到 B 的静电场，如图 3-6 所示，这个静电场将阻碍扩散作用继续进行，同时加速电子向相反方向的转移。在某一温度下，电子扩散能力与静电场的阻力达到动态平衡，此时在接触处形成的电动势称为接触电势，用符号 $E_{AB}(T)$ 表示，并用下面的数学式来表示

$$E_{AB}(T)=\frac{kT}{e}\ln\frac{N_A(T)}{N_B(T)} \tag{3-6}$$

$$E_{AB}(T_0)=\frac{kT_0}{e}\ln\frac{N_A(T_0)}{N_B(T_0)} \tag{3-7}$$

式中 e——单位电荷量；

k——玻耳兹曼常量；

N_A、N_B——金属导体 A、B 的自由电子密度；

T、T_0——接触处的绝对温度。

3）温差电势

温差电势是在同一根导体中因两端的温度不同而产生的热电动势。设导体两端 A、B 的温度分别为 T 和 T_0，且 $T>T_0$，并形成温度梯度，由于高温端的电子能量高于低温端的电子能量，则从高温端扩散到低温端的电子数比从低温端扩散到高温端的多，结果高温端因失去电子而带正电，低温端因得到电子而带负电，因此在同一导体的两端便产生电位差。这个电位差将阻止电子从高温端向低温端继续扩散，同时加速电子从低温端扩散向高温端，最后达到相对的动态平衡状态，即从高温端扩散到低温端的电子数等于从低温端扩散到高温端的电子数。此时，在导体的两端便产生一个电位差，这个电位差被称作温差电势，如图 3-7 所示，用 $E(T,T_0)$来表示。闭合回路中的 A、B 导体分别都有温差电势产生。温差电势可用下面的表达式表示

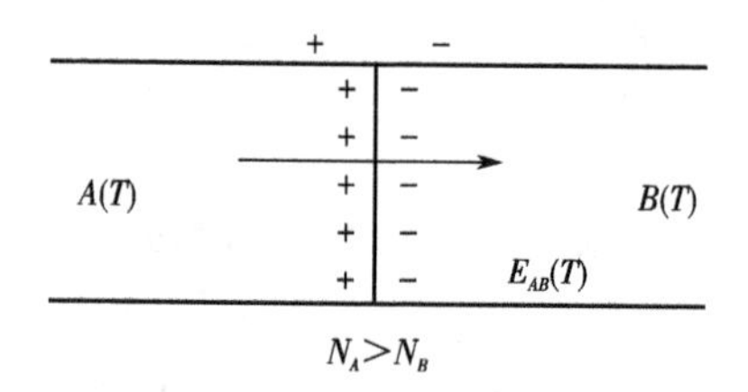

图 3-6 接触电势原理图

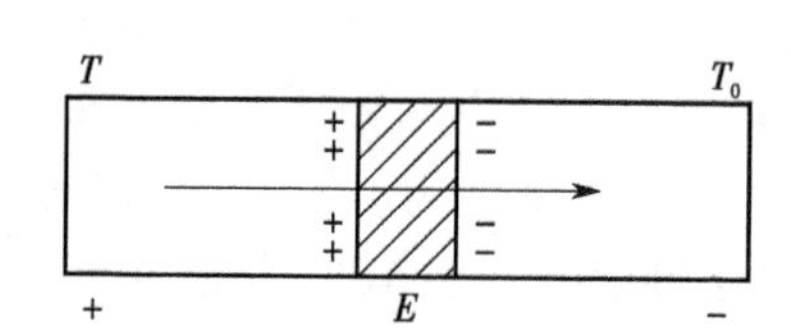

图 3-7 温差电势原理图

$$E_A(T,T_0)=\frac{k}{e}\int_{T_0}^{T}\frac{1}{N_A(T)}\mathrm{d}[N_A(T)\cdot T] \tag{3-8}$$

$$E_B(T,T_0)=\frac{k}{e}\int_{T_0}^{T}\frac{1}{N_B(T)}\mathrm{d}[N_B(T)\cdot T] \tag{3-9}$$

4）热电偶闭合回路的总电势

如图3-8所示的由均质导体A、B组成的闭合回路，当两接点的温度$T>T_0$，且$N_A>N_B$时，则回路中将产生两个温差电势$E_A(T,T_0)$、$E_B(T,T_0)$及两个接触电势$E_{AB}(T)$、$E_{AB}(T_0)$由于温差电势比接触电势小，又$T>T_0$，所以在总电势中以导体AB在T端的接触电势$E_{AB}(T)$所占的百分比最大，并决定了总电势的方向，这时总电势可以写成

$$E_{AB}(T,T_0)=E_{AB}(T)-E_{AB}(T_0)+E_B(T,T_0)-E_A(T,T_0)$$

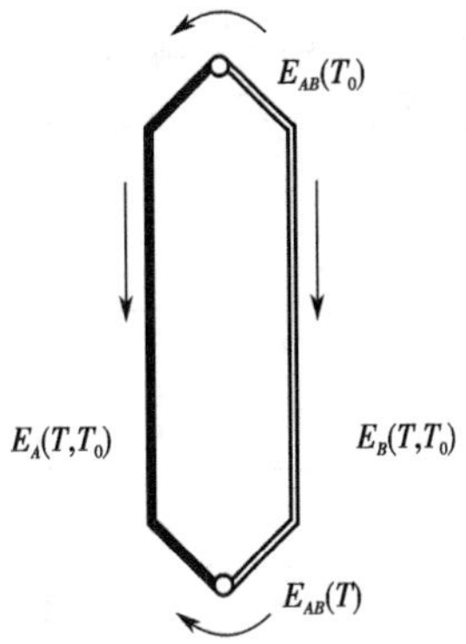

图3-8　闭合回路的热电势

经整理得

$$E_{AB}(T,T_0)=\frac{k}{e}\int_{T_0}^{T}\ln\frac{N_A(T)}{N_B(T)}\mathrm{d}T \tag{3-10}$$

由于N_A、N_B是温度的单值函数，式(3-10)积分式可表达成下列式子

$$E_{AB}(T,T_0)=f(T)-f(T_0) \tag{3-11}$$

根据式(3-10)、式(3-11)可得出如下结论。

① 热电偶回路热电势的大小只与组成热电偶的材料及两端温度有关，而与热电偶的长度、粗细无关。

② 只有用不同性质的导体或半导体才能组合成热电偶，相同材料不会产生热电势，因为当A、B两种材料是同一种材料时，$\ln\frac{N_A(T)}{N_B(T)}=0$，则$E_{AB}(T,T_0)=0$。

③ 只有当热电偶两端温度不同，热电偶的两根材料不同时才能有热电势产生。

④ 材料确定后，热电势的大小只与热电偶两端的温度有关。如果使$f(T_0)=$常数，则回路热电势$E_{AB}(T,T_0)$就只与温度T有关，而且是T的单值函数，这就是利用热电偶测温的原理。

各种热电偶温度与热电势的函数关系可以用函数形式表示，也可以用列表格的形式表示。通常温度较高的一端叫热端或工作端，温度低的一端叫冷端或自由端。

3.3.2　热电偶基本定律

1）均质导体定律

均质导体定律指出，由一种均质导体（电子密度处处相同）组成的闭合回路，无论导体的长度和截面积，以及各处的温度分布如何，都不能产生热电势（没有电流）。反之，如有热电势产生，则此材料一定是非均质的。

实际生产中，可以利用该定律检验热电偶材料是否均质。

2）中间导体定律

在热电偶回路中接入第三种导体，只要与第三种导体相连接的两端温度相同，接入第三种导体后，对热电偶回路中的总电势没有影响。证明如下。

图 3-9 是把热电偶冷端分开后引入显示仪表 M(或第三根导体 C)，如果被分开后的两点 2、3 的温度相同且都等于 T_0，那么热电偶回路的总电势为

$$E_{ABC}(T,T_0)=E_{AB}(T)+E_B(T,T_0)+E_{BC}(T_0)+E_C(T_0,T_0)+E_{CA}(T_0)-E_A(T,T_0) \tag{3-12}$$

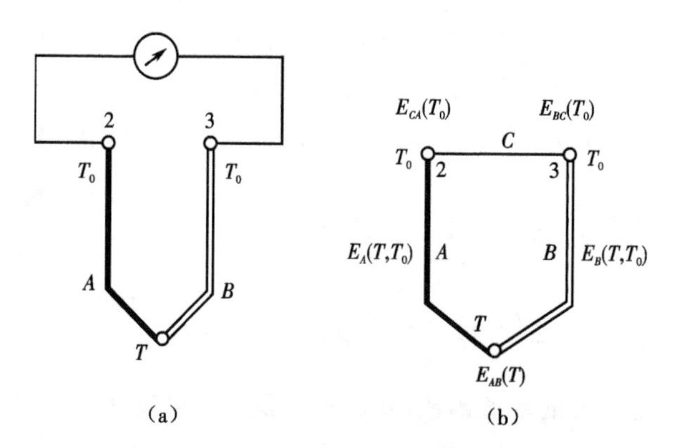

图 3-9　热电偶回路接入第三种导体

式中，$E_C(T_0,T_0)=0$，$N_A>N_B>N_C$，$T>T_0$。此外导体 B 与 C、A 与 C 在接点温度为 T_0 处的接触电势之和为

$$E_{BC}(T_0)+E_{CA}(T_0)=\frac{kT_0}{e}\ln\frac{N_B(T_0)}{N_C(T_0)}+\frac{kT_0}{e}\ln\frac{N_B(T_0)}{N_A(T_0)}=-E_{AB}(T_0)$$

将上式代入式(3-12)，得到热电偶回路的总电势为

$$\begin{aligned}E_{ABC}(T,T_0)&=E_{AB}(T)-E_{AB}(T_0)+E_B(T,T_0)-E_A(T,T_0)\\&=E_{AB}(T,T_0)\end{aligned} \tag{3-13}$$

由中间导体定律可以得出以下结论。

① 可将电位差计等测量仪表接入热电偶回路中，只要它们接入热电偶回路的两端温度相同，那么仪表的接入对热电偶总的热电势没有影响，而且对任何热电偶接点，只要接触良好，温度均一，则不论用何种方法构成接点，都不影响热电偶回路的热电势。

② 如果两种导体 A、B 对另一种参考导体 C 的热电势为已知，则这两种导体组成的热电偶的热电势是它们对参考导体热电势的代数和，即

$$E_{AB}(T,T_0)=E_{AC}(T,T_0)+E_{CB}(T,T_0) \tag{3-14}$$

若将热电极 C 作为参考电极(一般为纯铂丝)，并已知各种热电极与参考电极配成热电偶的热电特性，便可按此结论计算出任意两个热电极 A、B 配成热电偶后的热电特性，这样就大大简化了热电偶的选配工作。

3）中间温度定律

热电偶AB在接点温度T、T_0时的热电势$E_{AB}(T,T_0)$等于热电偶AB在接点温度T、T_n和T_n、T_0时的热电势$E_{AB}(T,T_n)$和$E_{AB}(T_n,T_0)$的代数和，用数学式可表示为

$$E_{AB}(T,T_0)=E_{AB}(T,T_n)+E_{AB}(T_n,T_0) \tag{3-15}$$

证明如下。

根据热电偶测温原理可知

$$E_{AB}(T,T_n)=f_{AB}(T)-f_{AB}(T_n)$$
$$E_{AB}(T_n,T_0)=f_{AB}(T_n)-f_{AB}(T_0)$$

以上两式相加得

$$E_{AB}(T,T_n)+E_{AB}(T_n,T_0)=f_{AB}(T)-f_{AB}(T_0)=E_{AB}(T,T_0)$$

如果$T_0=0$ ℃，则式(3-15)变为

$$E_{AB}(T,0)=E_{AB}(T,T_n)+E_{AB}(T_n,0) \tag{3-16}$$

由中间温度定律可以得出如下结论。

① 中间温度定律为制定热电偶分度表奠定了基础。各种热电偶的分度表都是在冷端温度为0 ℃时制定的，如果在实际应用中热电偶的冷端不为0 ℃，而是某一中间温度T_n时，这时显示仪表指示的热电势值为$E_{AB}(T,T_n)$。而$E_{AB}(T_n,0)$值可从分度表上查得，将二者相加，即得出$E_{AB}(T,0)$值，按照该电势值再查相应的分度表，便可得到测量端温度T的大小。

② 和热电偶具有同样特性的补偿导线可以引入热电偶的回路中，这就为工业测温中应用补偿导线提供了理论依据。这样便可使热电偶的冷端远离热源而不影响热电偶的测量精确度，同时节省了贵重金属。

【例3-1】 用镍铬-镍硅(K型)热电偶测量炉温，热电偶的冷端温度为40 ℃，测得的热电势为35.72 mV，问被测炉温为多少？

【解】 查K型热电偶分度表知$E_K(40,0)=1.611$ mV，测得$E_K(t,40)=35.72$ mV，则$E_K(t,0)=E_K(t,40)+E_K(40,0)=(35.72+1.611)$ mV$=37.331$ mV。

据此再查上述分度表知，37.33 mV所对应的温度为$t=900.2$ ℃。

3.3.3 热电偶冷端温度补偿

从热电偶的测温原理中知道，当热电偶的热电极选定之后，其热电势只是两个接点温度的函数差：$E_{AB}(T,T_0)=f_{AB}(T)-f_{AB}(T_0)$。可见热电偶热电势的大小不但与热端温度有关，而且与冷端温度有关，只有当冷端温度恒定或为0 ℃时，热电势才是被测温度的单值函数。但在实际应用时，往往由于热电偶的热端与冷端离得很近，冷端又暴露于空间，受高温设备和环境温度波动的影响较大，因而冷端温度难以保持恒定。为消除冷端温度变化对测量的影响，一般都采用冷端温度补偿的方法。热电偶温度补偿依据的是三个基本定律。常用的热电偶冷端温度补偿方法有补偿

导线法、计算修正法、冰点法、补偿电桥法等。

1）补偿导线法

补偿导线是指在一定的温度范围内(如 0～100 ℃)和所连接的热电偶具有相同热电特性的连接导线。利用补偿导线和测温热电偶冷端连接,如图 3-10 所示,将冷端延伸,连同显示仪表一起放置在恒温或温度波动较小的仪表室或集中控制室,使热电偶的冷端免受热设备或管道中高温介质的影响,既节省了贵重金属热电极材料,又保证了测量的准确性。

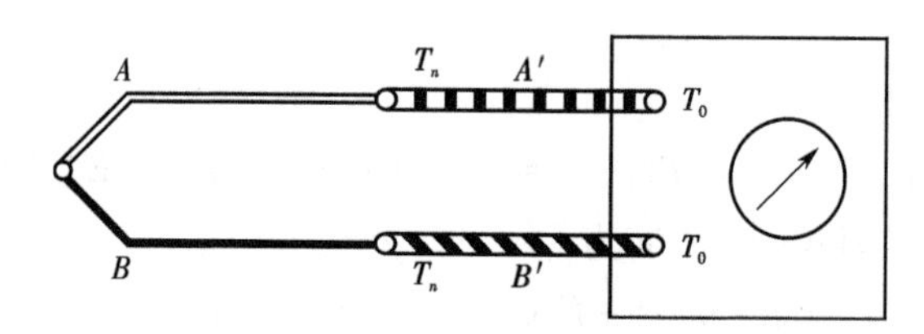

图 3-10 补偿导线在测量回路中的连接

A、B—热电偶;A′、B′—补偿导线;T_n—热电偶原冷端温度;T_0—热电偶原热端温度

2）计算修正法

由于热电偶的温度——热电势曲线(热电偶分度表)是在冷端温度保持为 0 ℃的情况下得到的,与它配套使用的仪表又是根据这一关系曲线进行刻度的,因此尽管使用补偿导线会使热电偶冷端延伸到温度恒定的地方,但只要冷端温度不为 0 ℃,就必须对仪表的指示值加以修正。如果测温热电偶的热端温度为 T,冷端温度为 T_n 而不是 0 ℃,测得热电偶的输出电势为 $E(T,T_n)$,根据中间温度定律 $E(T,0)=E(T,T_n)+E(T_n,0)$ 来计算热端温度为 T、冷端温度为 0 ℃时的热电势,然后从分度表中查得热端温度 T。应该注意的是由于热电偶温度电势曲线的非线性,上面所说的相加是热电势的相加,而不是简单的温度相加。

例如:用镍铬-镍硅热电偶测温,热电偶的冷端温度 $T_n=30$ ℃,测得冷端温度为 30 ℃时的热电势 $E(T,T_n)=40.347$ mV,由分度表查得热端温度为 30 ℃、冷端温度为 0 ℃时的热电势 $E(T_n,0)=1.203$ mV,则 $E(T,0)=E(T,T_n)+E(T_n,0)=(40.347+1.203)$ mV$=41.55$ mV,同样由分度表查得 $T=1007$ ℃。

3）冰点法

清洁的冰和清洁的水共存的混合物的温度为 0 ℃,如按此方法制成一冰点槽,将冷端放入此槽内,就无需进行修正而直接利用分度表。实际应用时可利用一广口保温瓶,将捣碎的冰块和水混合倒入瓶内,再将装有变压器油的玻璃试管通过瓶盖上的孔插入瓶内,试管的直径不应大于 15 mm,插入深度不小于 100 mm。使用时,将两根热电极的冷端分别插入两支试管中,如图 3-11 所示。冰点法是一个准确度很高的冷端处理方法,然而使用起来比较麻烦,需要保持冰、水两相共存,因此这种方法

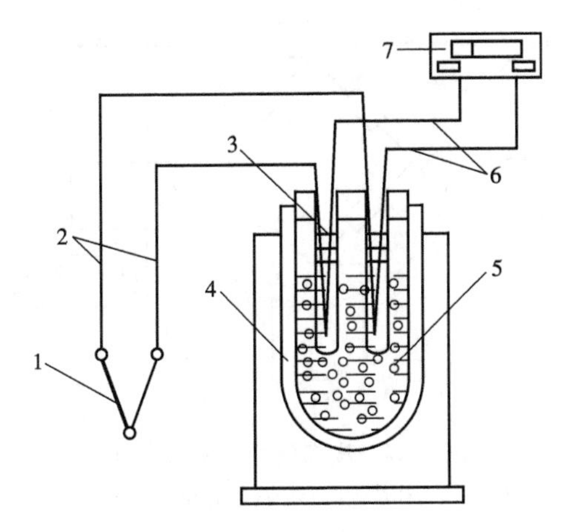

图 3-11 冰点槽

1—热电偶;2—补偿导线;3—盛有变压器油的试管;4—保温瓶;5—冰水混合物;6—铜导线;7—显示仪表

只适用于实验室,工业生产中一般不用。

4) 补偿电桥法

它又称为冷端温度补偿法。在前面热电势计算修正法中知道,当热电偶的冷端温度 T_n 偏离规定值 0 ℃时,热电势的修正量为 $E(T,0)$,如果能在热电偶的测量回路中串接一个等于 $E(T_n,0)$ 的直流电压 U,则热电偶回路的总电势为

$$E(T,T_n)+U=E(T,T_n)+E(T_n,0)=E(T,0) \tag{3-17}$$

式(3-17)说明,当热电偶接点温度为 T、T_n 时,热电势为

$$E(T,T_n)=E(T,0)-E(T_n,0)=E(T_n,0)-U$$

这样,就可以消除冷端温度变化的影响而得到完全补偿,从而直接得到正确的测量值。显然,直流电压 U 应随冷端温度 T_n 而变化,并在补偿的温度范围内具有与所配用的热电偶热电特性相一致的变化规律。

常用的冷端温度补偿器是一个补偿电桥,实际是在热电偶回路中接入一个直流信号为 $E(T_n,0)$ 的毫伏发生器,如图 3-12 所示。利用不平衡电桥产生电压,将此电压经导线与热电偶串联,热电偶的冷端与桥臂热电偶处于同一环境温度中,从而达到补偿热电偶冷端温度变化而引起的热电势变化。

电桥中的三个桥臂 R_1、R_2、R_3 都是由电阻温度系数很小的锰铜绕制的,电阻值稳定,一般都等于 1 Ω,其阻值不随温度而变化,电桥的另一个桥臂电阻 $R_{Cu}(R_x)$ 是由电阻温度系数较大的铜线绕制的,其阻值随温度的升高而变化,电桥通常在 20 ℃时处于平衡状态,即温度为 20 ℃时,$R_{Cu}^{20}=1\ \Omega$,电桥的电源由外接 4 V 直流电源经限流电阻 R_5 供给,R_5 也由锰铜线绕制。电桥的输出端 cd 串接在热电偶的回路中。热电偶通过补偿导线与冷端温度补偿器相接,热电偶冷端与桥臂电阻 R_{Cu} 处于同一温度 T_n 之下。

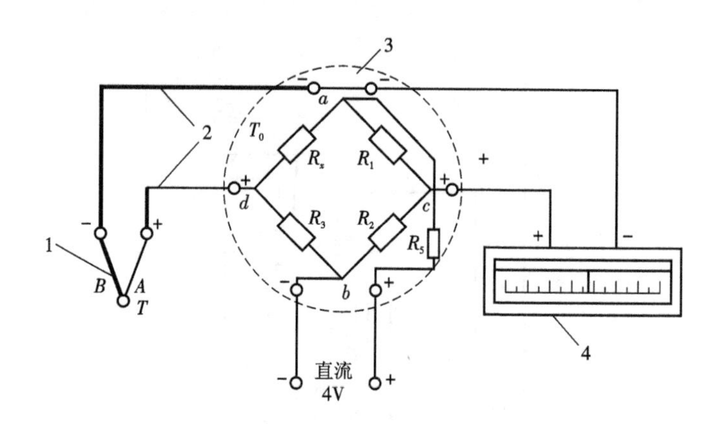

图 3-12 冷端温度补偿器电路

1—热电偶;2—补偿导线;3—冷端补偿器;4—显示仪表

当热电偶的冷端温度 $T_n=20$ ℃时,电桥处于平衡状态,$U_{cd}=0$,这时热电偶回路的热电势为 $E_{AB}(T,20)$,此时冷端温度补偿器只是以电桥等效电阻的形式存在于线路中,显示仪表的机械零点温度刻度值应等于电桥平衡时的温度 20 ℃。

当冷端温度 T 偏离 20 ℃时,桥臂电阻 R_{Cu} 的阻值将随着温度的变化而变化,使电桥失去平衡,如果适当选择桥臂电阻和限流电阻的阻值可使电桥输出的不平衡电压 U_{cd} 恰好等于冷端温度 T_n 偏离 20 ℃时的热电势修正值,即 $U_{cd}=E(T,20)$,这个电压与热电偶的热电势 $E_{AB}(T,T_n)$ 相叠加,使回路的总电势仍为 $E_{AB}(T,20\ ℃)$,从而补偿了冷端温度变化的影响。

电桥的工作电压为 4 V 的直流电源,R_5 是限流电阻,只要选择不同的限流电阻 R_5 就可以与各种热电偶相匹配,R_5 不同桥臂电压就不同,可改变补偿量 U_{cd} 的大小,从而适应热电特性不同的各种被补偿的热电偶。

当电桥所处温度变化时,电桥输出不平衡电压,其电压方向在超过 20 ℃时与热电偶的热电势方向相同,低于 20 ℃时与热电偶的热电势方向相反,当等于 20 ℃时,直流电压 $U_{cd}=0$,即热电偶冷端温度为 20 ℃时无须补偿,因此在使用冷端温度补偿器时,必须把显示仪表的起点调到 20 ℃的位置。

采用冷端温度补偿器的补偿法比其他修正法方便,其补偿精确度也能满足工程测量的要求,它是目前广泛采用的热电偶温度处理方法。

使用冷端温度补偿器,应注意只能在规定的补偿范围内和与其相应型号的热电偶配用,接线时正负极性不能接错,显示仪表的机械零点必须和冷端温度补偿器电桥平衡时的温度相一致,其补偿误差不得超过规定的范围。

3.3.4 热电偶的结构与分类

根据热电偶的材质和结构的不同,可分为标准化热电偶和非标准化热电偶。

1) 热电偶的结构

工业用热电偶的种类很多,结构和外形也不尽相同。热电偶通常主要由四部分组成(见图 3-13):热电极、绝缘套管、保护套管和接线盒。

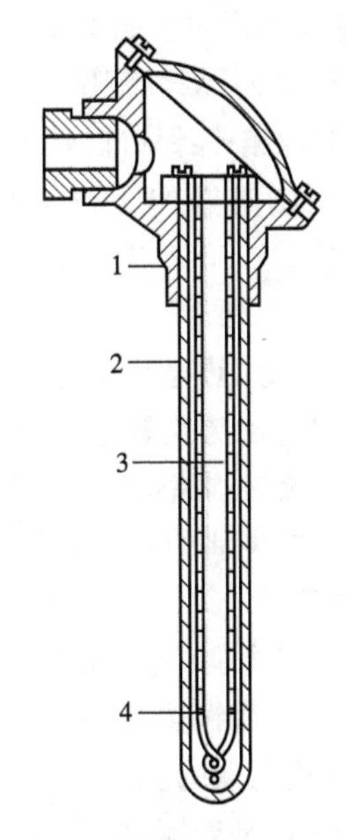

图 3-13 工业热电偶结构示意图

1—接线盒;2—保护套管;
3—绝缘套管;4—热电极

(1) 热电极

热电极的直径由材料的价格、机械强度、电导率及热电偶的用途和测量范围决定;热电极的长度由安装条件和在介质中的插入深度来决定。

(2) 绝缘套管

其作用是防止两个热电极短路。材料的选用由使用温度范围确定,结构形式有单孔和双孔两种。

(3) 保护套管

保护套管的作用是防止热电偶受化学腐蚀和机械损伤。保护套管的材料一般根据测温范围、加热区长度、环境气氛及测温的时间常数等条件来决定。对其材料的要求是:耐高温,耐腐蚀,有良好的气密性和足够的机械强度,以及在高温下不能分解出对热电偶有害的气体等。

(4) 接线盒

接线盒一般由铝合金制成,供热电偶与补偿导线连接之用。

2) 标准化热电偶

标准化热电偶是指生产工艺成熟、能成批生产、性能稳定、应用广泛、具有统一的分度表(主要分度表见附录),并已列入国际专业标准中的热电偶。目前标准化热电偶共有 8 种,下面做简单说明。

(1) 铂铑 10-铂热电偶(S 型)

S 型热电偶的正热电极(SP)是铑的质量分数为 10% 的铂铑合金,负热电极(SN)是铂。铂和铑都是难以被氧化的耐高温金属,热电特性稳定,所以 S 型热电偶适合在高温氧化性介质中使用,测温范围:−50～1768 ℃。

(2) 铂铑 13-铂热电偶(R 型)

R 型热电偶的正热电极(RP)是铑的质量分数为 13% 的铂铑合金,负热电极(RN)是铂。与 S 型热电偶相比,R 型热电偶的正热电极的铑含量提高了 3%,所以 R 型热电偶比 S 型热电偶有更高的稳定性和更高的热电势率。与 S 型热电偶一样,R 型热电偶抗氧化能力强,热电特性稳定,适合在高温氧化性介质中使用,测温范围:−50～1768 ℃。

(3) 铂铑 30-铂铑 6 热电偶(B 型)

B 型热电偶的正热电极(BP)是铑的质量分数为 30% 的铂铑合金,负热电极

(BN)是铑的质量分数为6%的铂铑合金。由于两电极都是铂铑合金,所以也被称为双铂铑热电偶,测温范围:0~1820 ℃。

(4) 镍铬-镍铝(硅)热电偶(K型)

K型热电偶的正热电极(KP)的典型化学成分为:镍89%~90%,铬9%~9.5%,硅约0.5%,铁0.5%。负热电极(KN)的化学成分为:镍95%~96%,硅1%~1.5%,铝1%~2.3%,锰1.6%~3.2%,钴约5%。K型热电偶的测温范围宽、线性度好、热电势率比较高、灵敏度高、抗氧化能力较强,在还原性与氧化性介质中输出热电动势均较稳定,这是一种最通用的热电偶,测温范围:-270~1372 ℃。

(5) 镍铬-康铜热电偶(E型)

E型热电偶的正热电极(EP)的成分与KP相同,负热电极(EN)的成分是康铜,其中:铜约55%,镍约45%,钴约0.1%。E型热电偶是适于在氧化性与还原性介质中使用的热电偶,特点是热电动势较大,性能也较稳定,测温范围:-270~1000 ℃。

(6) 铁-康铜热电偶(J型)

J型热电偶的正热电极(JP)是纯度为99.5%的商用铁,含有少量其他杂质。负热电极(JN)是康铜,成分为:铜约55%,镍约45%,其他少量钴、铁、锰等元素。尽管J型热电偶和E型热电偶的负极都叫康铜,但成分并不完全相同,所以JN和EN不能相互替换。J型热电偶既可在氧化性介质中使用,也可在还原性介质中使用,测温范围:-210~1200 ℃。

(7) 铜-康铜热电偶(T型)

T型热电偶的正热电极(TP)为纯度99.95%的纯铜,含有少量其他杂质。负热电(TN)是康铜,成分为:铜约55%,镍约45%,少量其他元素如钴、铁、锰等。T型热电偶的实际使用范围是-200~350 ℃。由于铜在500 ℃时很快就会被氧化,故限制在400 ℃以下使用。这种热电偶灵敏度高,热电动势稳定,故测温精度较高,不但可制作普通热电偶,也可制作标准化热电偶。

(8) 镍铬硅-镍硅热电偶(N型)

N型热电偶的正热电极(NP)的化学成分为:镍约84%,铬14%~14.4%,硅1.3%~1.5%,另含小于0.1%的其他元素如镁、铁、碳等。负热电极(NN)的化学成分为:镍约95%,硅4.2%~4.6%,镁0.5%~1.5%。N型热电偶的主要优点是:抗氧化性强,能在1200 ℃的氧化性介质中可靠地使用;热稳定性大大优于K型、E型、J型等廉价热电偶,在氧化性介质中,直到1200 ℃,其热稳定性仍与R型、S型等贵金属热电偶相当。测温范围:-270~1300 ℃。

随着热电偶的标准化,补偿导线也形成了标准系列,常用补偿导线列于表3-2。型号第一个字母与配用热电偶的分度号相对应,型号第二个字母“X”表示延伸型补偿导线,字母“C”表示补偿型补偿导线。

表 3-2　常用补偿导线

补偿导线型号	配用热电偶分度号	补偿导线		绝缘层3颜色	
		正极	正极	正极	正极
SC	S	SPC(铜)	SNC(铜镍)	红	绿
KC	K	KPC(铜)	KNC(铜镍)	红	蓝
KX	K	KPX(镍铬)	KNX(镍硅)	红	黑
EX	E	EPX(镍铬)	ENX(铜镍)	红	棕
JX	J	JPX(铁)	JNX(铜镍)	红	紫
TX	T	TPX(铜)	TNX(铜镍)	红	白

3）非标准化热电偶

非标准化热电偶适用于一些特定的温度测量场合，如用于测量超高温、超低温、高真空和有核辐射等被测对象。非标准化热电偶还没有统一的分度，使用时应当对每支热电偶都进行标定。目前已使用的非标准化热电偶有以下几种。

(1) 钨铼系列热电偶

这类热电偶可测量的温度高达 2700 ℃，短时间测量的温度可达 3000 ℃。它适宜在干燥的氢气、中性介质和真空中使用，不宜在潮湿、还原性和氧化性介质中工作，除非加装合适的保护套管。已使用的有钨-钨铼和钨铼-钨铼两类热电偶。

(2) 铱铑-铱系列热电偶

这是一种高温热电偶，常用于测量 2000 ℃以下的温度，适用于真空和中性介质，不能在还原性介质中使用，一般用铱铑 40、铱铑 50 和铱铑 60 三种合金与铱配用。

(3) 钨-钼热电偶

钨-钼热电偶的两个热电极都具有较高的熔点，故可用来测量高温，但钨、钼的化学稳定性较差，不能在氧化性介质中工作，它们虽可在还原性介质中工作，但在高温下的稳定性较差，所以只能在真空或中性介质中工作。另外这种热电偶的热电势率很小，在低温时电势为负值，到 1300 ℃才开始为正值，钨-钼热电偶的测量范围为 1300～2200 ℃。

(4) 镍铬-金铁热电偶

这是一种较为理想的低温热电偶，在低温下仍能得到很大的热电势，它可以在 2～273 K 的低温范围内使用，该热电偶热电势稳定，复现性好，易于加工成丝，已日趋标准化。

(5) 非金属热电偶

目前已定型生产的非金属热电偶有以下几种：石墨热电偶、二硅化钨-二硅化钼热电偶、石墨-二硼化锆热电偶、石墨-碳化钛热电偶和石墨-碳化铌热电偶等，测量准确度为±(1～1.5)%，在氧化性介质中可用于 1700 ℃左右的高温。二硅化钨-二硅化钼热电偶处于含碳介质、中性介质和还原性介质中时,可在 2500 ℃的温度中使用,但它们的复制性差,机械强度不高,因此目前尚未获得广泛的应用。

3.4 热电阻测温技术

3.4.1 测温原理

随着温度的升高,导体或半导体的电阻会发生变化,温度和电阻间具有单一的函数关系,利用这一函数关系来测量温度的方法,即为热电阻测温法,用于测温的导体或半导体称为热电阻。测温用的热电阻主要有金属电阻和半导体两大类。

通过大量的实验可知,对于金属导体,在一定的温度范围内,其电阻和温度有以下的关系

$$R_T=R_0[1+\alpha(T-T_0)] \tag{3-18}$$

式中 R_T——温度为 T 时的电阻值;

R_0——温度为 T_0时的电阻值;

α——电阻温度系数,其定义为温度变化 1 ℃时电阻值的相对变化量,1/℃,即

$$\alpha=\frac{\mathrm{d}R/R_0}{\mathrm{d}T}=\frac{1}{R_0}\times\frac{\mathrm{d}R}{\mathrm{d}T} \tag{3-19}$$

大多数金属的电阻温度系数不是常数,但在一定的温度范围内可取其平均值作为常数值。作为测量热电阻的阻值而间接测量温度的仪表,其显示值就是按照以上的规律进行刻度的。因此,要得到线性刻度,就要求电阻温度系数 α 在 T_0到 T 的范围内(测量范围内)保持常数。

热电阻的温度系数越大,表明热电阻的灵敏度越高。一般情况下,材料的纯度越高,热电阻的温度系数也越高。通常纯金属的温度系数比合金要高,所以多采用纯金属来制造热电阻。热电阻的温度系数还与制造工艺有关。在使用热电阻材料拉制金属丝的过程中,会产生内应力,并由此引起电阻温度系数的变化。因此,在制作热电阻时必须进行退火处理,以消除内应力的影响。

当热电阻在参比端温度 T_0下的电阻值 R_0和电阻温度系数 α 均为已知时,便可通过测量热电阻的阻值 R_T来反映测点的温度 T。

虽然大多数的金属导体的阻值均有随温度变化而变化的性质,但并不是所有的金属导体都能作为测量温度的热电阻。作为测量温度的热电阻材料必须满足以下几个要求。

① 电阻温度系数 α 应大,这样的热电阻的灵敏度才能高。

② 要求有较大的电阻率,因为电阻率越大,同样阻值的热电阻体积就越小,从而减小其热容量和热惯性,提高对温度变化的反应速度。

③ 在测温范围内,应具有稳定的物理和化学性质,确保测量结果的稳定性。

④ 电阻与温度的关系最好近似线性，或者为平滑的曲线，以简化测量数据处理与显示的难度。

⑤ 复现性好，复制性强，互换性好，容易得到的纯净的金属，易于加工，价格低廉，工艺性好。

一般纯金属的电阻温度系数都较大，也易于复制。目前应用最广泛的热电阻是铂电阻和铜电阻。这两种金属热电阻由于其良好的使用性，已被列为可标准化、系列化的热电阻。所谓标准化、系列化，是指热电阻的生产应用，可依据国家统一颁布的标准进行。在标准的规范下，热电阻有规定的温度为 0 ℃时的电阻值和电阻温度系数，有一定的允许误差，有统一的电阻阻值温度分度表，并且可配用统一的配套仪表。

3.4.2　热电阻的材料与结构

1) 铂电阻

铂电阻的特点是准确度高，稳定性好，性能可靠。在氧化性介质中，甚至在高温下，其物理、化学性质都非常稳定。因此，在一定的温度范围内被定为基准温度计。但铂电阻在还原性介质中，特别是在高温下，很容易被还原性气体污染，导致铂丝变脆，并使原有的电阻与温度之间的对应关系改变。在这种情况下，必须用保护套管把电阻体与有害的气体隔离开来。

在不同的温度范围内铂电阻与温度的对应关系不同。

铂电阻的纯度常以 R_{100}/R_0 来表示，作为标准仪器的铂电阻，R_{100}/R_0 不得小于 1.3925，并且规定在 0～850 ℃范围内，铂电阻与温度的关系可近似表示为

$$R_T=R_0(1+AT+BT^2) \tag{3-20}$$

式中　A、B——常数，$A=3.908\ 02\times10^{-3}$ ℃$^{-1}$，$B=-5.802\times10^{-7}$ ℃$^{-2}$；

R_0、R_T——温度为 0 ℃和 T ℃时的电阻值。

在－200～0 ℃的范围内，铂的电阻值与温度的关系可用下式表示

$$R_T=R_0[1+AT+BT^2+C(T-100)T^3] \tag{3-21}$$

式中　C——常数，$C=-4.273\ 50\times10^{-12}$℃$^{-4}$。

目前国内生产的标准铂电阻有 R_0 为 100 Ω、50 Ω、300 Ω 三种，其分度号分别为 Pt100、Pt50、Pt300，其中工业常用铂电阻是 Pt100。铂电阻的分度表见附录。

工业用热电阻的外形结构与普通热电偶外形结构基本相同，特别是保护管和接线盒是难以区分的，可是内部结构不同，如图 3-14 所示。使用时应加以注意，以免不慎弄错。

铂电阻感温元件的结构如图 3-15 所示。它主要由以下四部分组成。

① 电阻丝——常用直径为 0.03～0.07 mm 的纯铂丝单层绕制，采用双绕法，又称无感绕法。

② 骨架——热电阻丝绕在骨架上，骨架用来绕制和固定电阻丝，常用云母、石

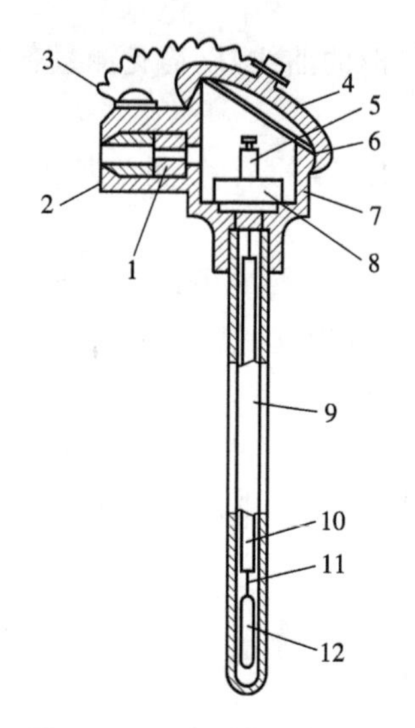

图 3-14　工业用热电阻结构

1—出线密封圈;2—出线螺母;3—小链;4—盖;5—接线柱;6—密封圈;7—接线盒;8—接线座;9—保护管;10—绝缘管;11—引线;12—感温元件

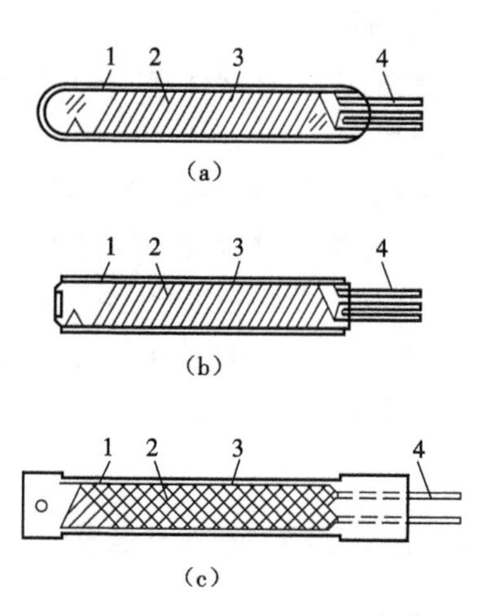

图 3-15　铂电阻感温元件的几种典型结构

1—保护管;2—电阻丝;3—骨架;4—引线[(a)、(b)为三线制元件]

英、陶瓷、玻璃等材料制成,骨架的形状多是片状和棒形的。

③ 引线——引线是热电阻出厂时自身具备的引线,其功能是使感温元件能与外部测量线路相连接。引线通常位于保护管内,因保护管内的温度梯度大,引线要选用纯度高、不产生热电势的材料。对于工业铂电阻,中低温用银丝作引线,高温用镍丝。铜、镍热电阻的引线一般都用铜丝、镍丝。为了减少引线电阻的影响,其直径往往比电阻丝的直径大很多。

热电阻引线有两线制、三线制和四线制三种,如图 3-16 所示。

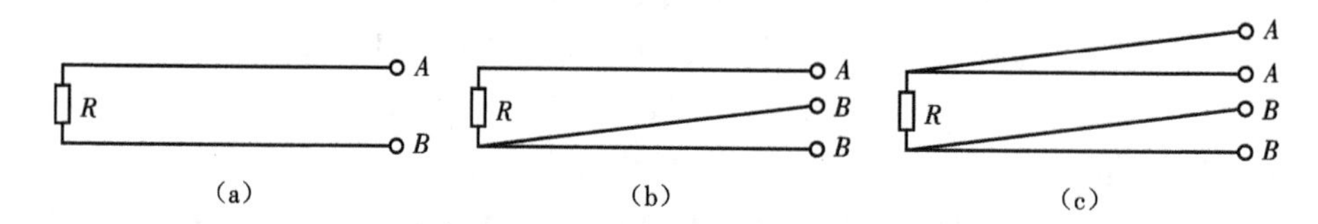

图 3-16　感温元件的引线形式

(a)两线制;(b)三线制;(c)四线制

两线制:在热电阻感温元件的两端各连一根导线的引线形式为两线制。这种两线制热电阻配线简单、费用低,但要考虑引线电阻的附加误差。

三线制:在热电阻感温元件的一端连接两根引线,另一端连接一根引线,此种引线形式称为三线制。它可以消除引线电阻的影响,测量精确度高于两线制,所以应用最广。特别是在测温范围窄、导线长、架设铜导线途中温度发生变化等情况下,必须采用三线制热电阻。

四线制：在热电阻感温元件的两端各连两根引线称为四线制。在高精确度测量时，要采用四线制。这种引线可以消除引线电阻的影响，而且在连接导线阻值相同时，还可消除连接导线电阻的影响。

④ 保护管——它是用来保护已经绕制好的感温元件免受环境损害的管状物，其材质有金属、非金属等多种材料。将热电阻装入保护管内同时和接线盒相连。保护管的初始电阻有两种，分别为 10 Ω 和 100 Ω。

2）铜电阻

工业上除了铂电阻应用很广外，铜电阻的使用也很普遍，因为铜电阻价格低廉，易于提纯和加工成丝，电阻温度系数又大，在 0～100 ℃的温度范围内，铜电阻的电阻值与温度的关系几乎是线性的，所以在一些测量准确度要求不高且温度较低的场合，可使用铜电阻，但在温度超过 150 ℃时易被氧化，所以在高温时不宜使用。此外，由于铜的电阻率比较低，铜丝的长度比较长，体积比较大。

铜电阻与温度的关系在－50～150 ℃范围内是非线性的，可用下式表示

$$R_T = R_0(1 + AT + BT^2 + CT^3) \tag{3-22}$$

式中　R_T、R_0——铜电阻在温度为 T ℃和 0 ℃时的电阻值；

A、B、C——均为常数。

铜电阻的结构如图 3-17 所示，一般是在直径为 6 mm、长为 40 mm 的塑料或胶木骨架上，用直径为 0.1 mm、长为 266 mm、纯度为 99.9%的铜丝绕制而成。我国工业所用的铜电阻分度号为 Cu100(R_0＝100 Ω)和 Cu50(R_0＝50 Ω)，其分度表见附录。

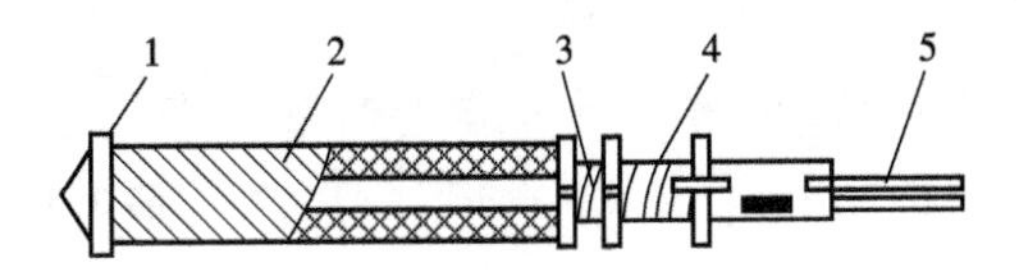

图 3-17　铜电阻感温元件

1—骨架；2—漆包铜线；3—扎线；4—补偿绕组；5—引线

3）镍电阻

镍的电阻温度系数 α 较铂大，约为铂的 1.5 倍，使用温度范围为－50～300 ℃，但温度在 200 ℃左右时，α 具有特异点，故多用于 150 ℃以下的温度测量，它的电阻与温度的关系为

$$R_T = 100 + 0.5485T + 0.665 \times 10^{-3}T^2 + 2.805 \times 10^{-9}T^4 \tag{3-23}$$

我国虽已规定其为标准化的热电阻，但还未制定出相应的分度表，故目前多用于温度变化范围小、灵敏度要求高的场合。

4）半导体热敏电阻

利用金属导体制成的热电阻有正的温度系数，即电阻值随温度的升高而增加。而半导体有负的温度系数，半导体热敏电阻就是利用其电阻值随温度升高而减小的特性来制作感温元件的。

半导体热敏电阻成为工业用温度计以来,大量用于家电及汽车用温度传感器。目前已扩展到各种领域,发展极为迅速,在接触式温度计中,它仅次于热电偶、热电阻,占第三位,但销量极大。它的测温范围一般为-40~350 ℃,在许多场合已经取代传统的温度传感器,半导体热敏电阻的灵敏度高。它的电阻温度系数 α 较金属热电阻大 10~100 倍,因此,可采用精度较低的显示仪表。

半导体热敏电阻的电阻值高。它的电阻值较铂电阻高 1~4 个数量级,并且与温度的关系不是线性的,可用下列经验公式来表示

$$R_T = A\mathrm{e}^{B/T} \tag{3-24}$$

式中 T——温度,K;

R_T——温度为 T 时的电阻值,Ω;

e——自然对数的底数;

A、B——决定于半导体热敏电阻材料和结构的常数,A 的量纲同电阻,B 的量纲同温度。

图 3-18 所示为半导体热敏电阻的温度特性,它是一条指数曲线。

半导体热敏电阻虽然复现性、互换性不好,但因成本低、体积小、响应快,故越来越多地为人们所采用。

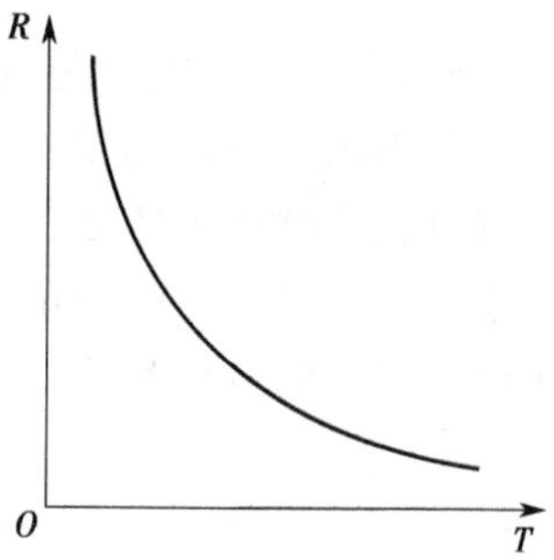

R
O
T

图 3-18 半导体热敏电阻的温度特性

3.4.3 热电阻的测量

热电阻的测量常用电桥,电桥又可分为平衡电桥和不平衡电桥。

1) 平衡电桥

(1) 手动平衡电桥

用平衡电桥测量电阻值时,被测电阻接在电桥的待测臂上。用来调整电桥平衡的可调电阻作为调整臂(或叫比较臂)。图 3-19(a)为采用两线制的平衡电桥测量热电阻的原理图。当热电阻置于被测介质中,显示仪表内的平衡电桥的平衡状态被破坏,经调节 R_H后,使电桥重新处于平衡状态,测量支路中的电流 $I_G=0$,读出滑线电阻 R_H动触点对应的阻值,就可知 R_T的值,进而可换算出被测温度值。滑线电阻 R_H跨接在两个相邻的桥臂之间,当移动其滑动触点时,将会同时改变触点两侧相邻的桥臂电阻,从而可提高调整电桥不平衡的速度,同时还可以消除滑线电阻滑动触点的接触电阻对测量的影响。

两线制是指热电阻用两根引线与显示仪表相连接。由于热电阻安装在被测介质的现场,显示仪表安装在仪表室内,环境温度变化导致连接导线的电阻 R_L也变化,使平衡电桥被破坏,产生附加误差。为减少线路电阻 R_L随环境温度变化而带来的测量误差,可以采用三线制,即热电阻用三根导线与显示仪表连接,如图 3-19(b)所示。

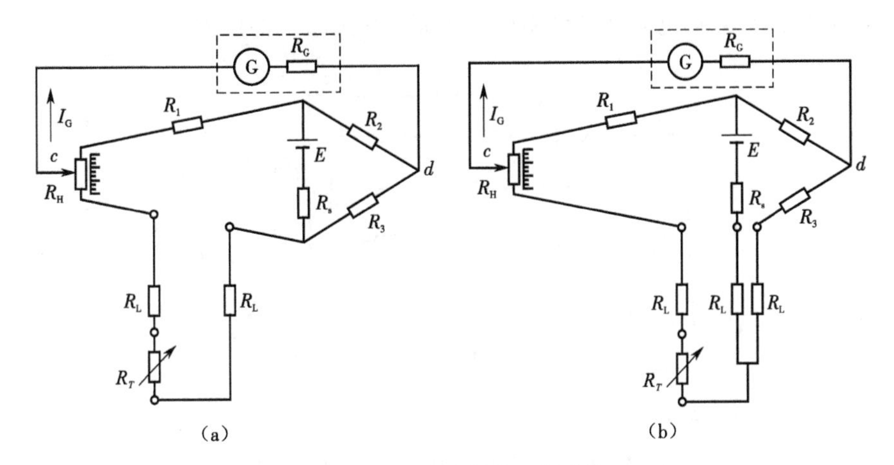

图 3-19 平衡电桥原理线路图

(a)两线制;(b)三线制

当线路电阻相等且电桥平衡时,桥臂电阻有以下的关系。

两线制 $$(R_T+2R_L+R_{H1})R_2=R_3(R_1+R_{H2}) \tag{3-25}$$

在讨论线路电阻时暂不考虑 R_H 的影响,则有$(R_T+2R_L)R_2=R_3R_1$,即

$$R_T=\frac{R_3R_1}{R_2}-2R_L \tag{3-26}$$

三线制 $$(R_T+R_L+R_{H1})R_2=(R_3+R_L)(R_1+R_{H2}) \tag{3-27}$$

不考虑 R_H的影响,则有$(R_T+R_L)R_2=(R_3+R_L)R_1$,即

$$R_T=\frac{R_3R_1}{R_2}+\frac{R_L}{R_2}(R_1-R_2) \tag{3-28}$$

由式(3-26)可知,测量电阻不但与桥臂阻值有关,而且与线路电阻有关,而若采用三线制测量,一般情况下都选用阻值相等的桥臂电阻,即 $R_1=R_2$,这样在测量结果中可以消除线路电阻的影响。至于连接电源的第三根导线电阻的变化,它主要影响电源支路间的电平,可通过调节 R_s进行补偿。

(2) 自动平衡电桥

若恢复电桥的平衡由仪表自动完成,就称为自动平衡电桥。它的工作原理与自动电位差计相似,也是用放大器代替原理线路中的检流计 G 来检查测量桥路输出的不平衡电压的大小和极性,并将不平衡信号放大以驱动可逆电机,带动平衡机构改变电桥滑线电阻滑动触点的位置,使电桥达到平衡,同时根据滑动触点的位置显示出被测的电阻值或温度值。图 3-20 给出了自动平衡电桥的测量电路原理图。电桥上支路中的 R_T为热电阻,被测温度经热电阻传感器转换为 R_T,R_T在桥路中与已知电阻比较,如电桥失去平衡,就输出不平衡电压 U_{cd},U_{cd}经检查—放大环节辨别极性和放大后,驱动可逆电机转动并带动滑线电阻 R_H的滑动触点移动至电桥恢复平衡,即 $U_{cd}=0$,同时由可逆电机带动指针,指示出温度的数值,仪表和热电阻的连接也采用

三线制的接法,可减小电阻因环境温度变化而变化所造成的误差。

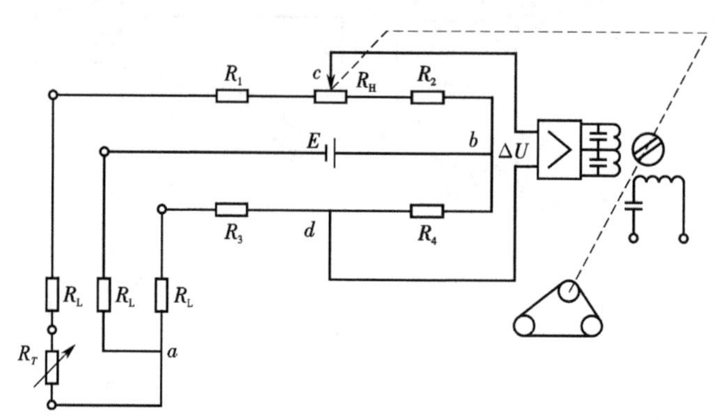

图 3-20 自动平衡电桥的测量电路原理图

2) 不平衡电桥

在平衡电桥中,电源电压的变化不直接影响测量的结果,它既不包含外加电压,也不包含电流,这是它最大的优点。平衡电桥是具有较高精确度的仪表,但是平衡过程很麻烦,即使是自动平衡电桥也不能瞬时完成。对于快速变化信号的测量或测量精确度要求不高的场合,还可用不平衡电桥产生的电压或电流输出作为热电阻变化的一种量度。图 3-21 为不平衡电桥的原理图,当热电阻置于被测介质中,而且当被测介质的温度发生变化时,电桥的平衡状态被破坏。测量对角线上输出不平衡电压 U_{cd},检流计指示不平衡电流,其电流与热电阻 R_T 成一定的对应关系,读出电流值便可知相应的电阻值,即可知被测介质的温度。被测温度越高,电桥的不平衡程度越大,这时电流表的偏转角度也越大。

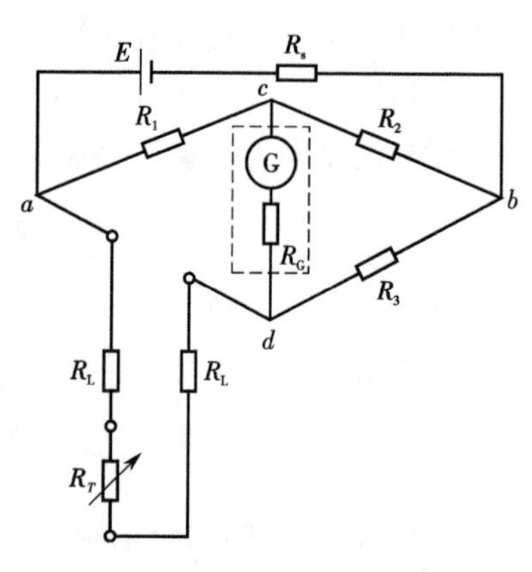

图 3-21 不平衡电桥原理图

由于不平衡电桥在测量过程中,不需要调节桥臂电阻值,它与平衡电桥相比有较好的动态特性。但这类仪表因受到电流表精确度和电源电压稳定度等的影响,一般测量精确度不高,主要适用于工业中的温度测量。

在实际测量中,由于存在连接导线的电阻随温度变化而引起的误差,三线制连接对于不平衡电桥,只有在仪表刻度的起始点,也就是电桥处于平衡状态时,才能使附加误差得到全补偿。但在仪表的其他刻度点,由于电桥处于不平衡状态,连接导线的附加温度误差依然存在。不过由于采用了三线制连接,在仪表规定的使用条件下使用时,其最大附加误差可以控制在仪表允许的精确度范围内。

3.5　非接触式测温

常用的非接触式温度测量仪表多为辐射式测温仪表。辐射温度计是利用物体的辐射能随其温度而变化的原理进行测温的，是一种非接触式测温方法。应用辐射温度计时，只需把温度计对准被测物体，而不必与被测物体直接接触。因此，它可以用来测量处于运动状态的物体的温度，也可用于测量较小的被测对象的温度而不破坏原有的温度分布情况。另外，由于感温元件所接受的为辐射能，与被测物体并不接触，故其温度不必达到被测对象的温度，不会因为测温改变被测对象原有的温度分布，也不会因此使测温上限受到限制，这种测温方式完全可以用于测量比传感器耐受温度高得多的物体的温度。

3.5.1　热辐射测温的基本原理

非接触式测温采用检测热辐射强度的方法间接测量物体的温度。热辐射是热物体通过电磁波向外传递能量的现象，电磁波按其产生的原因不同，可以有不同的频率及表现形式。无线电波是一种电磁波，此外还有红外线、可见光、紫外线、X射线及 γ 射线等各种电磁波。由于热的原因而产生的电磁波称为热辐射。

热辐射理论是辐射式测温仪表的理论依据。任何热力学温度不为0 K的物体，其内部带电粒子受激发会向外辐射不同波长的电磁波，人们把热能以电磁波的形式向外辐射称为热辐射。物体温度越高，带电粒子被激发得越剧烈，向外发出的辐射能就越强。粒子运动的频率不同，放射出的电磁波波长就不同，在温度测量中，主要涉及的波长范围是可见光与0.76～20 μm的红外光区。

根据所采用的测温方法的不同，非接触式测温可分为全辐射测温、亮度式测温和比色式测温等。

3.5.2　热辐射测温仪表

1）全辐射高温计

（1）构造和原理

全辐射高温计是根据黑体的全辐射定律制作的。全辐射定律指出，绝对黑体的全辐射能量与其热力学温度的四次方成正比，即

$$E_0=\sigma_0 T^4 \tag{3-29}$$

式中　E_0——波长为0～∞的全部辐射能量的总和，W/cm²；

σ_0——斯忒藩-玻耳兹曼常量，其值为 5.67×10^{-12} W/(cm²·K⁴)。

由式(3-29)可知，当知道黑体的全辐射能量 E_0 后，就可以知道温度 T，图3-22为全辐射高温计的示意图。

物体的全辐射能由物镜聚焦后，经过光栏，焦点落在装有热电堆的铂箔上。热

电堆由4～8支微型热电偶串联而成,以得到较大的热电动势。热电偶的测量端被夹在十字形的铂箔内,铂箔涂成黑色以增加其吸收系数。当辐射能被聚焦到铂箔上时,热电偶测量端感受热量,热电堆输出的热电动势送到显示仪表,由此表显示或记录被测物体的温度。热电偶的参比端夹在云母片中,这里的温度比测量端低很多。在瞄准被测物体的过程中,观测者可以通过目镜进行观察,目镜前加有灰色滤光片,用来削弱光的强度,保护观测者的眼睛。整个外壳内壁涂成黑色,以减少杂光的干扰和形成黑体条件。

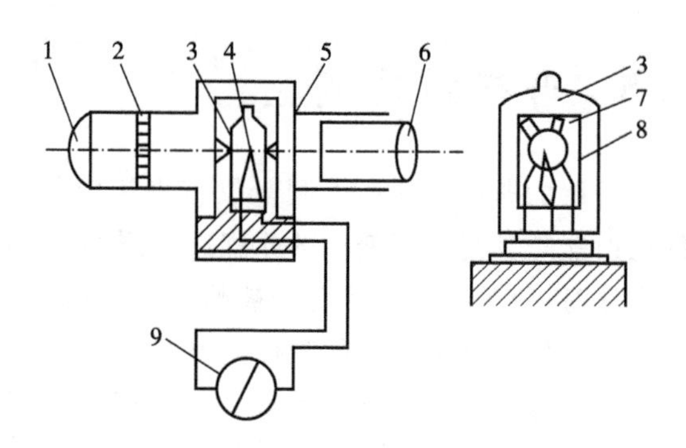

图 3-22　全辐射高温计示意图

1—物镜;2—光栏;3—玻璃泡;4—热电堆;5—灰色滤光片;6—目镜;7—铂箔;8—云母片;9—显示仪表

全辐射高温计按绝对黑体对象进行分度。用它测量辐射率为 ε 的实际物体温度时,其示值并非真实温度,而是被测物体的“辐射温度”。辐射温度的定义为:温度为 T 的物体,其全辐射能量 E 等于温度为 T_P 的绝对黑体全辐射能量 E_0 时,则温度 T_P 叫做被测物体的辐射温度。

按定义 $E=\varepsilon\sigma_0 T^4$,$E_0=\sigma_0 T_P^4$,当 $E=E_0$ 时,有

$$T=T_P\sqrt[4]{\frac{1}{\varepsilon}} \tag{3-30}$$

由于 ε 总是小于1的数,T_P 总是低于 T。因为全辐射高温计是按黑体刻度的,在测量非黑体温度时,其读数是被测物体的辐射温度 T_P,故要用式(3-30)计算出被测物体的真实温度 T。

(2) 全辐射高温计的使用要领

① 全辐射体的辐射率 ε 随物体的成分、表面状态、温度和辐射条件的不同而不同,因此应尽可能准确地确定被测物体的 ε,以提高测量的准确度。

② 被测物体与全辐射高温计之间的距离 L 和被测物体的直径 D 之比(L/D)有一定的限制。每一种型号的全辐射高温计,对 L/D 的范围都有规定,使用时应严格按照规定,否则会引起较大的测量误差。

③ 使用时环境温度不宜太高,否则会引起热电堆参比端温度升高而增加测量误差。

2) 单色辐射高温计

绝对黑体(又称全辐射体)的单色辐射强度 $E_{0\lambda}$ 随波长的变化规律由普朗克定律确定

$$E_{0\lambda}=c_1\lambda^{-5}[\exp(c_2/\lambda T)-1]^{-1} \tag{3-31}$$

式中　c_1——普朗克第一辐射常量，$c_1=37\ 413\ \text{W}\cdot\mu\text{m}^4/\text{cm}^2$；

c_2——普朗克第二辐射常量，$c_2=14\ 388\ \mu\text{m}\cdot\text{K}$；

λ——辐射波长，μm；

T——绝对黑体温度，K。

在热力学温度低于 3000 K 时，普朗克公式(3-31)可用维恩公式代替，误差不超过 1%，维恩公式为

$$E_{0\lambda}=c_1\lambda^{-5}\exp(-c_2/\lambda T) \tag{3-32}$$

由普朗克定律可知，物体在某一波长下的单色辐射强度与温度有单值函数关系，而且单色辐射强度的增长速度比温度的增长速度快得多。根据这一原理制作的高温计叫单色辐射高温计。

当物体温度高于 700 ℃时，会明显地发出可见光，具有一定的亮度。物体在波长 λ 下的亮度 B_λ 与它的辐射强度 E_λ 成正比，即

$$B_\lambda=cE_\lambda \tag{3-33}$$

式中，c 为比例常数。

根据维恩公式，绝对黑体在波长 λ 下的亮度 B_λ 与温度 T_s 的关系为

$$B_{0\lambda}=cc_1\lambda^{-5}\exp(-c_2/\lambda T_s) \tag{3-34}$$

实际物体在波长 λ 下的亮度 B_λ 与温度 T 的关系为

$$B_\lambda=c\varepsilon_\lambda c_1\lambda^{-5}\exp(-c_2/\lambda T) \tag{3-35}$$

由式(3-35)可知，用同一种测量亮度的单色辐射高温计来测量单色黑度系数 ε_λ 不同的物体温度，即使它们的亮度 B_λ 相同，其实际温度也会因为 ε_λ 的不同而不同。这就使得按某一物体的温度刻度的单色辐射高温计，不能用来测量单色黑度系数不同的另一个物体的温度。为了解决此问题，使光学高温计具有通用性，对这类高温计作这样的规定：单色辐射高温计的刻度按绝对黑体($\varepsilon_\lambda=1$)的温度进行刻度。用这种刻度的高温计去测量实际物体($\varepsilon_\lambda\neq1$)的温度时，所得到的温度示值叫做被测物体的“亮度温度”。亮度温度的定义是：在波长为 λ 的单色辐射中，若物体在温度为 T 时的亮度 B_λ 和绝对黑体在温度为 T_s 时的亮度 $B_{0\lambda}$ 相等，则把绝对黑体温度 T_s 叫做被测物体在波长为 λ 时的亮度温度。按此定义，根据式(3-34)和式(3-35)可推导出被测物体的实际温度 T 和亮度温度 T_s 之间的关系为

$$\frac{1}{T_s}-\frac{1}{T}=\frac{\lambda}{c_2}\ln\frac{1}{\varepsilon_\lambda} \tag{3-36}$$

由此可见，使用已知波长 λ 的单色辐射高温计测得物体的亮度温度后，必须同时知道物体在该波长下的单色黑度系数 ε_λ，才能用式(3-36)算出实际温度。因为 ε_λ 总是小于 1，所以测得的亮度温度总是低于物体实际温度。且 ε_λ 越小，亮度温度与实际温度之间的差别就越大。

(1) 光学高温计

灯丝隐灭式光学高温计是一种典型的单色辐射高温计，由于在测量时，灯丝要

隐灭,故得名。它在所有的辐射式温度计中准确度最高。

光学高温计是根据被测物体光谱辐射亮度随温度升高而增加的原理,采用亮度比较法来实现对物体测温的。

国产 WGG2-323 型光学高温计的结构原理图如图 3-23 所示,主要由光学系统和电测系统组成。

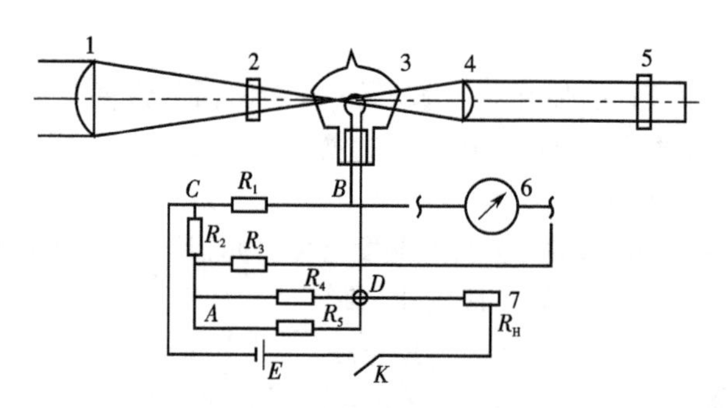

图 3-23 国产 WGG2-323 型光学高温计的结构原理图

1—物镜;2—吸收玻璃;3—高温计灯泡;4—目镜;5—红色滤光片;
6—显示仪表;7—滑线电阻;*K*—开关;*E*—干电池

光学系统中的望远镜系统由物镜和目镜组成,调节目镜的位置可使灯泡灯丝清晰可见。调节物镜的位置可使被测物体成像于灯丝平面上,与灯丝比较亮度。通过调节滑线电阻 R_H 的大小来调节灯丝电流,从而控制灯丝亮度。由人眼判断亮度平衡与否。当亮度平衡时,灯丝顶端的轮廓即隐灭于被测对象的影像中,如图 3-24(c)所示。由显示仪表指示出被测物体的亮度温度。红色滤光片使光路满足单色辐射的测温条件。灰色吸收玻璃投用与否按高量程(1500~2000 ℃)和低量程(700~1500 ℃)的具体情况选用。

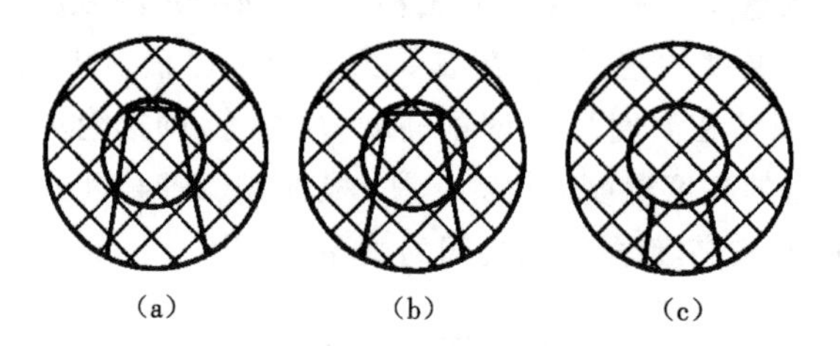

图 3-24 灯丝亮度调节图

(a)灯丝太暗;(b)灯丝太亮;(c)隐丝(正确)

电测系统由钨丝灯、直流电路、电流调节变阻器和显示仪表组成。

电阻 R_1、R_2、R_4、R_5 和灯丝内阻组成电桥线路。调节变阻器 R_H 的大小来改变钨丝灯中的电流,以控制灯丝的亮度。流过显示仪表的电流与灯丝电流有确定的函数关系,因而仪表能指示出灯丝的亮度温度。当被测物像的亮度与灯丝的亮度相平衡时，显示仪表显示的温度值也就是被测物体的亮度温度值。

(2) 光电高温计

光电高温计是在光学高温计的基础上发展起来的，可以自动平衡亮度、自动连续记录被测温度示值的测温仪表。光电高温计用光电器件作为仪表的敏感元件，替代人的眼睛来感受辐射源的亮度变化，并转换成与亮度成比例的电信号，经电子放大器放大后，输出与被测物体温度相应的示值，并自动记录。为了减小光电器件、电子元件参数变化和电源电压波动对测量的影响，光电高温计采用负反馈原理进行工作。图 3-25 是 WDL 型光电高温计的工作原理图。

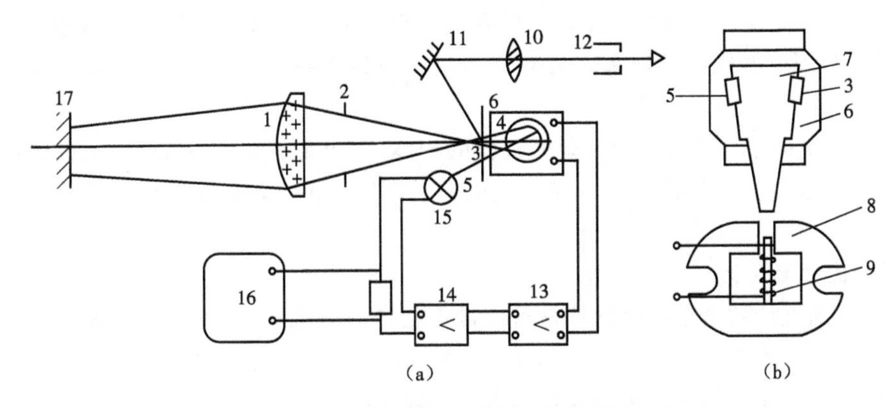

图 3-25 WDL 型光电高温计的工作原理图

(a)工作原理示意图；(b)光调制器

1—物镜；2—光栏；3，5—孔；4—光电器件；6—遮光板；7—调制片；8—永久磁铁；9—激磁绕组；10—透镜；11—反射镜；12—观察孔；13—前置放大器；14—主放大器；15—反馈灯；16—电位差计；17—被测物体

被测物体的表面发出的辐射能量由物镜聚焦，通过光栏和遮光板上的孔，透过装于遮光板内的红色滤光片(图上未画出)，射于光电器件(硅光电池)上。被测物体表面发出的光束必须盖满孔，这可用瞄准系统进行观察，瞄准系统由瞄准透镜、反光镜和观察孔组成。从反馈灯发出的辐射能量通过遮光板上的孔，透过同一块红色滤光片也投射在同一个光电器件上。在遮光板前放置着每秒钟振动 50 次的光调制器，光调制器如图 3-25(b)所示。激磁绕组通以 50 Hz 的交流电，由此产生的交变磁场与永久磁铁相互作用，使调制片产生 50 Hz 的机械振动，交替打开、遮住孔 3 和孔 5，使被测物体表面和反馈灯发出的辐射能量交替地投射到光电器件上。当反馈灯和被测物体表面的辐射能量不相等时，光电器件就产生与两个单色辐射能量之差成正比的脉冲光电流，此电流送入前置放大器后再送到主放大器进一步放大。主放大器由倒相器、差动相敏放大器和功率放大器组成，功率放大器输出的直流电流流过反馈灯，当此电流的数值使反馈灯的亮度与被测物体的单色辐射亮度相等时，脉冲光电流为零，此时通过反馈灯的电流大小就代表被测物体的温度。电位差计用来自动指示和记录通过反馈灯电流的大小，电位差计以温度刻度。

(3) 单色辐射高温计的使用要领

光学高温计由于受被测物体黑度的影响,测量准确度比热电偶、热电阻低,且构造复杂、价格昂贵,不能测物体内部点的温度,因此,在使用上受到限制。

① 由于被测物体往往是非黑体,而且物体的单色黑度系数不是常数,物体黑度变化有时是很大的,使被测物体温度的示值有较大误差。为了消除这个误差,可人为地创造黑体辐射的条件,即把一根有封底的细长管插到被测对象中,在充分受热后,管底的辐射就近乎黑体辐射。这样,光学高温计所测管子底部的温度即可视为被测对象的真实温度(要求管子的长度与其内径之比不小于10)。

② 光学高温计和被测物体之间的灰尘、烟雾和二氧化碳等气体,对热辐射会有吸收作用,因而造成测量误差。为减小中间介质的影响,光学高温计与被测物体之间的距离为1~2 m比较合适。

③ 光学高温计不宜测量反射光很强的物体,不能测不发光的透明火焰的温度。

④ 光电高温计在更换反馈灯或光电器件时,必须对整个仪表重新进行调整和刻度。

3) 比色高温计

光学高温计和全辐射高温计是目前常用的辐射高温计,它们共同的缺点是易受实际物体发射率和辐射途径上各种介质的选择性吸收辐射能的影响。根据维恩位移定律制作的比色高温计可以较好地解决上述问题。

按照普朗克定律绘制的在中温和低温下的辐射曲线如图3-26所示。由图可见,2000 K以下的曲线最高点所对应的波长已不是可见光而是红外线。

从曲线可以看出,当温度上升时,单色辐射强度也随之增长,增长的程度视波长不同而不同。

单色辐射强度峰值处的λ_m和温度T之间的关系由维恩位移定律给出

$$\lambda_m T=2897(\mu m \cdot K) \qquad (3\text{-}37)$$

根据维恩位移定律可知,当温度增加时,绝对黑体的最大单色辐射强度向波长减小的方向移动,使在波长λ_1和λ_2下的亮度比随温度而变化,测量亮度比的变化即可知道相应的温度,这便是比色高温计的测温原理。

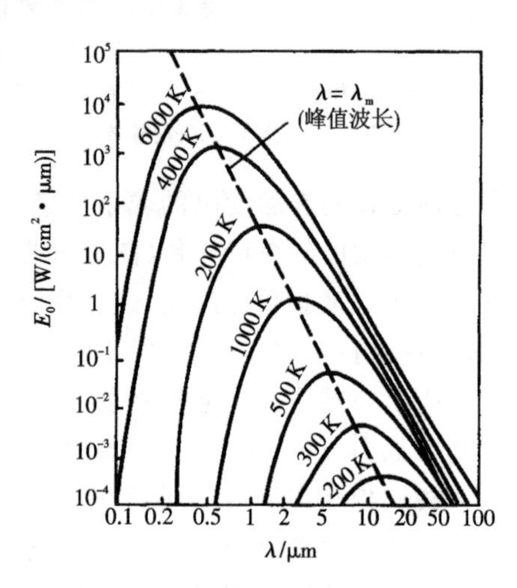

图3-26 黑体辐射强度与波长及温度之间的关系

对于温度为T_s的绝对黑体,由维恩位移定律可知,相应于λ_1和λ_2的亮度分别为

$$B_{0\lambda1}=cc_1\lambda_1^{-5}\exp(-c_2/\lambda_1 T_s)$$

$$B_{0\lambda2}=cc_2\lambda_2^{-5}\exp(-c_2/\lambda_2 T_s)$$

两式相除后取对数，可求出

$$T_s=\frac{c_2[(1+\lambda_2)-(1/\lambda_1)]}{\ln(B_{0\lambda1}/B_{0\lambda2})-5\ln(\lambda_2/\lambda_1)} \tag{3-38}$$

式中 λ_1 和 λ_2 是预先规定的值，只要知道在这两个波长下的亮度比，即可求出被测黑体的温度 T_s。

若温度为 T 的实际物体的两个波长下的亮度比值与温度为 T_s 的黑体在同样两波长下的亮度比值相等，则把 T_s 叫做实际物体的比色温度。根据比色温度的这个定义，应用维恩位移定律，可导出下面的公式

$$\frac{1}{T}-\frac{1}{T_s}=\frac{\ln(\varepsilon_{\lambda1}/\varepsilon_{\lambda2})}{c_2\left(\frac{1}{\lambda_1}-\frac{1}{\lambda_2}\right)} \tag{3-39}$$

式中 $\varepsilon_{\lambda1}$、$\varepsilon_{\lambda2}$ 分别为实际物体在 λ_1 和 λ_2 时的光谱发射率。如已知 λ_1、λ_2、$\varepsilon_{\lambda1}/\varepsilon_{\lambda2}$ 和 T_s，就可以依据式(3-39)求出温度 T 值。

图 3-27 所示为单通道式光电比色高温计的工作原理图。波长为 λ_1 和 λ_2 的两束光由调制盘调制后交替地投射到光电检测器(硅光电池)上，比值运算器计算出两束光辐射亮度的比值，最后由显示仪表(图中未画)显示出比色温度。测温时，通过目镜、反射镜等组成的瞄准系统观察，使比色温度计对准被测物体。

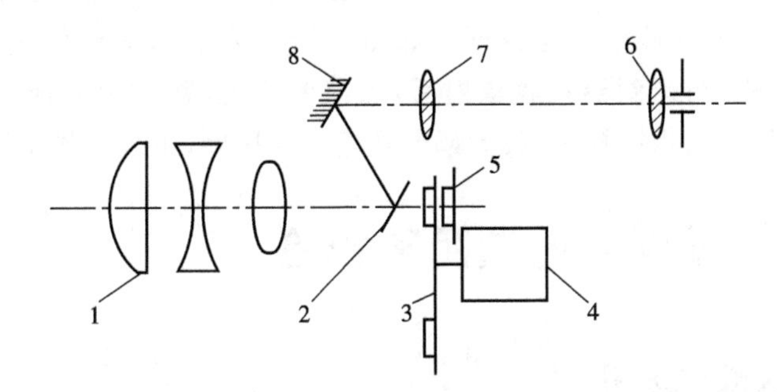

图 3-27　单通道式光电比色高温计的工作原理图

1—物镜；2—通孔成像镜；3—调制盘；4—同步电动机；5—光电检测器；6—目镜；7—倒像镜；8—反射镜

比色高温计按光和信号检测方法可分为单通道式和双通道式。单通道式是采用一个光电检测元件(如硅光电池)，光电变换输出的比值较稳定，但动态品质较差；双通道式结构简单，动态特性好，但测量准确度和稳定性较差。

4) 红外温度计

红外温度计的测温范围为 0～200 ℃，它主要由光学系统、红外探测器和电子测量线路等组成，其结构原理如图 3-28 所示。

红外温度计的物镜采用卡塞洛林双反射系统，被测对象的辐射由物镜聚焦于红外探测器上，它上面带有硫化锌材料做的窗口，可透过波段为 2～15 μm 的可见光。在物镜和探测器之间插入一块倾斜 45°的硅单晶滤光片(透过波段为 2～15 μm)，它

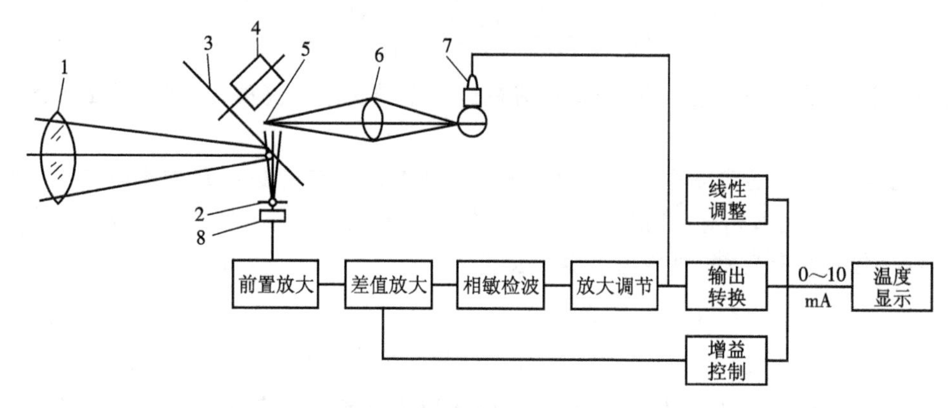

图 3-28　红外温度计结构原理

1—物镜;2—滤光片;3—调制盘;4—微电机;5—反光镜;6—聚光镜;7—参比灯;8—红外探测器

与硫化锌组合后,使仪表检测波段局限于近红外和中红外。辐射调制由红外探测器前方的调制盘来实现,调制频率为 30 Hz。

红外探测器是接收被测物体红外辐射能并转换成电信号的器件。热敏型的红外探测器使用热敏电阻,它在接收红外辐射能后,温度升高,从而引起电阻值的变化。

红外温度计的电子测量线路方框图如图 3-28 所示。探测红外线的热敏电阻的输出接成桥路形式,当探测器接收辐射后,阻值变化,桥路失去平衡,由此产生的交流电信号经前置放大、相敏检波、放大调节及输出转换后,由表头指示温度。

3.6　温度测量仪表的选用和校验

3.6.1　温度仪表的选用

在解决现场测温问题时,正确选用仪表很重要,一般首先要分析被测对象的特点及状态,然后根据现有仪表的特点及其技术指标确定选用的类型。

1) 分析被测对象

① 被测对象的温度变化范围及变化速度的快慢。

② 被测对象是静止的还是运动的(移动的或转动的)。

③ 被测对象是液体还是固体,温度计的检测部分能否靠近、与它相接触,远离以后辐射的能量是否足以检测。

④ 被测区域的温度分布是否相对稳定,要测量的是局部(点的)温度,还是某一区域(面的)平均温度或温度分布。

⑤ 被测对象及其周围是否有腐蚀性气体,是否存在水蒸气、一氧化碳、二氧化碳、臭氧及烟雾等介质;是否存在外来能源对辐射的干扰,如其他高温辐射源、日光、

灯光、壁炉反射光及局部风冷、水冷干扰等；测量的场所有无冲击、振动及电磁场的干扰等。

2）合理选用前提

① 仪表的可能测量范围及常用测量范围。

② 仪表的精确度、稳定性、变差及灵敏度等。

③ 仪表的防腐性、防爆性及其连续使用的期限。

④ 仪表的输出信号能否自动记录和远传。

⑤ 测温元件的体积和互换性。

⑥ 仪表的响应时间。

⑦ 仪表的防震、防冲击、抗干扰性能是否良好。

⑧ 电源电压、频率变化及环境温度的变化对仪表示值的影响程度。

⑨ 仪表使用是否方便、安装维护是否容易。

3.6.2 热电偶的校验

热电偶在使用前应预先进行校验或检定，标准热电偶必须进行个别分度。经过一段时间的使用后，由于高温挥发、氧化、外来腐蚀和污染、晶粒组织变化等原因，热电偶的热电特性逐渐发生变化，使用中会产生测量误差，有时此测量误差会超过允许范围。为了保证热电偶的测量精确度，必须进行定期检定。热电偶的检定方法有两种：比较法和定点法。由于工业上常采用比较法，本书就比较法作简单介绍。

用被检热电偶和标准热电偶同时测量同一对象的温度，然后比较两者的示值，以确定被检热电偶的基本误差等质量指标，这种方法称为比较法。用比较法检定热电偶的基本要求，是要造成一个均匀的温度场，使标准热电偶和被检热电偶的测量端感受相同的温度。均匀的温度场沿热电极必须有足够的长度，以使沿热电极的导热误差可以忽略。工业和实验室用热电偶都把管状炉作为检定的基本装置。为了保证管状炉内有足够长的等温区域，要求管状炉内腔长度与直径之比至少为 20:1。为使被检热电偶和标准热电偶的热端处于同一温度环境中，可在管状炉的恒温区放置一个镍块，在镍块上钻孔，以便把各只热电偶的热端插入其中，进行比较测量。用比较法在管状炉中检定热电偶的系统，如图 3-29 所示，主要装置有管状电炉、冰点槽、转换开关、手动直流电位差计和标准热电偶。

热电偶在正式检定之前应先进行外观检查，观察热端焊接是否牢固，贵金属热电极是否有色斑或发黑现象，廉金属热电极是否有腐蚀或脆弱现象。为了减少校验工作量，对于各种不同热电偶检定点的温度都有规定，见表 3-3。为了避免被检热电偶污染标准热电偶，在检定镍铬-镍硅等热电偶时需将标准铂铑-铂热电偶装在石英管中，然后将被检热电偶的热端与该石英管的头部用镍铬丝扎在一起，插到管状电炉的均匀温度场中或插到上述镍块的钻孔中进行检定。在检定时需将每只热电偶的冷端均置于冰点槽中以保持 0 ℃。在每一个校验点上，每只热电偶的读数不得少

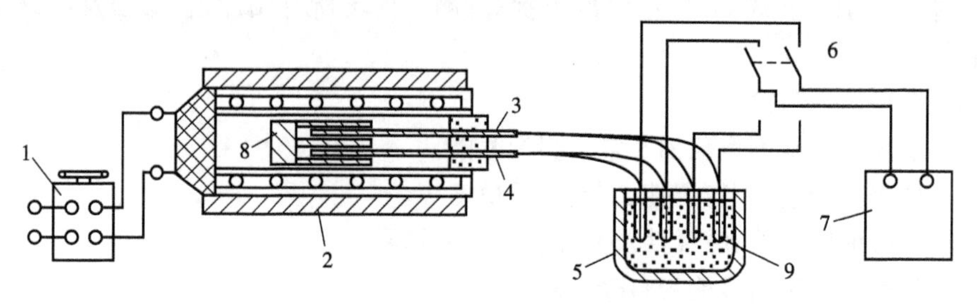

图 3-29 热电偶校验系统

1—调压变压器;2—管状电炉;3—标准热电偶;4—被检验热电偶;5—冰点槽;
6—转换开关;7—手动直流电位差计;8—镍块;9—试管

于四次,取其平均值。要求读数时炉内温度变化每分钟不得超过 0.2 ℃。

表 3-3 热电偶的检定点

热电偶名称	检定点/℃			
铂铑-铂	600	800	1000	1200(±10 ℃以上)
镍铬-镍硅	400	600	800	1000(±10 ℃以上)
镍铬-考铜	300	400 或 500	600	1000(±10 ℃以上)

检定时取等时间间隔,按照"标准→被检 1→被检 2→…被检 n→…,被检 n→…被检 2→被检 1→标准"的循环顺序读数,一个循环后标准热电偶与被检热电偶各有两个读数,一般进行两个循环的测量,得到四次读数,最后进行数据处理和误差分析,求得它们的算术平均值,比较标准热电偶与被检热电偶的测量结果。如果被检热电偶各个检定点的允许误差都在规定范围之内,则认为它们是合格的。

思考与练习题

3-1 什么是温标?实现国际温标需要哪三个条件?

3-2 接触式测温和非接触式测温各有何特点,常用的测温仪表有哪些?

3-3 可否在热电偶闭合回路中接入导线和仪表,为什么?

3-4 为什么要对热电偶进行冷端补偿,常用的方法有哪些,各有什么特点,使用补偿导线时应注意什么?

3-5 用 K 型热电偶在冷端温度为 25 ℃时,测得的热电势为 34.36 mV。试求热电偶热端的实际温度。

3-6 一台测温仪表的补偿导线与热电偶的极性接反了,同时又与仪表的输入端接反了,问能产生测量附加误差吗?附加误差大约是多少?

3-7 如何选择、使用和安装热电偶?

3-8　常用热电阻有哪些，各有何特点？

3-9　用热电阻测温，采用三线制接法的优点是什么？为什么有此优点？

3-10　热电阻采用三线制接线，如果现场采用两线制，直到控制室才改为三线制，请问有何影响？

3-11　辐射温度计可分为几大类，各有何原理和特点？

3-12　和全辐射感温器配用的显示仪表，其读数是否就是被测物体的真实温度？全辐射高温计使用时应注意什么？

第4章 湿度测量

4.1 概述

随着现代工农业生产技术的发展及生活环境质量的不断提高，湿度及对湿度的测量和控制显得越来越重要，如气象、科研、农业、暖通、纺织、机房、航空航天、电力等部门都需要对湿度进行测量和控制。要想有效地控制湿度，只有对湿度进行准确的测量方能实现，本章主要对湿度的测量方法及各种湿度传感器的应用进行讨论。

4.1.1 衡量湿度的标准

1) 绝对湿度

绝对湿度就是湿空气中水蒸气的密度 ρ，其定义为 1 m^3的湿空气，在标准状态下(即 0 ℃，$1.013\ 25\times10^5$ Pa)所含有的水蒸气质量。

根据气体状态方程式

$$pV=RT$$

及

$$\rho=\frac{1}{V}$$

所以

$$\rho=\frac{p}{RT} \tag{4-1}$$

式中 p——空气中水蒸气分压力，Pa；

T——空气的干球温度，K；

R——水蒸气的气体常数，其值为 461 J/(kg · K)；

ρ——空气中水蒸气的密度，kg/m^3。

2) 含湿量

在空气调节工程中往往要对空气进行加湿或减湿处理，在整个处理过程中，干空气的质量保持不变，而空气中所含的水蒸气量却在增加或减少，为了分析方便起见，引入含湿量的概念，它的定义是对应于 1 kg 干空气的湿空气中所包含的水蒸气量，用符号“d”表示，单位是 g/kg，其数学表达式是

$$d=1000\frac{m_s}{m_c} \tag{4-2}$$

式中 d——含湿量，g/kg；

m_s——湿空气中水蒸气的含量，kg；

m_c——湿空气中干空气的含量，kg。

根据气体状态方程

$$m=\frac{pV}{RT}$$

可得

$$d=622\frac{p_s}{p_c}$$

又因

$$B=p_s+p_c$$

所以

$$d=622\frac{p_s}{B-p_s} \tag{4-3}$$

式中 B——大气压力，Pa；

p_s——湿空气中水蒸气分压力，Pa；

p_c——湿空气中干空气分压力，Pa。

可以看出，当大气压力一定时，对应于每一个水蒸气分压力 p_s 就有一个确定的含湿量 d，它们之间有确定的函数关系

$$d=f(p_s)$$

3）相对湿度

在空调工程中，仅仅用绝对湿度或含湿量并不能完全说明空气的干湿程度对生产工艺和人体生理的影响，需要引入相对湿度的概念。其定义为湿空气中水蒸气分压力 p_s 与同温度下饱和水蒸气压 p_b 之比，并用百分数加以表示，记作符号 φ，其数学表达式为

$$\varphi=\frac{p_s}{p_b}\times 100\% \tag{4-4}$$

饱和水蒸气压 p_b 可以根据空气温度 t_c（干球温度），利用下述函数关系求得

$$\lg p_b=10.795\ 74(1-T_0/T)-5.0281\lg(T/T_0)+1.504\ 75\times 10^{-4}[1-10^{-8.2969(T/T_0-1)}]+0.428\ 73\times 10^{-3}[10^{4.769\ 55(1-T/T_0)}-1]+0.786\ 14(\text{mbar}) \tag{4-5}$$

式中 $T_0=273.15$ K；

$T=(T_0+t_c)$，K；

t_c——空气温度，℃。

水蒸气分压力 p_s 与湿球温度 t_s 对应的饱和水蒸气压力 $p_{b,s}$ 之间满足下列函数关系

$$p_s=p_{b,s}-A(t_c-t_s)B \tag{4-6}$$

式中，A——与空气流动速度（即风速）有关的常数，其值依下式计算

$$A=0.000\ 01\left(65+\frac{6.75}{v}\right) \tag{4-7}$$

B——大气压力，mbar（1 mbar=100 Pa）；

v——风速，m/s；

所以

$$\varphi=\frac{p_{b,s}-A(t_c-t_s)B}{p_b} \tag{4-8}$$

式(4-8)中 p_b 和 $p_{b,s}$ 可分别根据空气的干球温度 t_c 和湿球温度 t_s 带入式(4-5)中

求得。

由式(4-4)可得

$$p_s=\varphi p_b \tag{4-9}$$

将式(4-9)代入式(4-3)中可得

$$d=622\frac{\varphi p_b}{B-\varphi p_b} \tag{4-10}$$

从式(4-8)中可以看出,空气的相对湿度 φ 与空气的干、湿球温度 t_c 和 t_s 在大气压力 B、风速 v 一定的条件下具有确定的函数关系。

从相对湿度的定义可以得出,相对湿度 φ 的大小表示了空气中所含水蒸气的饱和程度,φ 值小,空气的饱和程度小,吸收水蒸气的能力强,反之亦然。它不仅与空气中所含水蒸气量的多少有关,而且还与空气所处的温度有关。因此,即使空气中水蒸气含量不变,如果空气的温度发生变化的话,空气的相对湿度也随之而变。下面介绍的湿度测量都是指空气的相对湿度 φ。

此外,露点也能反映空气湿度,露点指保持压力一定时,将含水蒸气的空气冷却,当降到某温度时,空气中的水蒸气达到饱和状态,开始从气态变为液态,称为结露,此时的温度称为露点温度,单位是℃。空气的相对湿度越高,越容易结露,其露点温度也越高。所以,只要测出空气开始结露的温度(即露点温度),也就能反映空气的相对湿度。

4.1.2 空气湿度的测量方法和仪表

目前,空气相对湿度的测量方法有以下三种。

(1) 干湿球温度计法

普通干湿球湿度计、自动干湿球湿度计等就是依据干湿球温度计法测量空气湿度的仪表。

(2) 露点法

露点湿度计、光电式露点湿度计、氯化锂露点湿度计等是按露点法测量空气湿度的仪表。

(3) 吸湿法

属于吸湿法测量湿度的仪表有毛发湿度计、氯化锂电阻湿度计、高分子电阻式湿度传感器、金属氧化物陶瓷传感器、金属氧化物膜湿度传感器,以及电容式湿度计等。

4.2 干湿球与露点湿度计

4.2.1 干湿球湿度计测湿原理

干湿球温度计法湿度测量是根据干湿球温度差效应原理来测定空气相对湿度 φ

的，这种温度差效应来自在潮湿物体表面的水分蒸发而产生的冷却作用，其冷却的程度取决于周围空气的相对湿度、大气压力 B 及风速 c。如果大气压力 B 和风速 c 保持不变，那么，相对湿度 φ 越高，潮湿物体表面的水分蒸发强度越小，潮湿物体表面温度（即湿球温度 t_s）与周围环境温度（即空气干球温度 t_c）差就越小；反之，相对湿度 φ 越低，水分的蒸发强度越大，干球、湿球温度差就越大。因此，只要测量出空气的干球、湿球温度 t_c 和 t_s，就可以通过 φ 和 t_c、t_s 之间的函数关系式(4-5)、式(4-6)和式(4-8)计算得到空气的相对湿度 φ，或者根据 t_c 和 t_s 在焓-湿图中查得 φ。

下面介绍几种常用的干湿球温度计法的测湿仪表。

1）普通干湿球湿度计

普通干湿球湿度计是由两支相同的液体膨胀式温度计组成的，其中一支温度计的感温球部包有潮湿的纱布，称为湿球温度计。由于湿球温度计球部潮湿纱布的水分蒸发，带走了热量，使其温度降低，而温度降低的数量取决于湿球温度计球部所包的潮湿纱布的水分蒸发强度，蒸发强度又取决于周围空气的气象条件。周围空气的饱和差越大，湿球温度计上的水分蒸发就越强，这样湿球温度计所指示的温度与干球温度计指示的空气温度之间的差值就越大（即湿球温度越低）。干湿球湿度计就是利用干湿球温度差及干球温度来测量空气相对湿度的。

普通干湿球湿度计的构造如图 4-1 所示，两支温度计安装在同一支架上，其中湿球温度计球部的纱布一端置入装有蒸馏水的杯中。安装时要求温度计的球部离开水杯上沿至少 2 cm。其目的是使杯的上沿不妨碍空气的自由流动，并使干、湿球温度计球部周围不会有湿度增高的空气。为了不使蒸馏水被灰尘污染，水杯应加盖不锈蚀材料制成的盖子。使用中注意向水杯加水和防止水污染。

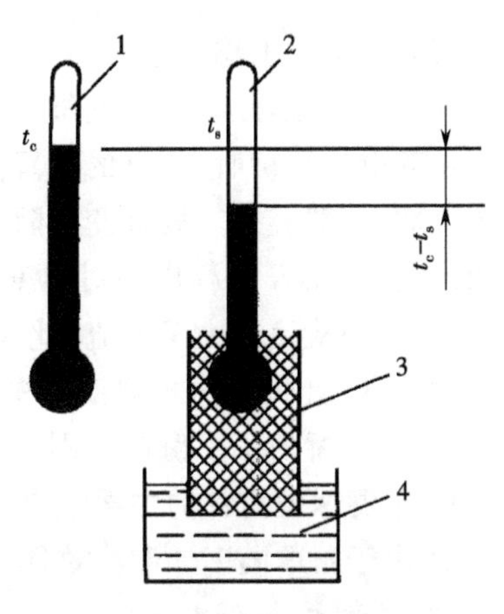

图 4-1　普通干湿球湿度计

1—干球温度计；2—湿球温度计；3—纱布；4—水杯

为了减少风速变化造成的测量误差，制成了通风湿度计，其上装有微型轴流风机，产生大于或等于 2.5 m/s 的固定风速，此表又称阿斯曼湿度计。

2）自动干湿球湿度计

它是利用两支电阻温度计分别感受干球、湿球温度，把湿度变化转换成电信号输出的湿度传感器，如图 4-2 和图 4-3 所示。

自动干湿球湿度计的整个测量线路是由两个不平衡电桥连接在一起组成的一个复合电桥。图 4-3 中左侧电桥为干球温度 t_c 的测量电桥，其中 R_w 为干球热电阻，图中右侧为湿球温度 t_s 的测量电桥，R_s 为湿球热电阻。干球电桥输出的不平衡电压

是干球温度 t_c 的函数，而湿球电桥输出的不平衡电压是湿球温度 t_s 的函数。两电桥输出信号通过补偿可变电阻 R 连接，R 上的滑动点为 D。湿球电桥输出信号小于干球电桥输出信号。

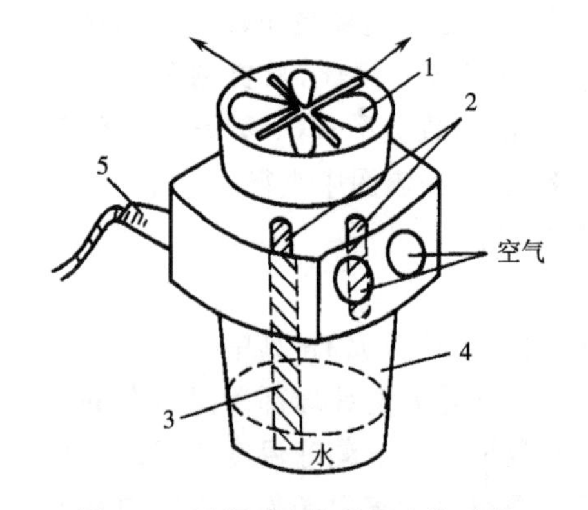

图 4-2 干湿球电信号湿度传感器

1—风机；2—镍电阻；3—纱布；4—水杯；5—接线端子

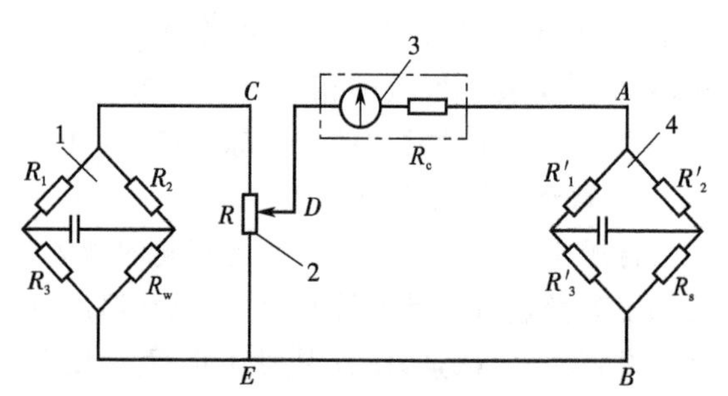

图 4-3 复合电桥测量回路

1—干球温度测量桥路；2—测量桥路补偿可变电阻；3—检流计；4—湿球温度测量桥路

当湿球电桥上输出电压与干球电桥上输出的部分电压(R_{DE} 上的电压)相等时，检流计上无电流，此时称双电桥处于平衡状态。

在双电桥平衡时，D 点的位置反映了干球、湿球电桥输出的电压差，也间接地反映了干球、湿球温差。故可变电阻 R 上的滑动点 D 的位置反映了相对湿度，根据计算和标定，可在 R 上标出相对湿度值。测量时，靠手动调节 R 的滑动点 D，使双电桥处于平衡，即检流计中无电流，此时可从 R 上的指针读出相对湿度值。如果调节仪表，则可变电阻 R 作为相对湿度的给定值，通过旋钮改变 D 点位置，即改变了给定值，此时双电桥的不平衡信号则作为调节器的输入信号。

3) 干湿球湿度计的主要缺点

① 由于湿球温度计潮湿物体表面水分的蒸发强度受周围风速的影响较大，风速高，蒸发强度大，湿球温度就低，测量得到的相对湿度值就要比实际值低；反之，风速低，蒸发强度就低，湿球温度就比较高，测量得到的湿度值就要比实际值高。所以风速的变化会导致附加的测量误差，为了提高测量精度，就要有一套附加的风扇装置，使湿球部分保持在一定的风速范围内，以克服风速变化对测量值的影响。

② 测量范围只能在 0 ℃以上，一般在 10～40 ℃。

③ 为保证湿球表面湿润，需要配置盛水器或一套供水系统，而且还要经常保持纱布的清洁，因此平时维护工作比较麻烦，否则会带来一定的附加误差。

4.2.2 露点湿度计

1) 露点法的测量原理

露点法测量相对湿度的基本原理是：先测定露点温度 t_1，然后确定对应于 t_1 的饱

和水蒸气压力 p_1。显然,p_1即为被测空气的水蒸气分压力,可用式(4-4)求出相对湿度。露点温度的测定方法是,先把一物体表面加以冷却,一直冷却到与该表面相邻近的空气层中的水蒸气开始在表面上凝集成水分为止。开始凝集水分的瞬间,其邻近空气层的温度,即为被测空气的露点温度。所以保证露点法测量湿度精确度的关键,是如何精确地测定水蒸气开始凝结的瞬间空气温度。用于直接测量露点的仪表有经典的露点湿度计与光电式露点湿度计。

2) 露点湿度计

如图 4-4 所示,露点湿度计主要由一个镀镍的黄铜盒及盒中插着的一支温度计和一个鼓气橡皮球等组成。测量时在黄铜盒中注入乙醚,然后用橡皮鼓气球将空气打入黄铜盒中,并由另一管口排出,使乙醚快速蒸发,当乙醚蒸发时即吸收自身热量使温度降低,当空气中水蒸气开始在镀镍黄铜盒外表面凝结时,插入盒中的温度计读数就是空气的露点。测出露点以后,再从水蒸气表中查出露点温度的水蒸气饱和压力 p_1和干球温度下水蒸气的压力 p_b,就能算出空气的相对湿度。这种湿度计主要的缺点是,当冷却表面上出现露珠的瞬间,需立即测定表面温度,但因一般不易测准,而容易造成较大的测量误差。

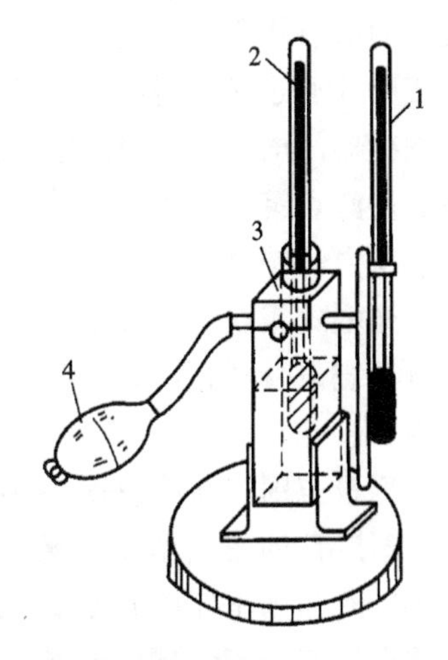

图 4-4　露点湿度计

1—干球温度计;2—露点温度计;3—镀镍黄铜盒;4—橡皮鼓气球

3) 光电式露点湿度计

光电式露点湿度计是使用光电原理直接测量气体露点温度的一种电测法湿度计。它的测量准确度高,而且可靠,适用范围广,尤其是对低温与低湿状态,更宜使用。光电式露点湿度计测定气体露点温度的原理与上述露点湿度计相同,其基本结构及系统框图如图 4-5 所示。

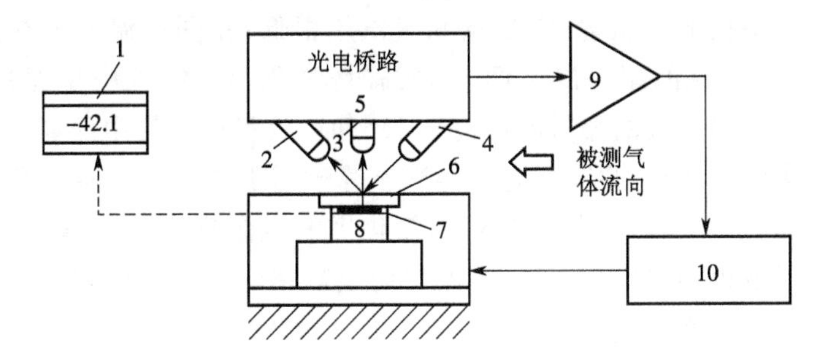

图 4-5　光电式露点湿度计

1—露点温度指示器;2—反射光敏电阻;3—散射光敏电阻;4—光源;5—光电桥路;6—露点镜;7—铂电阻;8—半导体热电制冷器;9—放大器;10—可调直流电源

由图可知,光电式露点湿度计的核心是一个可以自动调节温度、能反射光的金属露点镜及光学系统。当被测的采样气体通过中间通道与露点镜相接触时,如果镜面温度高于气体的露点温度，镜面的光反射性能好，来自白炽灯光源的斜射光束经露点镜反射后，大部分射向反射光敏电阻，少部分被散射光敏电阻接收，二者通过光电桥路进行比较，将其不平衡信号经过平衡差动放大器放大后，自动调节输入半导体热电制冷器的直流电流值。半导体热电制冷器的冷端与露点镜相连，当输入制冷器的电流值变化时，其制冷量随之变化，电流越大，制冷量越大，露点镜的温度也越低，当降至露点温度时，露点镜面开始结露，来自光源的光束射到凝露的镜面时，受凝露的散射作用使反射光束的强度减弱，而散射光的强度有所增加，经两组光敏电阻接受并通过光电桥路进行比较后，放大器与可调直流电源自动减小输入半导体热电制冷器的电流，以使露点镜的温度升高，当不结露时，又自动降低露点镜的温度，最后使露点镜的温度达到动态平衡时，即为被测气体的露点温度。然后通过安装在露点镜内的铂电阻及露点温度指示器即可直接显示被测的露点温度值。

光电式露点湿度计要有一个高度光洁的露点镜面及高精度的光学与热电制冷调节系统，这样的冷却与控制可以保证露点镜面上的温度值在±0.05 ℃的误差范围内。

测量范围广与测量误差小是对仪表的两个基本要求。一个特殊设计的光电式露点湿度计的露点温度测量范围为－40～100 ℃，典型的光电式露点湿度计露点镜面可以冷却到比环境温度低 50 ℃，最低的露点能测到 1%～2%的相对湿度。光电式露点湿度计不但测量精度高，而且还可测量高压、低温、低湿气体的相对湿度。但采样气体不得含有烟尘、油脂等污染物，否则会直接影响测量精度。

4.3 氯化锂湿度计

自然界中许多物质的导电能力和它们的含湿量有关，而相对湿度又是影响这些物质含湿量的主要因素，例如氯化锂在大气中不分解、不挥发，也不变质，是一种具有稳定的离子型结构的无机盐，它的饱和蒸汽压很低，在同一温度下约为水的饱和蒸汽压的 10%，在空气的相对湿度低于 12%时，氯化锂在空气中呈固相，电阻率很高，相当于绝缘体；当空气的相对湿度高于 12%时，放置在空气中的氯化锂就吸收空气中的水分而潮解成溶液，只有当它的蒸汽压等于周围空气的水蒸气分压力时才处于平衡状态。随着空气相对湿度的增加，氯化锂的吸湿量也随之增加，从而使氯化锂中导电的离子数也随之增加，最后导致它的电阻率降低而使电阻减小。当氯化锂的蒸汽压高于空气的水蒸气分压力时，氯化锂就放出水分，导致电阻率升高而使它的电阻增大。因此，可利用氯化锂的电阻率随空气相对湿度的变化的特性制成湿度传感器，根据测量线路的不同可分为氯化锂电阻湿度计和氯化锂露点湿度计。

4.3.1 氯化锂电阻湿度计

氯化锂电阻湿度计的感湿测头是将梳状的金属箔丝粘在绝缘板上，也可用两根平行的铂丝或铱丝绕在绝缘板上，如图 4-6 所示，在绝缘表面上再涂上氯化锂溶液，形成氯化锂薄膜层。梳状平行的金属箔或两根平行绕组并不接触，只靠氯化锂盐层导电，构成回路。将测头置于被测空气中，当相对湿度改变时，氯化锂溶液中的含水量也改变，氯化锂溶液层的电阻值就随空气中相对湿度的变化而变化，随之湿度计测头的两梳状金属箔片间的电阻也发生变化，将此回路当作一桥臂接入交流电桥。电桥输出的不平衡电压与空气的相对湿度变化相对应，将此随湿度变化的电阻值输入显示或调节仪表进行标定后，只需测出电桥对角线上的电位差即可确定相应的空气相对湿度值。

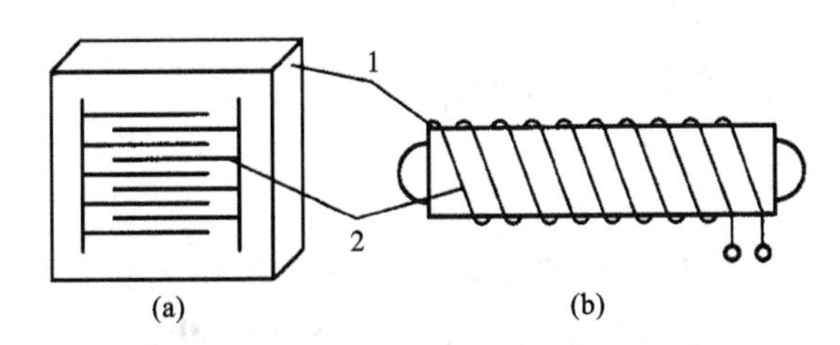

图 4-6　氯化锂电阻湿度计结构示意图

(a)片状；(b)柱状

1—绝缘板(上面附有感湿膜)；2—金属电极

为避免氯化锂电阻湿度计测头上的氯化锂溶液发生电解，电极两端应接交流电，而决不允许使用直流电源。另外，氯化锂溶液的电阻值还受温度的影响，在使用中需注意温度的补偿。

氯化锂电阻湿度计还可与调节器配合，对空气的相对湿度进行自动控制，其优点是结构简单、体积小、灵敏度高，可以测出 $\varphi=\pm0.14\%$的变化，因此高精确度的湿度调节系统常采用氯化锂电阻湿度计作为传感器与调节器配合使用。氯化锂电阻湿度计的缺点是：每个测头的湿度测量范围较小，一般只有 15%～20%；测头的互换性差；长时间使用后，氯化锂测头会产生老化问题；耐热性差，不能用于露点以下。当测头在空气参数 $T=45$ ℃、$\varphi=95\%$以上的高湿区使用时更易损坏。

由于每种测湿传感器的量程较小，一般相对湿度在 5%～95%测量范围内，需要制成几种不同氯化锂浓度涂层的测头。即采用多片氯化锂感湿元件的组合，分别适应不同的相对湿度。一般将相对湿度 φ 在 5%～95%范围内分成四种：5%～38%、15%～50%、35%～75%、55%～95%。最高安全工作温度为 55 ℃。使用时按需要选择合适的测头，除应遵守其使用要求外，还需定期更换。感湿元件组合原理如图 4-7 所示。

涂有不同浓度的氯化锂感湿元件 $R_{\varphi1}$、$R_{\varphi2}$、$R_{\varphi3}$…分别适应不同的相对湿度 φ_1、φ_2、φ_3…的范围，随着相对湿度 φ 的逐渐增高，$R_{\varphi1}$、$R_{\varphi2}$、$R_{\varphi3}$…随着湿度增大而相继投入工作。输出总电导将是投入工作的各支路电导值之和，据此可按需要组成不同测量范围的感湿元件，若 R_φ上对应的串联电阻 R 选择合适，则既能保证感湿元件输出

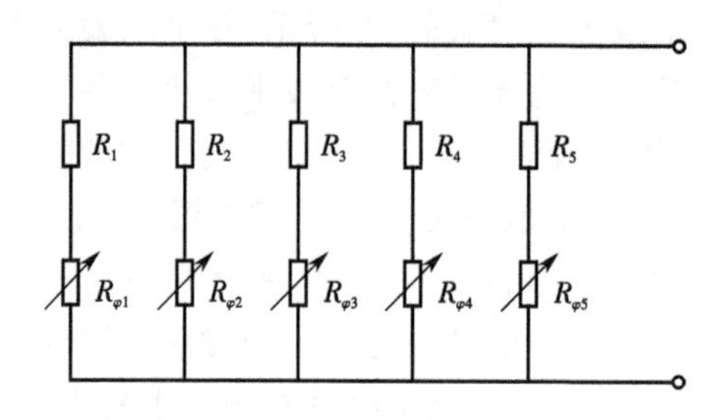

图 4-7 氯化锂多片感湿元件

$R_1,\cdots,R_5$—电阻;$R_{\varphi1},\cdots,R_{\varphi5}$—测湿电阻

的线性化,又可调节 R_φ 各值的总值大小。

4.3.2 变送器

变送器的框图如图 4-8 所示,将氯化锂传感器 R_φ 接入交流测量电桥,此电桥将传感器电阻信号转换为交流电压信号 $u(\varphi)$,再经放大、检波电路转换为与相对湿度相对应的直流电压 $U(\varphi)$。为了获得 0~10 mA 直流的标准信号,需经电压-电流转换器,将 $U(\varphi)$ 转换成 0~10 mA 直流信号 $I(\varphi)$,此 $I(\varphi)$ 即为变送器的输出。

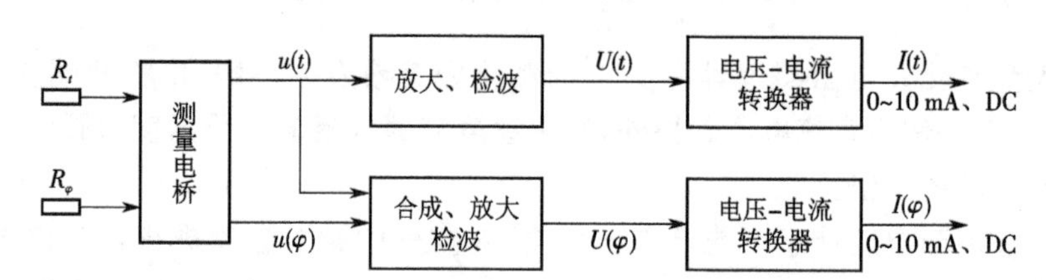

图 4-8 氯化锂温、湿度变送器框图

实践表明,氯化锂传感器的电阻与其温度有关,为消除温度对测量精度的影响,采取温度补偿措施,即将温度传感器 R_t 接入另一交流电桥,其输出的交流信号接入湿度变送器的放大器的输入端,用以抵消温度对湿度测量的影响。温度信号也经变送器变送为 0~10 mA 直流信号 $I(t)$。温、湿度变送器输出的标准信号,便于远距离传送、记录和调节,测量和调节精度高,常用于高精度的温、湿度测量和调节系统。

4.3.3 氯化锂露点湿度计

氯化锂露点湿度计测量的原理是传感器不直接测相对湿度,而测量与空气露点温度有一定函数关系的平衡温度。通过平衡温度计算露点温度,再根据干球温度和露点温度计算相对湿度。氯化锂露点湿度计就是利用这个原理并利用氯化锂溶液吸湿后电阻减小的基本特性来测量空气相对湿度的仪表,是可以直接指示和调节空气相对湿度的电测湿度仪表。

氯化锂露点湿度计由氯化锂湿度测量头、铂电阻温度计及电气线路部分组成。

仪表的主要部件是用作感湿的氯化锂湿度测量头，其用途是测量空气的露点温度。仪表根据测得的露点温度及空气温度两个参数信号通过电气线路组合成一个湿度信号，可以从仪表上直接读出空气的相对湿度，并且有正比于空气相对湿度的标准直流电流信号输出。如果再加上调节电路部分，还可实现湿度的位式或连续调节。仪表的应用范围广，当温度在 55 ℃以下，相对湿度 φ 为 15%～100%时，都能进行测量，仪表的反应时间一般小于 20 min，精确度为 2%～4%。

氯化锂露点湿度计的结构如图 4-9 所示。图中，测头黄铜套内放置测温用的铂电阻温度计，外面套上玻璃丝布套，在玻璃丝布套上平行绕两根铂丝作为加热电极，涂在测头上的氯化锂溶液使玻璃丝布浸透。测头的测湿作用是利用了氯化锂的吸湿特性。

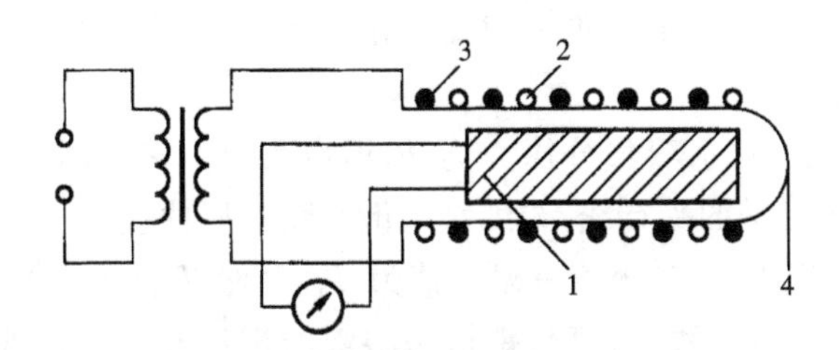

图 4-9　氯化锂露点湿度计结构示意图

1—铂电阻；2—玻璃丝布套；3—铂丝；4—绝缘管

氯化锂具有很强的吸水性。将它配成氯化锂饱和溶液后，在每一点温度都有相对应的饱和蒸汽压力。当它与空气相接触时，若空气中的水蒸气分压力等于或低于氯化锂的饱和蒸汽压，氯化锂保持固态，不吸收空气中的水分，相反，若水蒸气分压力比氯化锂的饱和蒸汽压高，氯化锂就会吸水并逐渐潮解成溶液。图 4-10 给出了纯水和氯化锂饱和溶液的饱和蒸汽压力曲线。

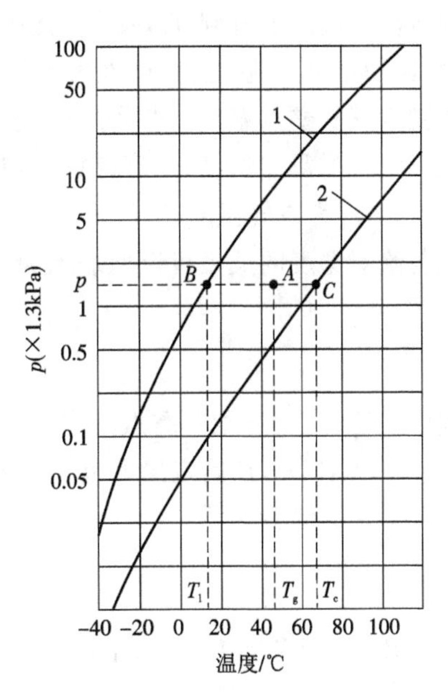

图 4-10　纯水和氯化锂饱和溶液的饱和蒸汽压力曲线

1—纯水；2—氯化锂饱和溶液

在图 4-10 中，曲线 1 是纯水的饱和蒸汽压力曲线，线上任意一点表示该温度下的饱和水蒸气压力数值，而曲线下方的任一点表示该温度下的水蒸气呈不饱和状态的分压力。曲线 2 是氯化锂饱和溶液的饱和蒸汽压力曲线，线上的点表示该温度下氯化锂饱和溶液的饱和蒸汽压力数值，而位于曲线 2 上方的点，表示所接触空气的水蒸气分压力高于该温度下氯化锂饱和溶液的饱和蒸汽压力，此时盐溶液将吸收空气中的水分。位于曲线 2 下方的点表示所接触空气的水蒸气压力低于该温度下氯化锂溶液的饱和蒸汽压力,此时溶液向空气中蒸发水分。

当空气的相对湿度 φ 超过 12%时,测头内开始有电流流过,电流的热效应使测头的温度升高,导致氯化锂溶液的饱和蒸汽压也升高。当此蒸汽压小于大气中的水蒸气分压时,氯化锂吸湿而潮解。由于两铂丝间涂有氯化锂,故两铂丝间的电阻随氯化锂潮解而减小。在外加电压的作用下,测头流过的电流增大,其温度继续升高,氯化锂饱和蒸汽压也随之升高,氯化锂吸湿量随之减少。吸湿量减少的结果是两铂丝间的电阻值增加,电流减小,温度升高变慢。当测头温度升高至氯化锂饱和蒸汽压与空气中的水蒸气分压力相等时,氯化锂水分全部蒸发完毕,R 值剧增,电流为零,测头温度下降,氯化锂又开始吸湿,金属丝间电阻又减少,电流增加,最后测头达到热平衡状态,测头维持一定的温度。只要测出这个维持不变的温度,也就知道了空气的水蒸气分压力。

假定某种空气状态,水蒸气分压力为 p,温度为 T_g,它在图 4-10 中即为 A 点。由 A 点向左作横坐标轴的平行线,与纯水的饱和蒸汽压曲线 1 交于 B 点,由 B 点向下引垂线与横坐标交于一点,得某一温度值为 T_1,显然 T_1为空气的露点温度。由 A 点向右作横坐标轴的平行线,与氯化锂饱和溶液的饱和蒸汽压曲线 2 交于 C 点,再由 C 点向下引垂线交横坐标于一点,得某一温度值为 T_c,这就是氯化锂溶液的平衡温度,此时它的饱和蒸汽压力也等于 p。因此,如果在上述空气状态中,设法使氯化锂溶液的温度上升到 T_c,使氯化锂溶液的饱和蒸汽压等于 A 点空气的水蒸气分压力,则测出 T_c的温度值,根据水和氯化锂饱和溶液的饱和蒸汽压力曲线的关系即可得到空气的露点温度。若指示仪表将测得的 T_c值按 T_1值刻度,则仪表就直接指示出被测空气的露点温度,即可计算出相对湿度。

设 T_g为空气温度,T_1为露点温度,则空气中的水蒸气分压力 p、饱和水蒸气压力 p_b与绝对温度的关系可近似表示为

$$p=De^{-\frac{B}{T_1}} \tag{4-11}$$

$$p_b=De^{-\frac{B}{T_g}} \tag{4-12}$$

式中 T_1、T_g——绝对露点温度和绝对干球温度;

D、B——在确定温度范围内近似为常数。

则相对湿度为

$$\varphi=\frac{p}{p_b}\times 100\%=e^{-B\left(\frac{1}{T_1}-\frac{1}{T_g}\right)} \tag{4-13}$$

又 $T_1=AT_c+C$(T_c为平衡温度),故可得下列的相对湿度表达式

$$\ln\varphi=-B\left(\frac{1}{AT_c+C}-\frac{1}{T_g}\right) \tag{4-14}$$

式中 A、B、C——均为近似常数。

使用氯化锂露点湿度计时应注意,测头周围的空气温度(被测空气的温度)应在

被测空气的饱和温度(即露点温度)与平衡温度之间。

4.4 金属氧化物陶瓷湿度传感器

烧结型湿敏半导体陶瓷材料一般是具有多孔结构的多晶体,而且在其生产过程中应有半导体化过程。半导体陶瓷大多为金属氧化物材料,其半导体化过程一般是通过调整配方、进行掺杂,或者通过控制烧结环境造成氧元素的过剩或不足而实现的。半导体化的结果是使晶粒中产生大量的载流子——空穴或电子。这样,一方面使晶粒体内的电阻率降低,另一方面又使晶粒之间的界面处形成界面势垒,使界面处的载流子耗尽而出现耗尽层,从而晶体界面的电阻率远大于晶粒体内的电阻率,而且成为半导体陶瓷材料在通电时的主要电阻。当水分子在湿敏半导体材料的表面和晶粒界面吸附时,会引起表面和晶粒界面处的电阻率发生变化,显示出湿敏特性。

湿敏半导体陶瓷的湿敏特性,按其电阻随所感受的湿度变化而发生变化的规律,一般可分为负湿敏特性和正湿敏特性两类。前一类的感湿特性是电阻值随被测湿度的增加而减小,目前大多数湿敏半导体陶瓷都属于此类,后一类的情况正好相反。

由于目前大多数应用的湿敏半导体陶瓷都属于负湿敏特性类,本节只重点介绍这类材料。

4.4.1 湿敏半导体陶瓷的离子导电机理

离子导电理论认为:水分子在陶瓷晶粒间界面的吸附可解离出大量的导电离子,这些离子在水吸附层中就如同电解质溶液中的导电离子,可承担电荷的输送。也就是说,这种情况下的电荷载流子是离子。

在完全脱水的金属氧化物半导体陶瓷的晶粒表面上裸露着金属正离子和氧负离子,水分子电离后解离为氢正离子和氢氧根负离子。于是在陶瓷晶粒的表面就形成了氢氧根离子和金属离子,以及氢离子与氧离子之间的第一层吸附,即化学吸附。

在形成的化学吸附层中,吸附的水分子和由水分子电离出来的氢离子就以水合质子 H_3O^+ 的形式构成导电的载流子。水分子在已完成第一层化学吸附后,随之形成第二层、第三层的物理吸附,同时使导电载流子 H_3O^+ 的浓度进一步增大,从而使金属氧化物半导体陶瓷的总阻值下降,这就是这类材料具有湿敏特性的机理。

金属氧化物半导体材料结构不甚致密,各晶粒间有一定的空隙,呈多孔毛细管状,因此水分子可通过细孔,在各晶粒表面和晶粒间界面上吸附,并在晶粒间界面处凝聚,材料的细孔孔径越小,则水分子越容易凝聚,其结果是引起界面处接触电阻的明显下降。当被测的湿度越大、凝聚的水分子越多时,电阻值也就下降得越多。

4.4.2 烧结型半导体陶瓷湿敏传感器

烧结型半导体陶瓷材料有多种类型，其中典型的湿敏传感器采用 $MgCr_2O_4$-TiO_2 多孔烧结型半导体陶瓷，它具有测量范围宽、湿度温度系数(被测量相对湿度的增量与环境温度变化量的比值)小、响应时间短，特别是在对其多次加热清洗后仍能保持性能稳定等优点。目前国内已有以“SM-1”命名的这类湿敏器件产品。

$MgCr_2O_4$-TiO_2 湿敏半导体陶瓷器件的构造如图 4-11 所示，在 $MgCr_2O_4$-TiO_2 陶瓷片的两面印刷并烧结多孔金电极，用掺金玻璃粉粘接在引线上并烧结在电极上。在半导体陶瓷片的外面放置一个由镍铬丝绕制成的加热清洗线圈，以便对器件进行加热清洗，排除污染器件的有害气体成分。器件安装在有高度致密疏水性的陶瓷基片上，为清除底座上测量电极 2 和 3 之间由于吸湿和沾污引起的漏电，在电极 2 和 3 的周围设置了金短路环，图中的 1 和 4 是加热器的引出线。SM-1 和松下-Ⅰ、松下-Ⅱ的感湿特性曲线如图 4-12 所示。

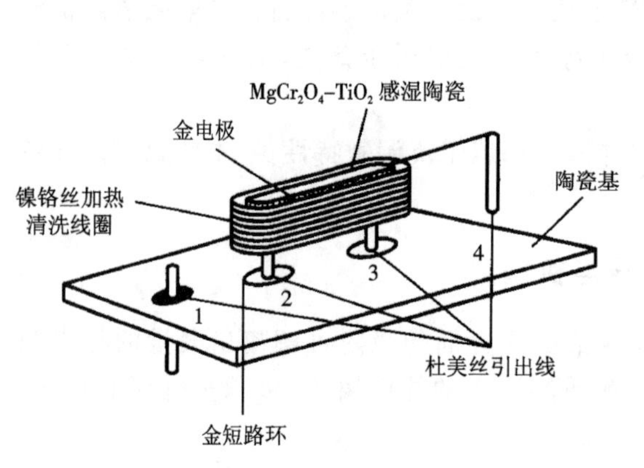

图 4-11 $MgCr_2O_4$-TiO_2 湿敏半导体陶瓷器件构造示意图

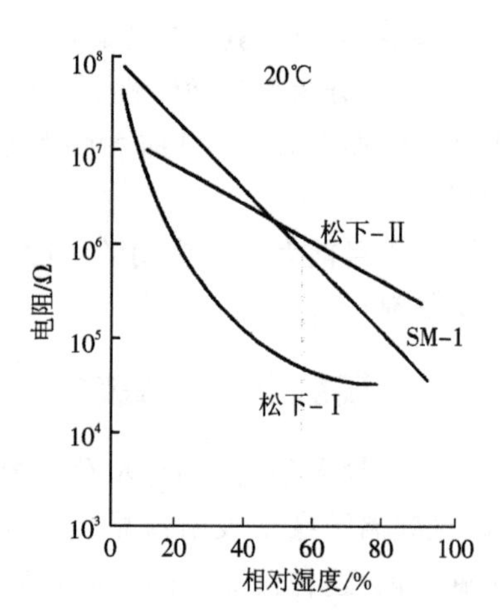

图 4-12 SM-1、松下-Ⅰ、松下-Ⅱ的感湿特性曲线

4.5 金属氧化物膜湿度传感器

Cr_2O_3、Fe_2O_3、Fe_3O_4、Al_2O_3、Mg_2O_3、ZnO 及 TiO_2 等金属氧化物的细粉，它们吸附水分后有速干特性，利用这种现象可以研制生产出多种金属氧化物膜湿度传感器。

这类传感器的结构如图 4-13 所示。在陶瓷基片上先制作钯银梳状电极，然后采用丝网印制、涂布或喷射等工艺方法，将调制好的金属氧化物的糊状物涂抹在陶瓷基片及电极上，采用烧结或烘干方法使之固化成膜。这种膜可以吸附或释放水分子而改变其电阻值，通过测量电极间的电阻值即可检测相对湿度。

这类传感器的特点是传感器电阻的对数值与湿度呈线性关系，具有测湿范围及

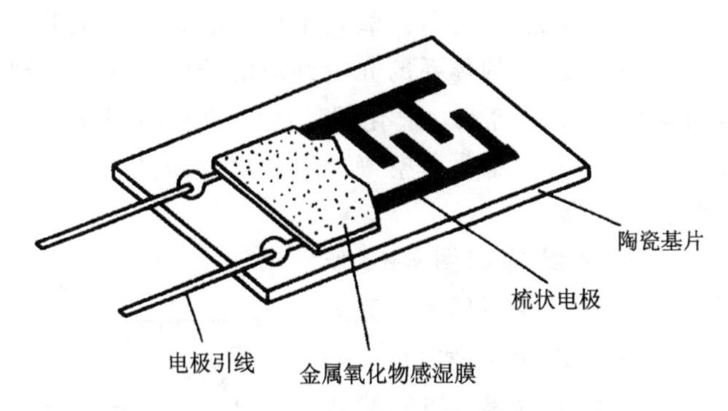

图 4-13　金属氧化物膜湿度传感器结构图

工作温度范围宽的优点，使用寿命在 2 年以上。

表 4-1 列出了一些国产的这类传感器的基本参数。

表 4-1　国产金属氧化物膜湿度传感器的基本参数

项　目	BTS-208 型	CM8-A 型
湿度测量范围(%RH)	0～100	10～98
工作温度范围(℃)	−30～150	−35～100
测量精度(%RH)	±4	±2
湿滞(%RH)	2～3	1
响应时间(s)	≤60	≤10
工作频率(Hz)	100～200	40～1000
工作电压(V)	<20(AC)	1～5(AC)
温度系数(%RH/℃)	0.12	0.12
稳定性(%RH/年)	<4	<1～2
成分及结构	氧化镁、氧化铬厚膜	硅镁氧化物薄膜

4.6　电容式湿度传感器

大约在 20 世纪 70 年代开始使用电容原理制成的湿度计，其变送器将相对湿度转换为 0～10 V 直流标准信号，传送距离可达 1000 m，性能稳定，几乎不需要维护，安装方便。目前，它被认为是一种比较好的湿度变送器，有金属电容式湿度传感器和高分子膜电容式湿度传感器之分。这里主要介绍金属电容式湿度传感器。

金属电容式湿度传感器是通过电化学方法在金属铝表面形成一层氧化膜，进而在膜上沉积一薄层透气的金属膜，铝基体和金属膜便构成一个电容器。氧化铝吸附水汽之后会引起介电常数的变化，湿度计就是基于这个原理工作的。

传感器核心部分是吸水的氧化铝层，其上布满平行且垂直于其平面的管状微孔,它从表面一直深入到氧化层的底部。氧化铝层具有很强的吸附水汽的能力。对于这样的空气、氧化膜和水组成的体系的介电性质的研究表明,在给定的频率下,介电常数随水汽吸附量的增加而增大。氧化铝层吸湿和放湿程度随着被测空气的相对湿度的变化而变化,因而其电容量是空气相对湿度的函数。利用这种原理制成的传感器叫电容式湿度传感器。

电容式湿度传感器的结构如图 4-14 所示,氧化铝层上的电极膜可采用石墨和一系列金属,其中铂和金具有良好的化学稳定性。一般采用喷涂法或真空镀膜法成膜。电极膜非常薄,能允许水蒸气直接穿过电极膜进入氧化铝层。传感器有两个接线柱与仪表相接。其中铝基的导线可用铝条咬合,并用环氧树脂粘接固定。

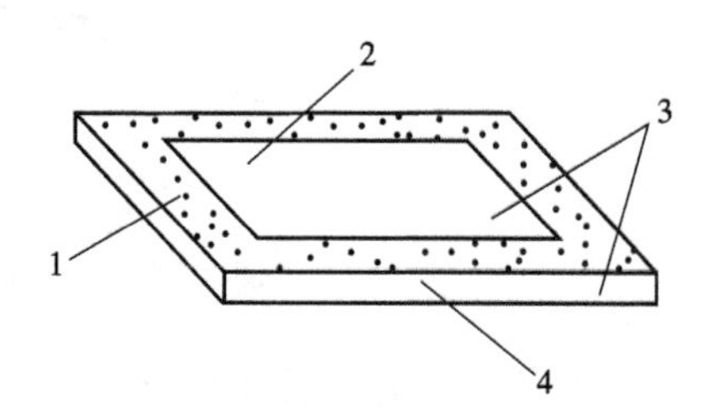

图 4-14 电容式湿度传感器的结构

1—多孔氧化铝层;2—镀膜电极;3—接线柱;4—咬合铝基极导线(铝条咬合)

近年研制的高分子电容式湿度传感器与上述电容式湿度传感器基本相似,只是吸湿的氧化铝层由吸湿的高分子薄膜代替,大多采用醋酸丁酸纤维作为高分子薄膜材料。

电容式湿度传感器的变送器具有许多优点,例如工作温度(可达 50 ℃)和压力范围较宽,精度高、反应快(时间常数可达 1~2 s),不受环境温度、风速的影响,抗污染的能力及稳定性好,便于远距离指示和调节湿度。但目前价格较贵。

思考与练习题

4-1　什么叫绝对湿度和相对湿度?

4-2　湿度传感器通常可分为哪几类?

4-3　干湿球测湿法和露点测湿法各有什么特点?试简述它们的工作原理。

4-4　风速变化会导致普通干湿球湿度计怎样的附加测量误差?

4-5　氯化锂和金属陶瓷湿敏电阻各有什么特点?

4-6　电容式湿度传感器的工作原理是什么?

第5章　压力测量

5.1　概述

压力或压差是建筑环境与设备等工程中反映工质状态的重要参数，工作人员必须严密监视工质的压力或压差的变化，以便及时采取措施，保证设备的安全、经济运行。

5.1.1　压力的表示方式

压强是指液体、气体、或蒸汽介质垂直作用于单位面积上的力，虽然还有固体内部的压力、固体间接触面的压力等情况，但是，通常在工业测量领域所研究的压力是流体压力。

对于静止流体，任何一点的压力与所取的面无关，把这种具有各向同性的压力称为流体静压力。

对于运动流体，任何一点的压力与所取的面有关，并在与流动方向垂直的面上得到最大值，称此值为该点的总压力；而作用在与流动方向平行的面上的压力，就是通常所称的静压力，把总压力与静压力之差称作动压力。

压力的表示方式有三种，即绝对压力 p、表压力 p_g、真空度或负压 p_f。它们之间的关系如图5-1所示。绝对压力是指介质的实际压力，表压力是指高于大气压的绝对压力与大气压力 B 之差。即

$$p_g = p - B \tag{5-1}$$

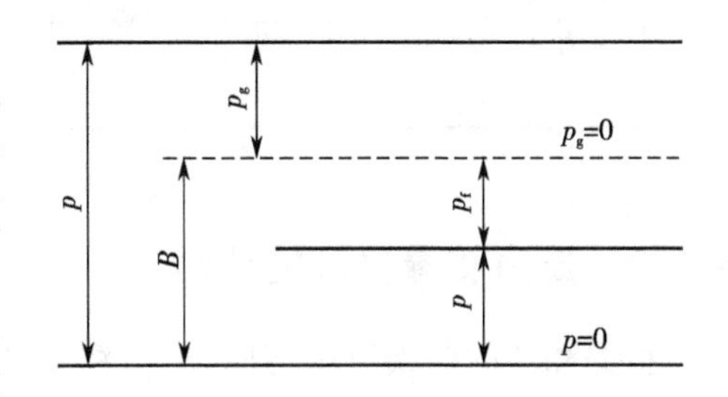

图5-1　绝对压力、表压力、负压的关系

真空度是指大气压与低于大气压力的绝对压力之差，有时也叫负压。即

$$p_f = B - p \tag{5-2}$$

由于各种工艺设备和测量仪表通常处于大气之中，本身就承受着大气压力，所以工程上经常采用表压或真空度(负压)来表示压力的大小。通常，压力表和真空表指示的压力数值除特别说明外，均指表压或真空度。而较高的真空度，习惯上又往往用绝对压力 p 的数值来表示。

值得指出的是，表压力实际上是一种压力差，即被测介质压力与大气压力之差。

工程上按压力随时间的变化关系又将其分为静态压力(不随时间变化或随时间

缓慢变化的压力)和动态压力(随时间作快速变化的压力)。

5.1.2 压力的测量单位

压力的单位是一个导出单位,国际单位制规定的压力单位是帕斯卡,也是我国国标中规定的压力单位,记为 Pa,其物理意义为在每平方米的面积上垂直且均匀地作用着 1 牛顿的力,即 1 Pa=1 N/m²。

压力的单位种类很多,表 5-1 为各种压力单位之间的换算表。

表 5-1 压力单位及换算表

压力单位	帕(Pa)	巴(bar)	毫米水柱(mmH_2O)	毫米汞柱(托)(mmHg)	标准大气压(atm)	工程大气压(kgf/cm^2)	磅力每平方英寸(lbf/in^2)
帕(Pa)	1	1×10^{-5}	0.101 972	7.5006×10^{-3}	$9.869 23\times10^{-6}$	$1.019 72\times10^{-5}$	1.45×10^{-4}
巴(bar)	1×10^{5}	1	$1.019 72\times10^{4}$	750.062	0.986 923	1.019 72	−14.504
毫米水柱(mmH_2O)	9.806 65	$9.806 65\times10^{-5}$	1	7.3556×10^{-2}	9.6784×10^{-5}	1×10^{-4}	$1.422 26\times10^{-3}$
毫米汞柱(托)(mmHg)	133.322	$1.333 22\times10^{-3}$	13.5951	1	1.316×10^{-3}	1.3595×10^{-3}	1.934×10^{-2}
标准大气压(atm)	$1.013 25\times10^{5}$	1.013 25	$1.033 23\times10^{4}$	760	1	1.033 23	14.6959
工程大气压(kgf/cm^2)	$9.806 65\times10^{4}$	0.980 665	1×10^{4}	735.55	0.967 84	1	14.2235
磅力每平方英寸(lbf/in^2)	$6.894 76\times10^{3}$	$6.894 76\times10^{-2}$	703.06	51.714	6.8045×10^{-2}	7.0306×10^{-2}	1

5.1.3 压力测量仪表的分类

根据测压的转换原理不同,压力测量的方法大致可以分为平衡法压力测量、弹性法压力测量和电气式压力测量三类。

测量压力的仪表种类很多,按信号原理不同,大致可分为四类。

① 液柱式压力计。它是根据流体静力学原理,把被测压力转换成液柱高度差进行测量,例如 U 形管压力计、单管压力计、斜管微压计等。

② 弹性式压力计。它是根据弹性元件受力变形的原理,将被测压力转换成弹性元件变形的位移,例如弹簧管式压力计、波纹管压力表以及膜片式微压计等。

③ 电气式压力计。它是将被测压力转换成各种电量,如电感、电容、电阻、电位差等,依据电量的大小实现对压力的间接测量。例如电容式压力传感器、霍尔式压力传感器及应变式压力传感器等。

④ 活塞式压力计。它是根据水压机液体传送压力的原理，将被测压力转换成活塞上所加砝码的质量。它普遍地被作为压力标准仪器用来对弹性式压力计进行校验和刻度。

5.2　液柱式压力计

液柱式压力计是应用流体静力学原理来测量压力的。它是利用液柱对液柱底面产生的静压力与被测压力相平衡的原理，通过液柱高度来反映被测压力大小的仪表。液体式压力计一般由玻璃管构成，常用于测量低压、负压或压力差。其特点为结构简单、使用方便、价格便宜、准确度高，但体积较大，玻璃管易损。常用的形式有U形管式、单管式和斜管式等，所用玻璃管内径一般为 8～10 mm。

5.2.1　U形管压力计

图 5-2 所示为 U 形管压力计的工作原理图。此压力计主要由一充有工作液体的 U 形玻璃管和一刻度尺构成。U 形管一侧通大气，大气压力为 B，另一侧与被测压力点相连。当达到压力平衡时，管内在水平面Ⅰ－Ⅰ处的压力相同。

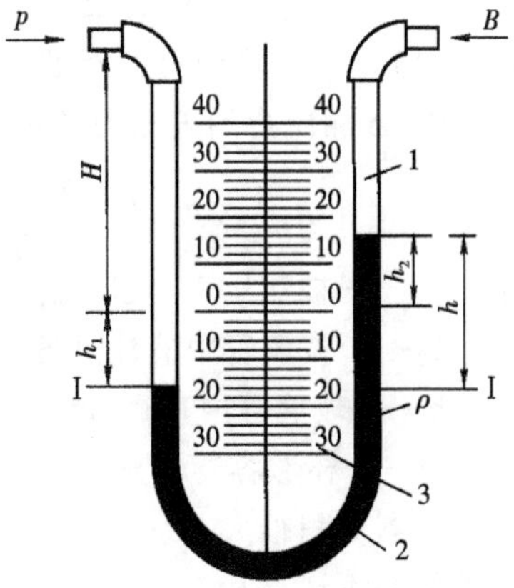

图 5-2　U形管压力计

1—U形玻璃管；2—工作液；3—刻度尺

设 U 形管中两液柱高度差为 h，被测流体为气体，则被测压力 p 的表压力值可由下式算得

$$p_g = p - B = \rho g h \tag{5-3}$$

式中　p_g——被测压力（表压力），Pa；

h——U 形管两液柱高度差，m；

g——重力加速度，m/s²；

ρ——工作液体密度，kg/m³。

从式(5-3)可知，如 U 形管内工作液体密度一定并已知时，则液柱高度差反映被测压力的大小。

通过对式(5-3)求导，得仪表的灵敏度

$$\frac{\mathrm{d}h}{\mathrm{d}p_g} = \frac{1}{\rho g} \tag{5-4}$$

由式(5-4)可知仪表的灵敏度与工作介质的密度成反比，即工作介质的密度越小，其灵敏度越高。常用的工作液体为酒精、水、甘油和水银等。

使用 U 形管压力计进行测量时，必须分别读取两管内液面高度 h_1 和 h_2，然后相加得到 h，可以避免由于 U 形管两侧截面积不相等而带来的误差。由于在读取 U 形管两侧的液面高度时进行了两次读数,会产生两次读数误差。为了克服U形管压力计测压时两次读数的缺点,设计了把U形管的一根管改换成大直径的杯形容器的单管液体压力计。

U形管压力计测量范围为0～8000 Pa,最高可达100 000 Pa,测量精确度为0.5～1.0级。

5.2.2 单管压力计

图5-3所示为单管压力计的工作原理图。此压力计由一杯形容器与一玻璃管组成,在玻璃管一侧单边读取液柱高度差读数。当测量正压时,杯形容器与被测压力点相通,玻璃管开口侧通大气。在压力作用下,容器液面下降 h_1,玻璃管液面上升 h_2,所测压力引起的液柱高度差为 $h=h_1+h_2$,被测压力的表压力值可用下式算得

$$p_g=\rho g h_2\left(1+\frac{d^2}{D^2}\right) \tag{5-5}$$

式中 p_g——被测压力(表压力),Pa;

h_2——玻璃管中液柱高度,m;

d——玻璃管内直径,m;

D——杯形容器内直径,m。

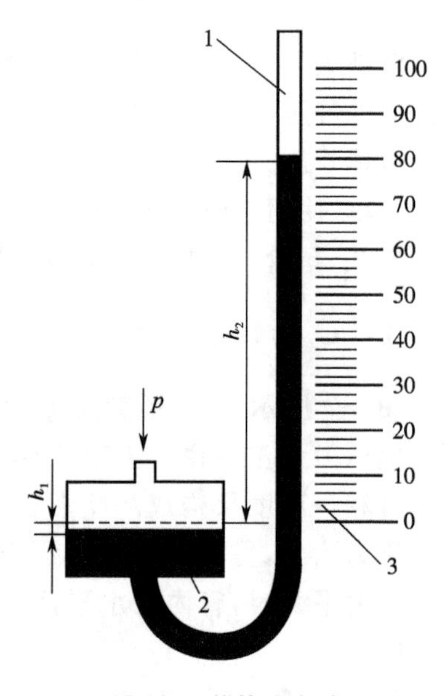

图5-3 单管压力计

1—玻璃管;2—杯形容器;3—刻度尺

如容器面积很大,$d^2 \ll D^2$,则式(5-5)中第二项可忽略不计,即

$$p_g=\rho g h_2 \tag{5-6}$$

只要读取 h_2 的数值,就可以求得被测压力 p_g,因此仅产生一次读数误差,提高了测量精确度。显然,单管压力计的灵敏度与U形管压力计相同。

测量负压时则杯形容器通大气,玻璃管一侧与被测负压端相连。

工程中应用的单管压力计结构形式较多,为了提高液面高度的读数精度,常用带游标的读数显微镜来读取数据。

单管压力计的测量范围为0～8000 Pa,最高可达100 000 Pa,测量精确度为0.5～1.0级。

5.2.3 斜管微压计

斜管微压计主要用来测量较小正压、负压和压差,其工作原理如图5-4所示。当测量正压时,图中微压计的容器与被测压力点相连,斜管的开端与大气相通。斜管的倾角一般不小于15°,使用斜管的目的在于提高读数精确度。

被测压力的表压力值可由下式算得

$$p_g=\rho g l\left(\sin\alpha+\frac{d^2}{D^2}\right) \tag{5-7}$$

式中　p_g——被测压力的表压力值，Pa；

l——斜管中液柱长度，m；

α——斜管的倾角；

d、D——斜管和容器的直径，m；

ρ——工作液体密度，kg/m^3。

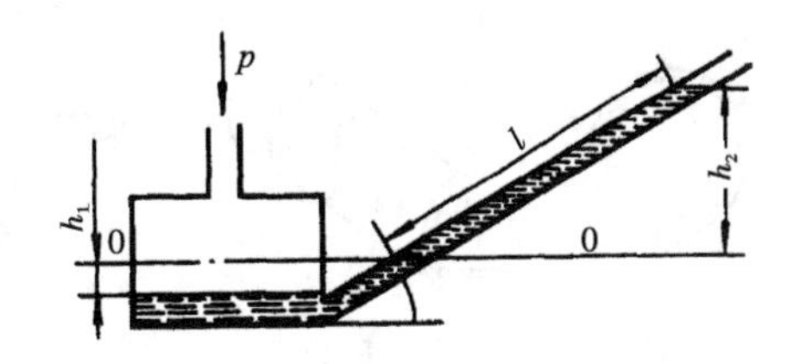

图 5-4　斜管微压计的工作原理图

在测量负压时，应将容器开口与大气相通，将被测负压点与斜管开口相连。

斜管微压计的灵敏度（$d^2 \ll D^2$）

$$\frac{\mathrm{d}l}{\mathrm{d}p_g}=\frac{1}{\rho g\sin\alpha} \tag{5-8}$$

由于在读取斜管微压计一侧玻璃管中的液柱长度时只进行了一次读数，会产生一次读数误差。

这种微压计的测量范围为 0～±2000 Pa，精确度为 0.5～1.0 级。

5.3　弹性式压力计

5.3.1　概述

弹性式压力计是利用各种弹性元件的弹性变形产生的弹性力与被测压力产生的力相平衡，通过测量弹性元件的弹性变形量来测量压力的仪表。弹性式压力计与各种转换元件相配合，可形成各种远传压力表。

根据物理学中的胡克定律，在弹性限度范围内，物体受外力作用能产生弹性变形。发生弹性变形的物体力图恢复原状时会产生反抗外作用力的弹性力，当弹性力与物体所受外力相平衡时，变形停止。由于弹性变形与作用力有确定的函数关系，据此可将压力信号转换成弹性元件自由端的位移信号，这就是弹性式压力计测量压力的基本原理。

利用上述原理制成的弹性式压力计基本由两部分组成，基本元件是压力感测元件，即弹性元件；第二部分是位移变送器，它的输出可以是机械指针显示或电气信号输出，以便压力值的就地指示或信号远传。

5.3.2　弹性式压力计的弹性元件

弹性元件是弹性式压力计的测量元件，根据测压范围的不同，所用的弹性元件也不同。常用的弹性元件有如图 5-5 所示几种。

图 5-5(a)为单圈弹簧管，当通入压力 p 后，它的自由端就会产生如图中箭头所示方向的位移，当通入负压时，则位移方向相反。单圈弹簧管自由端位移较小，可用于测量较高的压力。为增加自由端的位移，可制成多圈弹簧管，如图 5-5(b)所示。

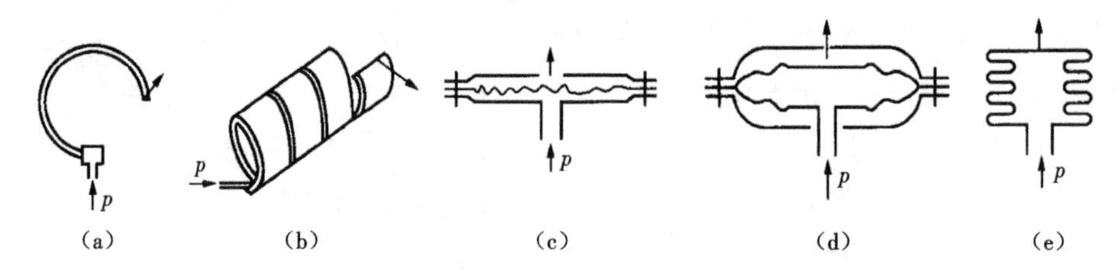

图 5-5 弹性元件示意图

弹性膜片是一片由金属或非金属制成的且具有弹性的膜片，如图 5-5(c)所示，在压力作用下膜片能产生变形。有时也可以由两块金属膜片沿周边对焊起来成一薄壁盒子，称为膜盒，如图 5-5(d)所示。

波纹管是一个周围为波纹状的薄壁金属筒体，如图 5-5(e)所示，这种弹性元件易于变形，且位移较大，应用非常广泛。

5.3.3 弹簧管式压力计

图 5-6 为单圈弹簧管式压力计的工作原理图，弹簧管是一根圆弧形中空管子，截面为椭圆形或扁圆形，引入压力这一端是固定端，固定在仪表壳体底座上。弹簧管的另一端为端部封闭的自由端，与传动部件相连。

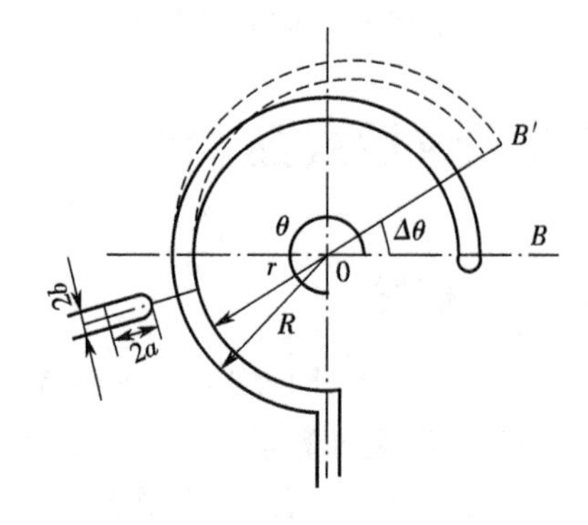

图 5-6 单圈弹簧管式压力计的工作原理图

当弹簧管内压力增加时，弹簧管短轴方向的内表面受力较大，短轴要伸长，长轴要缩短，管子截面有变圆倾向，因而产生弹性变形，使自由端向管子伸直方向移动，并产生位移，同时改变其中心角。自由端的位移由传动部件传出，再在显示部件上显示相应的压力值。薄壁椭圆形弹簧管受压后的位移量(中心角改变量)和所加压力有如下的函数关系

$$\frac{\Delta\theta}{\theta}=p\,\frac{1-\mu^2}{E}\frac{R^2}{b\delta}\left(1-\frac{b^2}{a^2}\right)\frac{\alpha}{\beta+k^2} \tag{5-9}$$

式中 θ——弹簧管中心角的初始角，°；

$\Delta\theta$——受压后弹簧管中心角的改变量，°；

p——被测压力，Pa；

μ——弹簧管材料的泊松系数；

E——弹簧管材料的弹性模量，N/m^2；

R——弹簧管曲率半径，m；

a、b——弹簧管椭圆形横截面的长、短半轴，m；

δ——弹簧管壁厚，m；

α、β——与 a/b 有关的参数；

k——弹簧管结构参数，$k=R\delta/a^2$。

由式(5-9)可知，如果 $a=b$，则 $\Delta\theta=0$，说明具有均匀壁厚的圆形弹簧管不能用作压力检测的敏感元件。对于单圈弹簧管，中心角变化量 $\Delta\theta$ 一般较小，要提高 $\Delta\theta$，可采用多圈弹簧管，圈数一般为 2.5～9。

单圈弹簧管式压力计的结构简图如图 5-7 所示。当被测压力引入压力计后，弹簧管自由端产生的位移将通过拉杆、扇形齿轮、中心齿轮而使固定在中心齿轮轴上的指针偏转，并在刻度盘上指示出相应的压力值。仪表中游丝的作用在于消除中心齿轮与扇形齿轮之间的啮合间隙。

弹簧管材料随被测介质的性质、被测压力的高低而不同。一般在压力小于 20 MPa 时采用磷铜；大于 20 MPa 时采用不锈钢或合金钢。在使用弹簧管式压力计时，还需考虑被测介质的化学性质。例如，测量氨气压力必须采用不锈钢弹簧管，而不能采用铜质材料。

5.3.4　电接点压力表

在普通弹簧管式压力计的基础上，附加电接点和接线盒构成电接点压力表，其接线如图 5-8 所示，可作为被测压力的高、低压报警和压力控制或设备的启、停控制用。压力表上的指示指针作为一个可动的接点，表盘上另有两个位置可调的指针：低限给定指针(其上有低压给定接点)和高限给定指针(其上有高压给定接点)，这两个给定指针的位置，利用专用钥匙在表盘的中间旋动给定指针的销子，将给定指针拨动至所要控制的压力上限和下限。

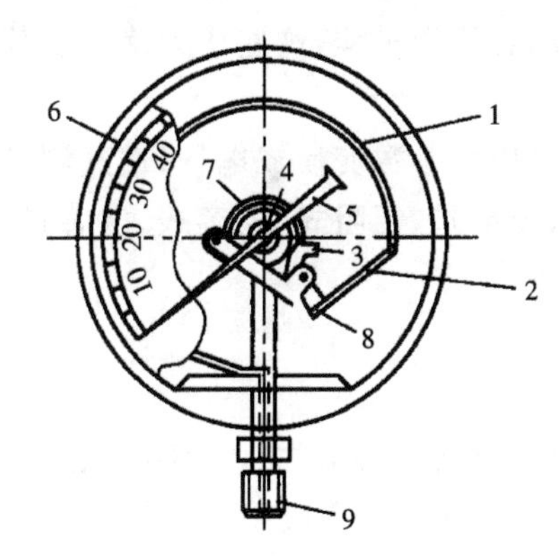

图 5-7　单圈弹簧管式压力计

1—弹簧管；2—拉杆；3—扇形齿轮；4—中心齿轮；5—指针；6—面板；7—游丝；8—调节螺钉；9—接头

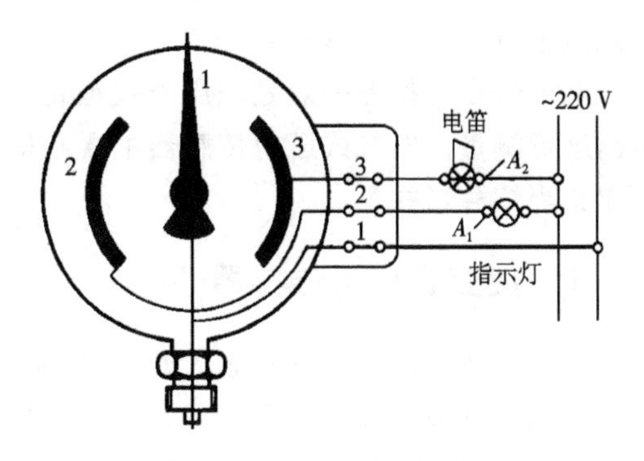

图 5-8　电接点压力表接线

1—动接点；2—低压给定接点；3—高压给定接点

当被测压力等于或超过上限给定的压力值时，动接点和高压给定接点接通报警电笛 A_2 的回路，发出报警音响，提示压力到了高限；当压力等于或低于下限给定压力时,则接通报警灯 A_1 回路,报警指示灯亮,提示压力到了低限。

5.3.5 其他形式的弹性测压仪表

1) 膜片式微压计

膜片式微压计利用膜片在密封容器壁上受压力作用后产生的变形位移,通过杠杆机构将其转换成压力示值。膜片可用钢、青铜或其他材料制成。膜片式微压计最大的优点是可测量黏度较大的介质压力。如果膜片由不锈钢制造或采用保护层保护,膜片式微压计就可用于测量某些具有腐蚀性的介质的压力。若将两个膜片的外周边焊接起来,受力后可提供较大的变形量。膜片式微压计一般用来测量微压或负压,如测量锅炉尾部烟道的压力等。

2) 波纹管压力表

波纹管压力表的压力敏感元件是波纹管。如果将金属波纹管一端封闭,另一端接入所测压力,则可产生较大的位移。波纹管的这一特性,使波纹管压力表具有较大的压力比值(灵敏度),亦如用多圈弹簧管一样,可将其制成灵敏度较高的指示记录测压装置与控压元件,其测压范围为 0～400 kPa。

弹性式压力计的结构简单、价格便宜、使用和维修方便,且测压范围较宽,因此在工业生产中应用十分广泛。

5.4 电气式压力检测

前面介绍的液柱式压力计和弹性式压力计只能用来测静压,即测定在较长时间内恒定不变的压力。电气式压力计主要用来测量动态压力过程,这些压力绝大多数呈急速上升或急速下降状态。

电气式压力检测一般是用压力敏感元件直接将压力参数变换成电量,送到测量电路进行测量。电气式压力传感器主要有应变式、压电式、压阻式、电容式、电感式、霍尔式等多种形式。

5.4.1 应变式压力传感器

应变式压力传感器具有悠久的历史,是应用较广泛的传感器之一。将电阻应变片粘贴到各种弹性敏感元件上,可以构成电阻应变式传感器,一般用于测量较大的压力。

1) 应变片测量原理

导体(或半导体)在发生机械变形时,其电阻值随之发生变化的现象称为应变效应。

如果某段导体的长度为 L,截面积为 F,该导体的电阻率为 ρ,那么它的电阻值 R 可用下式来表示

$$R=\rho\frac{L}{F} \tag{5-10}$$

对式(5-10)两边取对数,并微分后得

$$\frac{\mathrm{d}R}{R}=\frac{\mathrm{d}\rho}{\rho}+\frac{\mathrm{d}L}{L}-\frac{\mathrm{d}F}{F} \tag{5-11}$$

式中　$\mathrm{d}L/L$——轴向应变(长度变化);

$\mathrm{d}F/F$——横向应变。

通常电阻丝截面呈圆形,若其半径为 r,则截面积 $F=\pi r^2$,于是 $\mathrm{d}F=2\pi r\mathrm{d}r$,所以

$$\frac{\mathrm{d}F}{F}=\frac{2\pi r\mathrm{d}r}{\pi r^2}=2\frac{\mathrm{d}r}{r} \tag{5-12}$$

由材料力学中知道轴的轴向应变与横向应变的关系为

$$\frac{\mathrm{d}r}{r}=-2\mu\frac{\mathrm{d}L}{L} \tag{5-13}$$

式中　μ——应变片材料的泊松系数。

考虑到电阻体变形时 L 与 F 之间的关系,即把式(5-13)代入式(5-12)

则有

$$\frac{\mathrm{d}F}{F}=-2\mu\frac{\mathrm{d}L}{L} \tag{5-14}$$

把式(5-14)代入式(5-11)则得

$$\begin{aligned}\frac{\mathrm{d}R}{R}&=\frac{\mathrm{d}L}{L}-\left(-2\mu\frac{\mathrm{d}L}{L}\right)+\frac{\mathrm{d}\rho}{\rho}=\frac{\mathrm{d}L}{L}+2\mu\frac{\mathrm{d}L}{L}+\frac{\mathrm{d}\rho}{\rho}\\&=(1+2\mu)\frac{\mathrm{d}L}{L}+\frac{\mathrm{d}\rho}{\rho}=(1+2\mu)\varepsilon+\frac{\mathrm{d}\rho}{\rho}\end{aligned} \tag{5-15}$$

式中　ε——应变量,$\varepsilon=\mathrm{d}L/L$。

式(5-15)说明,应变片的电阻变化率是几何应变效应$(1+2\mu)\varepsilon$项和压电电阻效应$\frac{\mathrm{d}\rho}{\rho}$项综合作用的结果。对于金属材料来说,由于压电电阻效应极小,即$\frac{\mathrm{d}\rho}{\rho}\ll1$,因此,电阻变化主要是由应变效应引起的,此时$\frac{\mathrm{d}R}{R}\approx(1+2\mu)\varepsilon$;对于半导体材料,其压电电阻效应很大,$\frac{\mathrm{d}\rho}{\rho}\gg(1+2\mu)\varepsilon$,应变效应可忽略不计,可以认为$\frac{\mathrm{d}R}{R}\approx\frac{\mathrm{d}\rho}{\rho}$。

通过以上的分析可知,弹性元件的应变转换为电阻值的大小是由金属或半导体材料制成的电阻体(应变片)来完成的。金属丝电阻应变片的工作原理是基于金属丝的应变效应,而半导体材料制成的电阻体的工作原理是基于半导体的压阻效应。

在半导体(例如单晶硅)的晶体结构上施加压力,会暂时改变晶体结构的对称性,因而改变了半导体的导电机理,表现为它的电阻率 ρ 的变化,这一物理现象称为压电电阻效应,简称压阻效应。

由半导体材料的压阻效应可知

$$\frac{\mathrm{d}\rho}{\rho}=\pi E\varepsilon \tag{5-16}$$

式中 π——半导体材料的压电电阻系数；

E——半导体材料的弹性模数。

综上所述，可得应变片电阻变化率的表达式为

金属导体
$$\frac{\mathrm{d}R}{R}\approx(1+2\mu)\varepsilon \tag{5-17}$$

半导体
$$\frac{\mathrm{d}R}{R}\approx\pi E\varepsilon \tag{5-18}$$

由式(5-17)和式(5-18)可知：在已知 μ 或 π、E 的条件下，应变片电阻值的变化率与应变片的应变量 ε 成比例关系。

衡量应变片的灵敏度，通常以灵敏度系数 $K=\frac{\mathrm{d}R/R}{\varepsilon}$ 表示，则由式(5-17)和式(5-18)可得

金属导体
$$K\approx1+2\mu \tag{5-19}$$

半导体
$$K\approx\pi E \tag{5-20}$$

常用应变片的灵敏度系数值大致是：金属导体应变片约为 2，半导体应变片一般为 100～200。因此半导体应变片比金属导体的灵敏度系数值大几十倍。

2）应变片的结构

应变片主要由电阻栅(金属栅)和基底组成，如图 5-9 所示。由于单根金属丝不可能做得太细、太长，故实用时多为金属栅的形式(现多用金属箔先刻成任意形状的应变片)，栅下有一绝缘基片，上有保护层覆盖。使用应变片时，可将其粘贴在变形物体上，当物体变形时，应变片的 $\mathrm{d}R/R$ 发生变化，测得其值可相应地得出 ε 值。$\mathrm{d}R$ 的测量多采用平衡电桥。

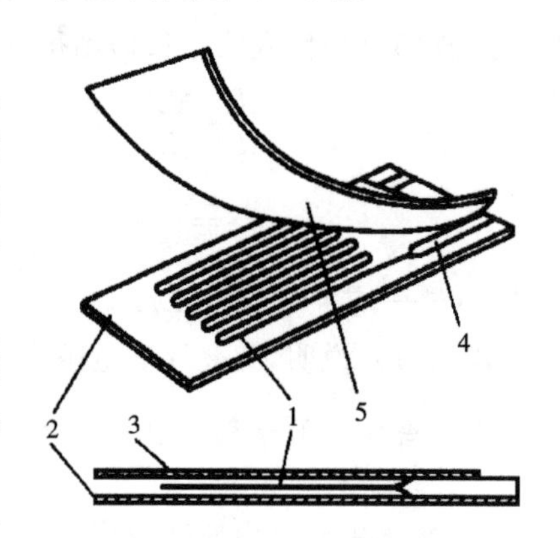

图 5-9 电阻应变片的结构

1—电阻栅；2—基底；3—黏合剂；4—引线；5—保护层

由于应变片与应力测量应用十分广泛，故有专门仪器厂家生产各种型号应变片及测量用的应变仪供选用。如将应变片贴在弹簧管、膜片等变形体上，即可进行压力的电测。

3）应变片压力变送器

图 5-10 为应变片压力变送器示意图，它主要由压力传感筒和测量桥路两部分组成。压力传感筒的应变筒的上端与外壳固定在一起，它的下端与不锈钢密封膜片紧密接触，两片应变片 R_1 和 R_2 用特殊黏合剂(缩醛胶、聚乙烯醇缩甲乙醛等)紧贴在应变筒的外壁。当应变筒受压力作用变形时，应变片也随之产生变形，根据金属导体应变效应可知导体的电阻值也跟着变化，一般采用测量桥路来测量其电阻 R 的变

化，可相应指示出应变值，从而得知压力的大小。

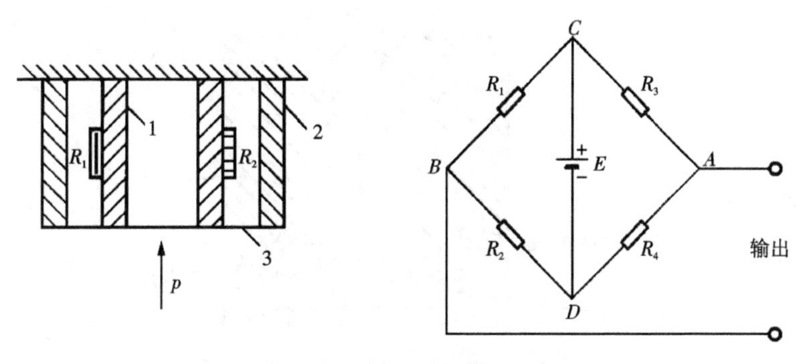

图 5-10　应变片压力变送器示意图

1—应变筒；2—外壳；3—密封胶片

图中 R_1 沿应变筒的轴向贴放，作为测量片；R_2 沿径向贴放，作为温度补偿片。应变片与筒体之间应不产生相对滑动现象，并且保持电气绝缘。当被测压力 p 作用于不锈钢膜片而使应变筒作轴向受压变形时，沿轴向贴放的应变片 R_1 也将产生轴向压缩应变 ε_1，于是 R_1 阻值变小；而沿径向贴放的应变片 R_2 由于本身受到横向压缩将引起纵向拉伸应变 ε_2，于是 R_2 阻值变大。但是，由于 $\varepsilon_2 < \varepsilon_1$，故实际上 R_1 的减小量将比 R_2 的增大量大得多，R_2 可认为不受应变影响。R_1 和 R_2 由直径为 0.025 mm 的康铜丝制成，电阻值都是 320 Ω。

应变片 R_1 和 R_2 阻值的变化，使 R_1 和 R_2 与另外两个固定电阻 R_3 和 R_4 组成的桥式电路失去平衡，从而获得不平衡电压 ΔU 作为压力变送器的输出信号。在桥路供电电压 E 最大为 10 V(直流)时，压力变送器可以得到最大 5 mA 的直流输出信号。

应变片压力变送器输出的电势信号，可配用动圈式显示仪表或其他记录仪表显示被测压力。这种压力变送器具有较好的动态特性，适用于快速变化的压力测量。

5.4.2　压电式压力传感器

利用压电材料检测压力是基于压电效应原理，即压电材料受压时会在其表面产生电荷，其电荷量与所受的压力成正比。

作为压力检测用的压电材料主要有两类：一类是单晶体，如石英、酒石酸钾钠、铌酸锂等；另一类是多晶体，如压电陶瓷，包括钛酸钡、锆钛酸铅等。多晶体的压电陶瓷，在进行极化之前因各单晶体的压电效应都互相抵消而表现为电中性，为此必须对压电陶瓷先进行极化处理。经极化处理后的压电陶瓷具有非常高的压电系数，为石英晶体的几百倍。

图 5-11 是一种压电式压力传感器的结构图。压电元件被夹在两块弹性膜片之间，当压力作用于膜片，使压电元件受力而产生电荷。电荷量经放大可转换成电压或电流输出，输出的大小与输入压力成正比关系。

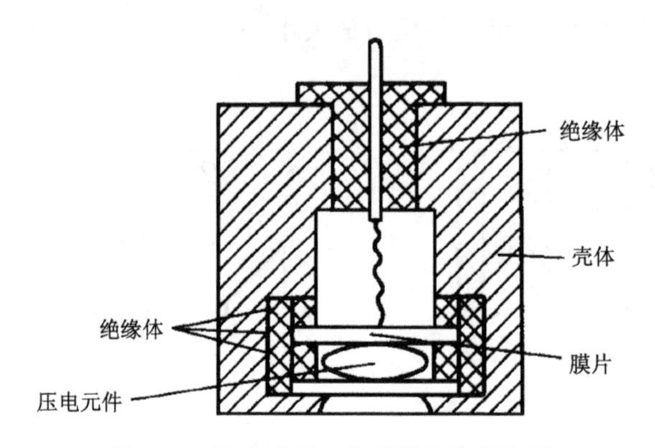

图 5-11 压电式压力传感器结构示意图

压电式压力传感器结构简单、紧凑，小巧轻便，工作可靠，具有线性度好、频率响应高、量程范围大等优点。但是，由于晶体上产生的电荷量很小，一般是以皮库仑(pC)计，需要加高阻抗的直流放大器。近年来已将场效应管与运算放大器组成的电荷放大器直接与压电元件配套使用以提高精度。另外，由于在晶体边界上存在漏电现象，这类传感器不能用于稳态测量。

5.4.3 压阻式压力传感器

压阻元件是基于压阻效应工作的一种压力敏感元件。所谓压阻元件实际上就是指在半导体材料的基片上用集成电路工艺制成的扩散电阻，当它受外力作用时，其阻值由于电阻率 ρ 的变化而改变。和应变片一样，扩散电阻正常工作需依附于弹性元件，常用的是单晶硅膜片。压阻式压力传感器就是根据压阻效应原理制造的，图 5-12 是压阻式压力传感器的结构示意图。它的核心部分是一块圆形的单晶硅膜片。在膜片上，布置四个扩散电阻(如图 5-12(b)所示)组成一个全桥测量电路。膜片用一个圆形硅环固定，将两个气腔隔开。一端接被测压力，另一端接参考压力。当存在压差时，膜片产生变形，使两对电阻的阻值发生变化，电桥失去平衡，其输出电压与膜片承受的压差成比例。

压阻式压力传感器的主要优点是体积小、结构比较简单，其核心部分就是一个单晶硅膜片，它既是压敏元件，又是弹性元件。扩散电阻的灵敏系数是金属应变片的灵敏系数的 50～100 倍，能直接反映出微小的压力变化，测出十几帕斯卡的微压。它的动态响应也很好，虽然比压电晶体的动态特性要差一些，但仍可用来测量高达数千赫兹乃至更高的脉动压力，因此这是一种比较理想、目前发展和应用较迅速的压力传感器。

这种传感器的缺点是敏感元件易受温度的影响，从而影响压阻系数的大小。解决的方法是在制造硅片时，利用集成电路的制造工艺，将温度补偿电路、放大电路甚至将电源变换电路集成在同一块单晶硅膜片上，从而可以大大提高传感器的静态特性和稳定性。因此，这种传感器也称固态压力传感器，有时也叫集成压力传感器。

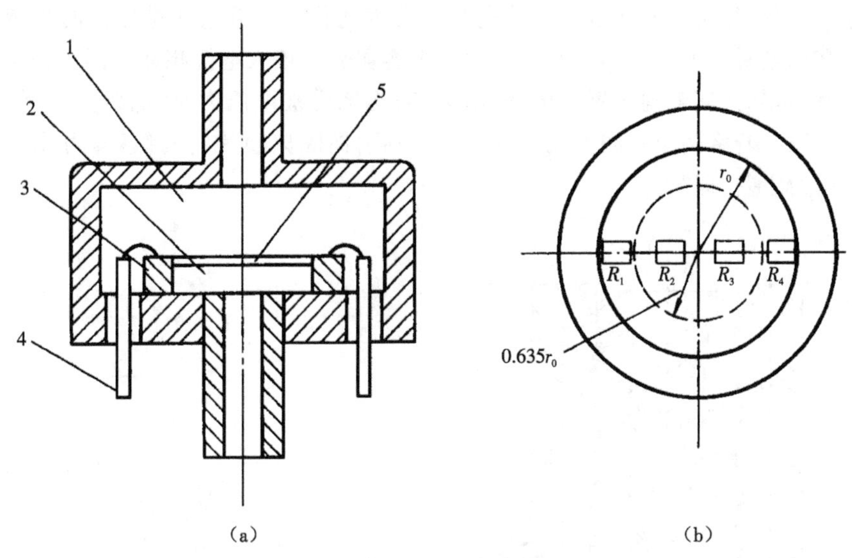

图 5-12 压阻式压力传感器的结构示意图

(a)内部结构；(b)单晶硅膜片示意图

1—低压腔；2—高压腔；3—硅环；4—引线；5—单晶硅膜片

5.4.4 电容式压力传感器

电容式压力传感器是将被测压力的变化转换为电容量的变化，然后通过测量该电容量便可知道被测压力的大小。

1）基本原理

根据平行板电容器原理，若极板的有效工作面积为 A，极板间的电介质的介电常数为 ε，两极板间的距离为 d，则该平行板电容器的电容量为

$$C=\frac{\varepsilon A}{d} \tag{5-21}$$

由上式可见，只要改变 ε、A、d 之中的任一参数，即可改变电容量 C。

在压力测量仪表中，往往是将压力的变化转换为可变电容器极板间距离 d 的变化，从而将被测压力转换为电容量输出。

2）电容式压力传感器的结构

电容式压力传感器的典型结构如图 5-13 所示。电容式压力传感器的检测变换部分是一个封闭的差动电容膜盒，在两块对称金属基座内侧的烧结玻璃绝缘层上蒸镀一层很薄的弧形金属膜作为固定电极，在其中间夹一绷紧的平板弹簧膜片作为感压元件，它同时又是两固定电极中间的公用可动电极。这样在两固定电极和可动电极之间就组成了两个差动电容。在膜盒内充满硅油，作为传压介质。当被测压力从引压口引入，作用在膜盒某一侧隔离膜片时（另一侧与大气相通），该压力将通过硅油传递给可动电极，使其产生挠曲变形，造成可动电极与两固定电极之间的距离不

再相等，从而引起两个差动电容器的电容量发生变化。测量电容量变化的最常用的电路是交流电桥。如图5-14所示，将两个电容器分别接入电桥相邻的两个桥臂。当被测压力为零时，调节到电桥平衡，输出为零；当感受被测压力时，电桥失去平衡，产生输出电压。若将两个不同的压力 p_1、p_2 分别引向隔离膜片的两侧，即可用来测量这两个压力之差(即“差压”)。

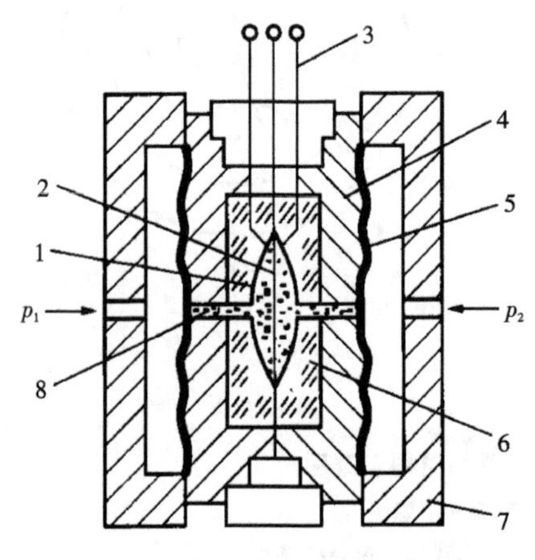

图5-13　电容式压力传感器

1—固定电极；2—感压膜片；3—引出线；4—金属座；5—隔离膜片；6—绝缘玻璃；7—外壳；8—硅油充液

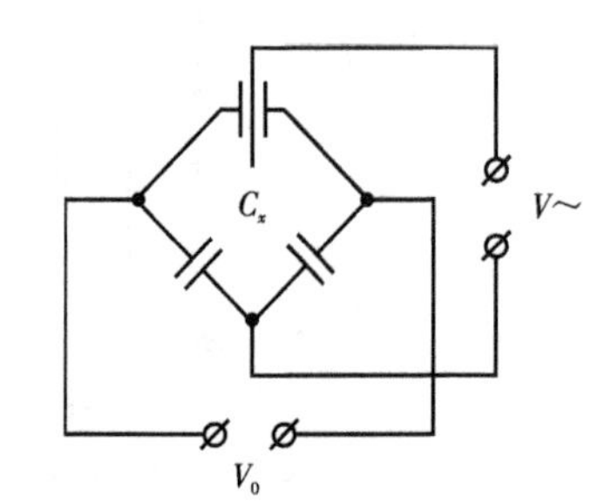

图5-14　交流电桥测量电路

这种压力传感器没有机械传动与调整部件，结构简单、稳定可靠、测量精确度高，因此得到了较广泛的应用。

5.4.5　电感式压力传感器

1) 基本原理

电感式压力传感器的原理如图5-15所示。主要由线圈、铁芯、衔铁等组成。当衔铁移动时，气隙长度 δ 将发生变化，从而使线圈的电感 L 发生变化，这样就将位移的变化转换成了电感的变化，所以它实质上是一种位移传感器。由电工学可以得到图中线圈的电感为

$$L=\frac{W^2\mu_0 S}{2\delta} \tag{5-22}$$

式中　W——线圈的匝数；

μ_0——空气的磁导率，取值 $4\pi\times10^{-9}$ H/cm²；

S——气隙的截面积，cm²；

δ——气隙的长度，cm。

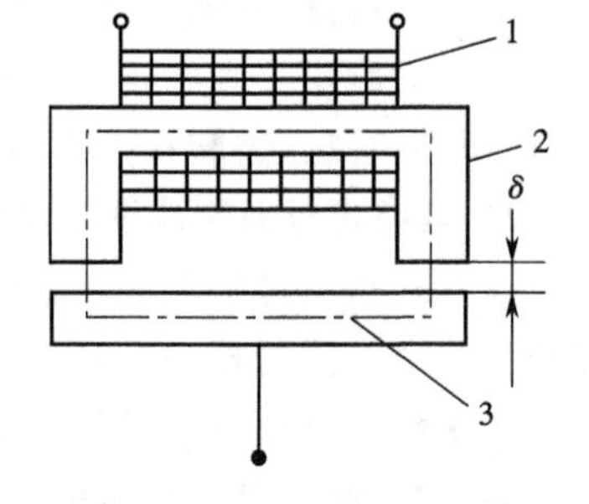

图5-15　电感式压力传感器原理图

1—线圈；2—铁芯；3—衔铁

由上式可见，电感 L 与气隙长度 δ 成反比，其特性 $L=f(\delta)$ 是非线性的。

2）差动式电感传感器

从上述电感式压力传感器的原理可知，简单的电感传感器有很多不足之处，如由于线圈电流不可能为零，衔铁一直受到吸引力的作用，其输出特性为非线性，不便于读数，线圈电阻有温度误差，不能反映极性等。所以在实际中很少应用，而多采用差动式电感传感器。

差动式电感传感器由公共衔铁和两个相同的铁芯线圈结合在一起构成。其原理如图 5-16 所示，当衔铁处于中间位置时，两个线圈的电感相等，负载电阻上没有电流，输出电压为零。当衔铁移动时，一边磁路的气隙增加，另一边气隙减小，从而使两个线圈的电感量发生变化，一个减小，另一个增大，两线圈中的电流也不相等。两电流之差在负载电阻上就产生输出电压，显然该输出电压的大小与衔铁的位移量成正比，而输出电压的极性则与衔铁位移的方向有关。

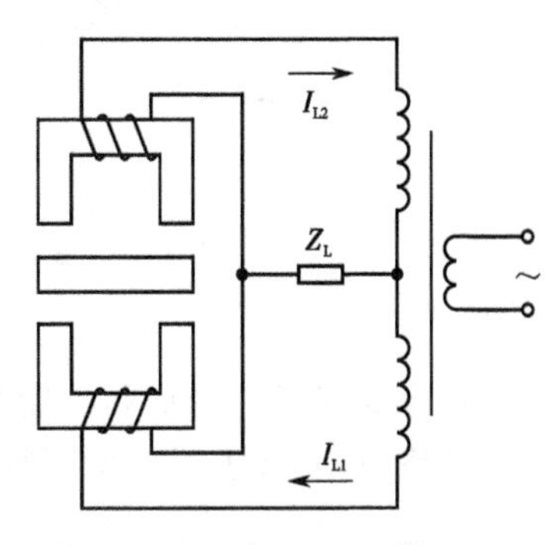

图 5-16　差动式电感传感器原理图

3）差动电感式压力传感器

差动电感式压力传感器是由感压弹性元件、传动机构和差动电感传感器等部分组成的。被测压力使弹性元件变形，通过传动机构带动衔铁或铁芯运动，传感器将衔铁或铁芯的位移变换成电信号输出，从而实现由压力信号向电信号的转换。

图 5-17 所示为 BYM 型差动电感式压力传感器的原理图。它的感压弹性元件是弹簧管。弹簧管的自由端通过传动元件与衔铁相连，整个传感器装在一个圆形的金属盒内，用 M20×1.5 的螺纹与被测压力腔接通。

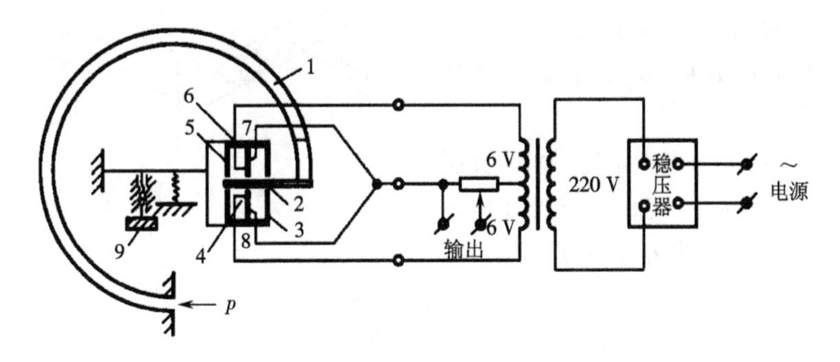

图 5-17　BYM 型差动电感式压力传感器原理图

1—弹簧管；2—衔铁；3、5—铁芯；4、6—铁芯中央部分；7、8—线圈；9—调节螺钉

4）差动电感的测量

差动电感的测量通常采用交流电桥电路，如图 5-18(a)所示，传感器的两个线圈分别接入电桥的相邻两臂。当没有压力信号时，电桥平衡，输出电压为零；当感受压

力时,电桥失去平衡,输出端有电压输出。输出电压的大小与被测压力成正比。

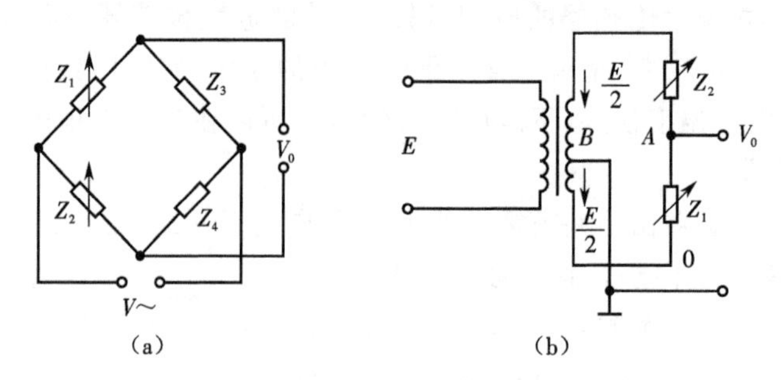

图 5-18 差动电感测量原理图

(a)交流电桥;(b)差动线路

差动电感式压力传感器的优点是简单可靠、输出功率大,可采用工频电源;缺点是线性范围有限,输出量与电源频率有关,要求有一个频率稳定的电源。

5.4.6 霍尔式压力传感器

1)基本原理

霍尔式压力传感器是利用物理学中的霍尔效应来测量压力的,它把压力作用下所产生的弹性元件的位移信号转变成电势信号,通过测量电势来测量压力。

2)霍尔效应

如图 5-19 所示,把半导体单晶薄片置于一磁感应强度为 B 的磁场中,当在晶片的 y 轴方向上通以一定大小的电流 I 时,在晶片的 x 轴方向的两个端面上将出现电势,这种现象称霍尔效应,所产生的电势称为霍尔电势,这个半导体薄片称为霍尔片。

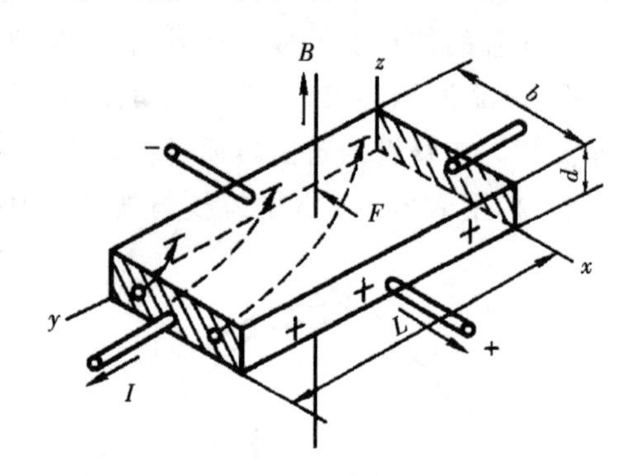

图 5-19 霍尔效应

霍尔片为一半导体(如锗)材料所制成的薄片。当霍尔片中流过电流 I 时,电子受磁场力(方向可由左手定则确定)的作用,其运动方向(与电流方向相反)将发生偏移,使得在 x 轴方向的一个端面上造成电子积累而形成负的表面电荷;而在另一端面上则正电荷过剩,于是在 x 轴方向出现了电场。由于电场的建立,产生了电场力,电场力阻止电子的偏移。当磁场力与电场力相平衡时,电子积累达到了动态平衡,这时就建立了稳定的霍尔电势,即

$$V_H = R_H IB \tag{5-23}$$

式中 R_H——霍尔元件的灵敏度系数,$R_H = K_H f\left(\frac{L}{b}\right)/d$,mV/(mA·$10^{-1}$T);

K_H——霍尔系数,mV·mm/(mA·10^{-1}T);

L——霍尔片电势导出端长度，mm；

b——霍尔片的电流输入端宽度，mm；

d——霍尔片厚度，mm。

当霍尔片材料、结构已定时，R_H 为常数。由式(5-23)可知，V_H 与 I 和 B 成正比，改变 I 和 B 可改变 V_H。一般 V_H 为几十毫伏数量级。

3）霍尔式压力传感器的结构

霍尔式压力传感器的结构如图 5-20 所示，霍尔片被固定在弹簧管的自由端，在霍尔片上、下设置一线性非均匀磁场，它是由磁钢产生的。在霍尔片中通入大小一定的直流电流(一般为 3～20 mA)。

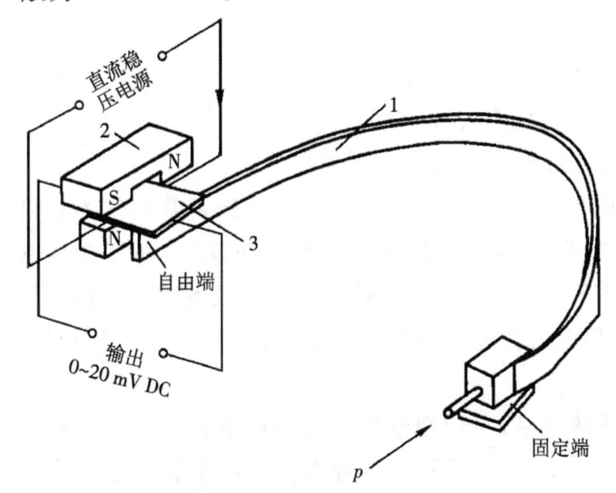

图 5-20　霍尔式压力传感器

1—弹簧管；2—磁钢；3—霍尔片

被测压力 p 由弹簧管固定端通入，由于压力不同，其自由端随之改变，因而霍尔片所处的磁感应强度 B 也随之改变。

根据式(5-23)可知，霍尔电势是磁感应强度的函数，亦是被测压力的函数。霍尔压力传感器实质上是一个压力—位移—电势的变换元件。可以用 V_H 来表达所测压力 p 的大小。

霍尔式压力传感器具有灵敏度高、结构简单、能远传和记录、结构简单、活动部件少、使用寿命长等优点。由于霍尔电势对温度变化比较敏感，在实际使用时需要采取温度补偿措施。

5.5　压力检测仪表的选择与安装

5.5.1　压力检测仪表的选择

选择压力检测仪表时应根据被测压力的种类(压力、负压或压差)，被测介质的物理、化学性质和用途(标准、指示、记录和远传等),以及生产过程所提出的技术要求,本着经济的原则,合理地考虑压力仪表的型号、量程和精度等级。

1) 仪表类型的选择

压力检测仪表类型的选择主要应考虑以下几个方面。

(1) 被测介质压力大小

如测量微压,即几百至几千帕(几十毫米水柱或汞柱)的压力,宜采用液柱式压力计或膜片式微压计;对于被测介质压力在 15 kPa(1500 mmH_2O)以下,不要求迅速读数的,选 U 形管压力计或单管压力计。要求迅速读数的,可选用膜片式微压计;压力在 50 kPa 以上的,一般选用弹簧管式压力计。

(2) 被测介质性质

对腐蚀性较强的介质应使用像不锈钢之类的弹性元件或敏感元件;对氧气、乙炔等介质应选用专用的压力仪表。

(3) 对仪表输出信号的要求

对于只需要观察压力变化的情况,应选用如弹簧管式压力计那样的直接指示型仪表;如需将压力信号远传到控制室或其他电动仪表,则可选用电气式压力检测仪表或其他具有电信号输出的仪表,如霍尔式压力传感器等;如果要检测快速变化的压力信号,则可选用电气式压力检测仪表,较常用的是压阻式压力传感器。

(4) 使用环境

对爆炸性较强的环境,在使用电气式压力检测仪表时,应选择防爆型压力仪表;对于温度特别高或特别低的环境,应选择温度系数小的敏感元件及其他变换元件。

(5) 安装场合

应选择相应安装方式和外形尺寸的压力计。一般盘装仪表应选择轴向有边、径向有边或矩形的压力计,盘装仪表的表面直径一般选 150 mm,现场指示仪表可采用 100 mm;在照明条件差,安装位置高、示值看不清楚的场合,应选择直径为 200 mm 或250 mm的仪表,最好选择数字式压力计。

2) 仪表量程的选择

压力仪表量程的选择是根据实际生产中工艺要求的被测压力范围和安全来确定的,除按被测压力大小考虑外,也要考虑到被测对象可能发生的异常超压情况,量程选择就必须留有足够的余地。

一般在被测压力较为稳定的情况下,最大工作压力不应超过仪表满量程的 3/4;在被测压力波动较大或检测脉动压力时,最大工作压力不应超过仪表满量程的 2/3。为了保证测量准确度,最小工作压力不能低于满量程的 1/3。当被测压力变化范围较大,最大和最小工作压力不可能同时满足时,选择仪表量程,应首先满足最大工作压力要求。

目前,我国生产的压力(包括差压)检测仪表有统一的量程系列,即:1.0 kPa、1.6 kPa、2.5 kPa、4.0 kPa、6.0 kPa,以及它们的 10^n 倍数(n 为整数)。对某些特殊的介质，如氧气、氨气等则有专用的压力表。

3）仪表精度的选择

压力检测仪表的精度主要根据生产中工艺要求允许的最大误差来确定。其原则是要求仪表的基本误差应小于实际被测压力允许的最大绝对误差；同时，在选择时应本着节约的原则，只要测量精度能满足生产要求，就不必追求过高精度的仪表。

5.5.2　压力表的安装

压力表的安装正确与否，将直接影响到测量的准确性和仪表的使用寿命及维护工作。

1）取压口的选择

① 取压口要选在被测介质作直线流动的直管段上，不可选在管路拐弯、分岔、死角或能形成旋涡的地方。

② 测量流动介质时，取压管应与介质流动方向垂直，避免动压头的影响，管口与器壁应齐平，并且不能有毛刺。

③ 测量液体时，取压口应在管道下部，避免取压管内积存气体；测量气体时，取压口应在管道上部，避免取压管内积存液体。

2）引压管的敷设

① 引压管应粗细合适，一般内径为 6～10 mm，长度应尽可能短，最长不得超过 50 m。

② 引压管水平安装时，应保证有 1:10～1:20 的倾斜度，以利于积存在其中的液体（或气体）的排出。

③ 当测量液体压力时，在引压系统最高处应装设集气器；当测量气体压力时，在引压系统最低处应装设水分离器；当被测介质有可能产生淀积物析出时，在仪表前应加装沉降器。

④ 引压管不宜过长，以减少压力指示的迟缓。

3）压力表的安装

① 压力表应安装在能满足规定的使用环境条件和易于观察检修的地方。

② 压力表的位置与被测压力的取压点不在同一个水平位置时，应该考虑静压对压力指示值的影响而进行修正。

③ 安装地点应力求避免振动和高温的影响。

④ 测量蒸汽压力时，应加装凝液管，以防止高温蒸汽与测压元件直接接触；对于有腐蚀性的介质，应加装有中性介质的隔离罐。总之，针对被测介质的不同性质应采取相应的保温、防腐、防冻、防堵等措施。

⑤ 取压口到压力表之间应装有切断阀门，以备检修压力表时使用。切断阀应装设在靠近取压口的地方。在需要进行现场校验和经常冲洗引压管的情况下，切断阀可改用三通阀。

⑥ 仪表必须垂直安装。如装在室外时还应增设保护罩。

⑦ 使用压差计来测量液体流量时或引压管中为液体介质时,应使两根引压管路内的液体温度相同,以免由于两边产生密度差而引起附加的测量误差。

思考与练习题

5-1 什么叫压力?表压、负压力(真空度)和绝对压力之间有何关系?

5-2 常用的压力计有哪些,其原理各是什么?

5-3 斜管微压计斜管的倾斜度为 45°,加压 60 mmH_2O,标尺读数 120 mm,该档测量上限为 100 mmH_2O,试求该点误差(工作介质 $\rho=0.790\ g/cm^3$)。

5-4 弹性式压力计中的弹簧管为什么要做成扁圆形的?

5-5 某供水管道的压力需在 0.8 MPa 上下波动,要求测量时的最大误差为±0.008 MPa,现选用 0.5 级 0～1.6 MPa 的弹簧管式压力计来测量该压力,试问该压力计选用是否合理?是否经济?

5-6 何谓压电效应,压电式压力传感器的特点是什么?

5-7 应变片式压力传感器和压阻式压力传感器的工作原理是什么?二者有何异同点?

5-8 霍尔式压力传感器是怎样工作的?

5-9 测压仪表在选择、安装和使用时应注意哪些事项?

第6章 物位检测

6.1 物位检测的主要方法

6.1.1 概念与意义

物位是指物料在空间的累积高度，常用于反映物料的累积量。液体的物位指液体在容器中液面的高低，简称为液位，两种液体介质的分界面称为界面，料位指固体块、散粒状物质的堆积高度。用来检测液位的仪表称液位计，检测分界面的仪表称界面计，检测固体料位的仪表称料位计，它们统称为物位计。

物位检测在现代工业生产过程中具有重要地位，对于保证安全生产具有重要意义。通过物位检测可以确定容器中被测介质的储存量，并加以控制，使物位维持在规定的范围内，对保证生产过程物料平衡，保证产品的产量和质量，为经济核算提供可靠依据。

6.1.2 物位检测的主要方法

物位变化量是一个几何量，若条件允许，可通过人工测量的方法获得物位值，但大多数情况下，物料都盛装于容器中，不便于人工测量；再者，人工测量所得信号不便于与控制系统结合。所以，工业生产中对物位的测量一般是利用某些物理学原理，将物位的几何信号转换为其他信号，通过这些信号的读数测量物位。

物位检测的方法很多，可适应各种不同的检测要求。在实际生产中，物位检测对象有液位、料位等，有几十米高的大容器，也有几毫米的微型容器，介质特性更是千差万别。目前常用的检测方法主要有以下几种，分别简述如下。

(1) 静压式物位检测

根据流体静力学原理，静止介质内某一点的静压力与介质上方自由空间压力之差与该点上方的介质高度成正比，因此可利用差压来检测液位，这种方法一般只用于液位的检测。

(2) 浮力式物位检测

浮力式物位检测法利用漂浮于液面上浮子随液面变化位置，或者部分浸没于液体中的物质的浮力随液位变化来检测液位，前者称为恒浮力法，后者称为变浮力法，二者均用于液位的检测。

(3) 电气式物位检测

把敏感元件做成一定形状的电极置于被测介质中，则电极之间的电气参数，如电阻、电容等，随物位的变化而改变。这种方法既可用于液位检测，也可用于料位检测。

(4) 声学式物位检测

声学式物位检测法利用超声波在介质中的传播速度及在不同相界面之间的反射特性来检测物位。液位和料位的检测都可以用此方法。

(5) 射线式物位检测

放射性同位素所放出的射线(如 β 射线、γ 射线等)穿过被测介质(液体或固体颗粒)因被其吸收而减弱，吸收程度与物位有关。利用这种方法可实现物位的非接触式检测。

除上述检测方法外，还有微波法、光学法和重锤法等。

6.2 静压式物位检测

6.2.1 静压式物位检测原理

静压式物位检测方法是基于液位高度变化时，由液柱产生的静压也随之变化的原理。如图 6-1 所示。图中 A 代表实际液面，B 代表零液位，H 为液柱高度，根据流体静力学原理可知，A、B 两点的压力差为

$$\Delta p = p_B - p_A = H\rho g \tag{6-1}$$

式中 p_A、p_B——A、B 两点的静压力，Pa；

H——A、B 两点的高差，m；

ρ——液体的密度，kg/m^3；

g——重力加速度，m/s^2。

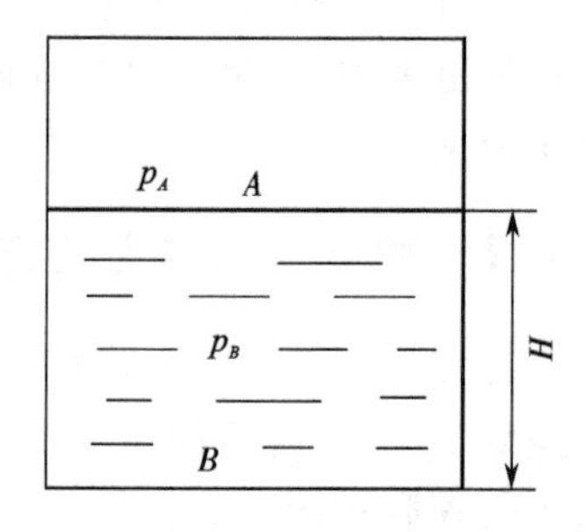

图 6-1 静压法测量液位的原理

若容器向大气开口，则 p_A 为大气压 p_0，即式(6-1)变为

$$\Delta p = p = p_B - p_A = p_B - p_0 = H\rho g \tag{6-2}$$

式中 p——B 点的表压力。

由式(6-1)和式(6-2)可知，当被测介质密度 ρ 为已知量时，只要测得 A、B 的静压力就可实现液位的测量。

6.2.2 测量液位的系统

1) 压力表测量液位计系统

如果被测对象为敞口容器，可用压力计测量液位，如图 6-2(a)所示。其测量原理为：测压仪表通过取压导管与容器底部相连，由测压仪表的指示值便可知道液位的高度。用此法进行测量时，要求液体密度 ρ 为常数，否则将引起误差。另外，压力仪表实际指示的压力是液面至压力仪表入口之间的静压力，当压力仪表与取压点

(零液位)不在同一水平位置时,应对其因位置高度差而引起的固定压力进行修正。

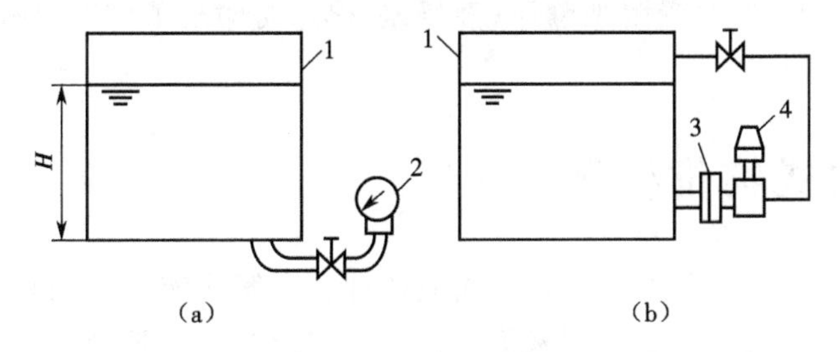

图 6-2　压力式液位计

(a)压力计测液位;(b)法兰式压力变送器测液位

1—容器;2—压力表;3—法兰;4—变送器

2) 法兰式压力变送器液位计系统

如果容器是密封的,液位可用法兰式压力变送器来进行测量,如图 6-2(b)所示。由于容器与压力表之间用法兰连接管路,故称“法兰液位计”。对于黏稠液体或有凝结性的液体,为避免导压管堵塞,可采用法兰式压力变送器和容器直接相连。其在导压管处加有隔离膜片,导压管内充入硅油,借助硅油传递压力。

3) 差压式液位计系统

差压式液位计结构简单、精度高,测量仪器中无运动部件,工作可靠,也是一种常用的液位测量仪表。但是需要在容器上开孔安装引压管,不适用于高黏度介质或易燃、易爆等危险性较大的介质的液位检测。

对于具有腐蚀性或含有结晶颗粒,以及黏度大、易凝固的液体介质,为了防止引压导管被腐蚀或堵塞,可用法兰式压力(差压)变送器来实现;在对密闭容器液位进行测量时,容器下部的液体压力与液位高度和液面上部介质压力有关。这时,可用测量差压的方法来获得液位,如图 6-3 所示。

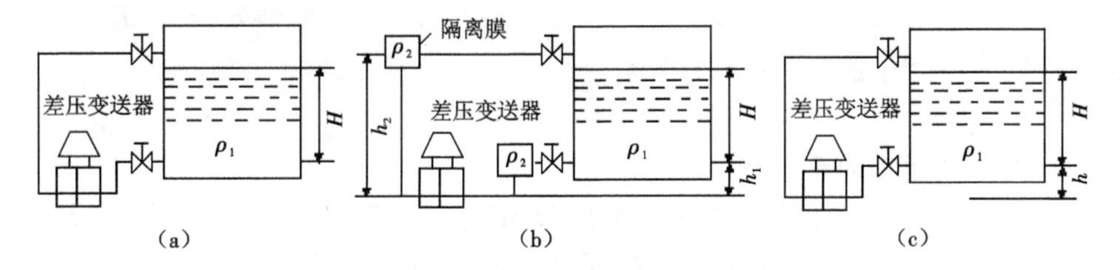

图 6-3　差压式液位计原理

(a)无迁移;(b)负迁移;(c)正迁移

差压式液位计指示值除与液位高度有关外,还与液体密度和差压仪表的安装位置有关。无论是压力检测法还是差压检测法都要求取压口(零液位)与检测仪表的入口在同一水平高度,否则会产生附加静压误差。采用法兰式差压变送器时,由于在从膜盒至变送器的毛细管中充以硅油,无论差压变送器在什么高度,一般均会产生附加静压。在这种情况下,可通过计算进行校正,更多的是对三力(差压)变送器进行零点调整,使它在只受附加静压(静压差)作用时输出了“0”,这种方法称为“量程零点迁移”。

6.3 浮力式物位检测

浮力式液位测量仪表主要有浮子式液位计和浮筒式液位计两种。浮力式物位检测原理是通过测量漂浮于被测液面上的浮子(也称浮标)随液面变化而产生的位移;或者利用沉浸在被测液体中的浮筒(也称沉筒)所受的浮力与液面位置的关系来检测液位。前者为恒浮力式物位检测,一般称浮子式液位计;后者为变浮力式物位检测,一般称浮筒式液位计。

6.3.1 恒浮力式物位检测

浮子式液位计是最常用的液位测量仪表,具有结构简单、价格低廉和精度较高等优点,适用于各种贮罐液位的测量。但是需要在介质中插入浮子,不适用于介质黏度高或液位变化剧烈的液位检测。

浮子式液位计是依靠浮标或浮球浮在液体中随液面变化而升降,以浮标的位置代替液面位置,通过位移转换机构将浮子的位移反映在标尺上。

钢带浮子式液位计的测量原理如图 6-4 所示,将液面上的浮子用绳索连接并悬挂在滑轮上,绳索的另一端挂有平衡重锤,利用浮子所受重力和浮力之差与平衡重锤的重力相平衡的原理,使浮子漂浮在液面上。其平衡关系为

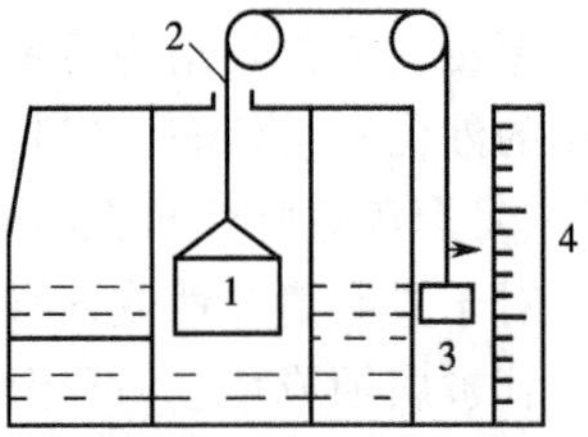

$$W_1-F=W_2 \tag{6-3}$$

图 6-4 钢带浮子式液位计

1—浮子;2—绳索;3—重锤;4—刻度尺

式中 W_1——浮子的重力;

F——浮力;

W_2——重锤的重力。

当液位上升时,浮子所受浮力 F 增加,则 $W_1-F<W_2$,原有平衡关系被破坏,浮子向上移动。但浮子向上移动的同时,浮力 F 减小,W_1-F 增加,直到 W_1-F 又重新等于 W_2时,浮子将停留在新的液位上,反之亦然。以此实现浮子对液位的跟踪。W_1、W_2是常数,因此浮子停留在任何高度液面的 F 值不变,故称此法为恒浮力法。实质是通过浮子把液位的变化转换成机械位移(线位移或角位移)的变化。

在实际应用中,可采用各种各样的结构形式来实现液位与机械位移的转换,可通过机械传动机构带动指针对液位进行指示,如需要远传,可通过电或气的转换器把机械位移转换为电信号或气信号。

6.3.2　变浮力式物位检测

变浮力式物位检测方法中典型的敏感元件是浮筒，它是利用浮筒由于被液体浸没高度不同，导致所受浮力不同来检测液位变化。

图 6-5 是应用浮筒实现物位检测的原理图。将一横截面积为 A，质量为 m 的圆筒形空心金属浮筒悬挂在弹簧上，由于弹簧的下端被固定，因此弹簧因浮筒的重力而被压缩，当液位高度 H 为零，浮筒的重力与弹簧弹力达到平衡时，浮筒停止移动，平衡条件为

$$kx=W \tag{6-4}$$

式中　W——浮筒重量；

k——弹簧的刚度；

x——弹簧由于浮筒重力而被压缩所产生的位移。

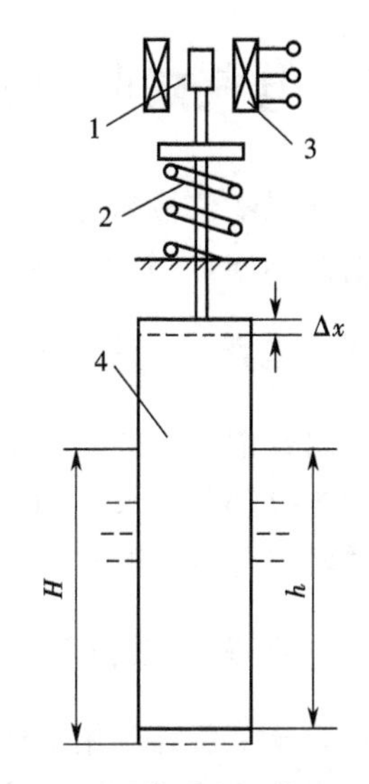

图 6-5　浮筒式液位计原理图

1—铁芯；2—弹簧；3—差动变压器；4—浮筒

当浮筒的一部分被浸没时，浮筒受到液位对它的浮力作用而向上移动，当浮力与弹力之和与浮筒的重力相平衡时，浮筒停止移动。设液位高度为 H，浮筒由于向上移动实际浸没在液体中的高度为 h，浮筒移动的距离即弹簧的位移改变量 Δx 为

$$\Delta x=H-h \tag{6-5}$$

根据力平衡可知

$$W=Ah\rho+k(x-\Delta x) \tag{6-6}$$

式中　ρ——浸没浮筒的液体密度。

由式(6-5)、式(6-6)，可得

$$Ahp=k\Delta x$$

即

$$h=\frac{k\Delta x}{A\rho} \tag{6-7}$$

一般情况下，$H=h$，则被测液位为

$$H=\frac{k\Delta x}{A\rho} \tag{6-8}$$

上式表明，当液位变化时，浮筒产生位移，其位移量 Δx 与液位高度 H 成正比。因此变浮力物位检测方法实质上就是将液位转换成敏感元件(在这里为浮筒)的位移。

6.4 电气式物位检测

电气式物位检测是利用敏感元件直接把物位变化转换为电参数的变化，根据电量参数的不同，可分为电阻式、电感式和电容式等，目前电容式最常见。

6.4.1 电阻式液位计

电阻式液位计的检测原理如图 6-6 所示。它将电极置于被测介质中，由于被测介质的电导率与空气不同，物位的变化会引起电极电阻的变化，电阻的变化可以通过电桥输出为电压变化信号，便于远传控制。

6.4.2 电感式液位计

电感式液位计利用电磁感应现象，即当液位变化引起线圈电感变化时，感应电流也发生变化的原理测量液位变化，它既可用于连续测量，也可用于液位定点控制。图 6-7 所示为浮子式电感液位控制器，它由不导磁管子、导磁性浮子及线圈组成。管子与被测容器相连通，管子内的导磁性浮子浮在液面上，当液面高度变化时，浮子随着移动。线圈固定在液位上、下限控制点，当浮子伴随液面移动到控制位置时，引起线圈感应电势变化，以此信号控制继电器动作，可实现上、下液位的报警与控制。

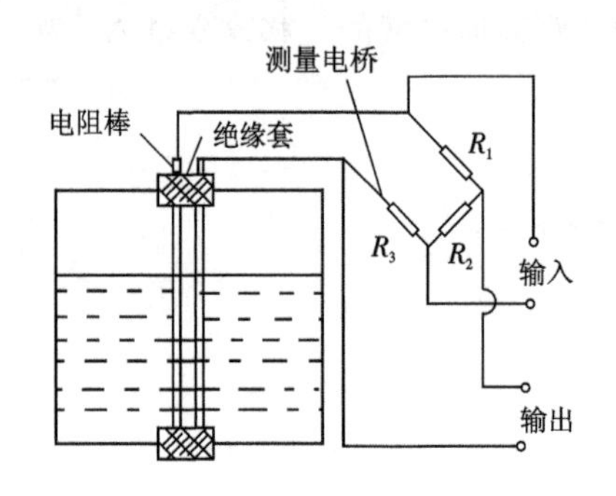

图 6-6 电阻式液位计原理图

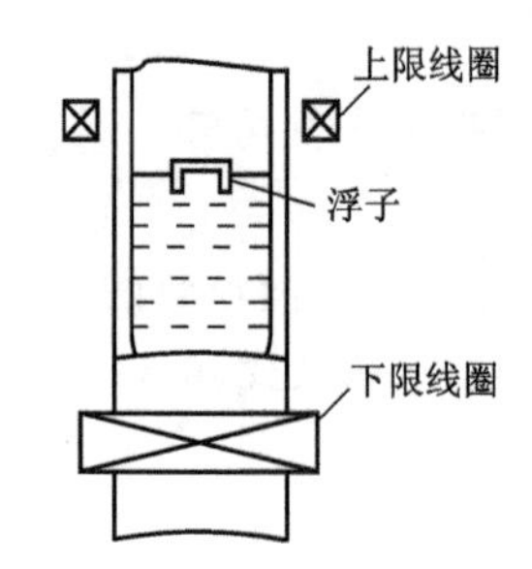

图 6-7 浮子式电感液位控制器

6.4.3 电容式物位计

电容式物位计利用物位高低变化影响电容器电容大小的原理进行测量。电容式物位计的结构形式很多，有平极板式、同心圆筒式等，其检测原理相同。下面以常见的同心圆筒电容式物位传感器说明该检测原理。

同心圆筒电容式物位传感器的结构，如图 6-8 所示。以两个长度为 L，半径分别为 R 和 r 的圆筒形金属导体作为两个电极。当两圆筒间无被测介质时，电极之间为介电常数为 ε_1 的空气，则由该圆筒组成的电容器的电容量为

$$C_0=\frac{2\pi\varepsilon_1 L}{\ln\frac{R}{r}} \tag{6-9}$$

如果两圆筒形电极间的一部分被介电常数为 ε_2 的液体浸没，没被浸没的电极长度为 H，此时的电容量为

$$C=C_1+C_2=\frac{2\pi\varepsilon_1(L-H)}{\ln\frac{R}{r}}+\frac{2\pi\varepsilon_2 H}{\ln\frac{R}{r}} \tag{6-10}$$

比较式(6-9)和式(6-10)，发现当有物料填充于电极之间后，电容变化为

$$\Delta C=C-C_0=\frac{2\pi(\varepsilon_2-\varepsilon_1)}{\ln\frac{R}{r}}H \tag{6-11}$$

上式表明，当圆筒形电容器的几何尺寸 L、R 和 r 保持不变，且介电常数也不变时，电容器电容增量 ΔC 与电极被介电常数为 ε_2 的介质所浸没的高度 H 成正比关系。另外，两种介质的介电常数的差值($\varepsilon_2-\varepsilon_1$)越大，则 ΔC 也越大，说明相对灵敏度越高。

从原理上讲，用圆筒形电容器既可用于非导电液体的液位检测，也可用于固体颗粒的料位检测。如果被测介质为导电性液体，上述圆筒形电极将被导电的液体短路。因此，对于这种介质的液位检测，电极要用绝缘物(如聚乙烯)覆盖作为中间介质，而液体和外圆筒一起作为外电极，如图 6-9 所示。

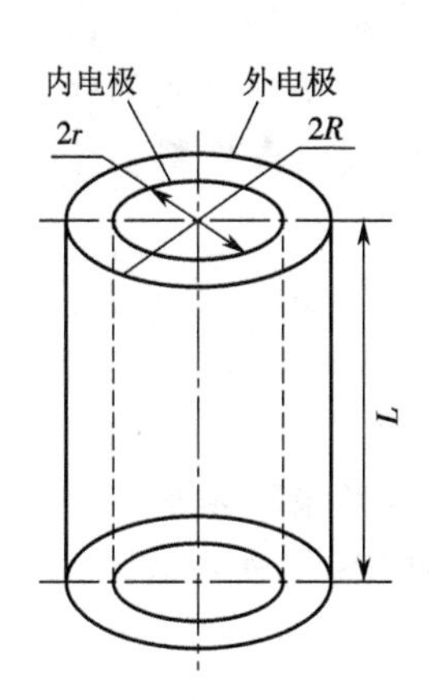

图 6-8 同心圆筒电容式物位传感器

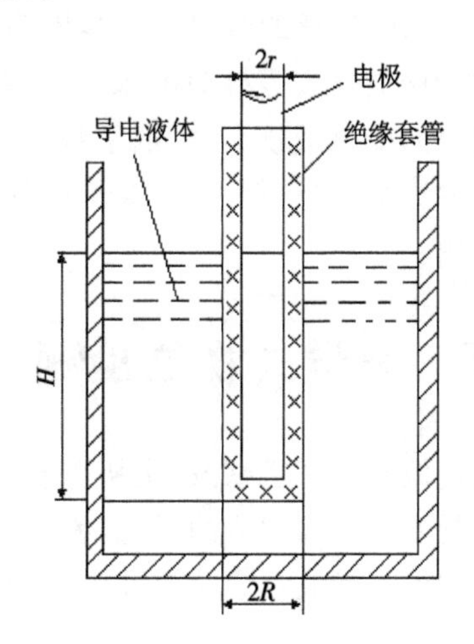

图 6-9 导电液体液位测量示意图

由此构成的等效电容 C 如图 6-10 所示，图中的电容 C_{11}、C_{12} 和 C_2 分别为

$$C_{11}=\frac{2\pi\varepsilon_3(L-H)}{\ln\frac{R}{r}},C_{12}=\frac{2\pi\varepsilon_1(L-H)}{\ln\frac{R_i}{r}},C_2=\frac{2\pi\varepsilon_3 H}{\ln\frac{R}{r}} \tag{6-12}$$

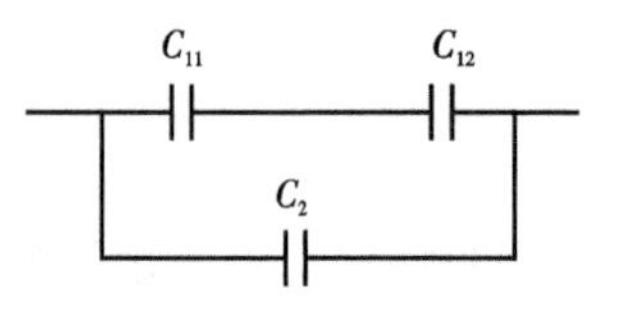

图 6-10 等效电容

式中 ε_1、ε_2——被测液位上方气体和覆盖电极用绝缘物的介电常数；

R_i——容器的内半径。

由于在一般情况下，$\varepsilon_3 \gg \varepsilon_1$ 且 $R_i \gg R$，因此有 $C_{12} \ll C_{11}$，则等效电容 C 可写为

$$C=C_{12}+C_2=\frac{2\pi\varepsilon_1 L}{\ln\frac{R_i}{R}}-\frac{2\pi\varepsilon_1 H}{\ln\frac{R_i}{R}}+\frac{2\pi\varepsilon_3 H}{\ln\frac{R}{r}} \tag{6-13}$$

很明显上式的第 2 项远比第 3 项小得多，可忽略不计，故有

$$C=\frac{2\pi\varepsilon_1 L}{\ln\frac{R_i}{R}}+\frac{2\pi\varepsilon_3 H}{\ln\frac{R}{r}}C_0'+KH \tag{6-14}$$

式中

$$C_0'=\frac{2\pi\varepsilon_1 L}{\ln\frac{R_i}{R}}$$

$$K=\frac{2\pi\varepsilon_3}{\ln\frac{R}{r}}$$

上式表明，电容器的电容量或电容的增量 $\Delta C=C-C'_0$ 随液位的升高而线性增加。因此，电容式物位检测的基本原理是将物位的变化转换为由插入电极所构成的电容器的电容量的改变。电容传感器输出的电容信号可以通过交流电桥法、充放电法和谐振电路法等检测出来。电容式物位计可用于液位和料位的检测。由于电容随物位的变化量较小，对电子级路的要求较高；而且由于电容易受介质的介电常数变化的影响，黏性料、粉料会影响测量的准确性，故在测量粉料、黏性料物位时应谨慎选用。

6.5 声学式物位检测

声波是一种机械波，是机械振动在介质中的传播过程，当振动频率在十余赫到万余赫时可以引起人的听觉，称为闻声波；更低频率的机械波称为次声波；20 kHz 以上频率的机械波称为超声波。声学式物位检测一般应用超声波。

6.5.1 超声波检测原理

超声波作为一门学科，已有几十年历史，其应用范围很广泛。超声波不仅用来进行各种参数检测，还广泛应用于加工和处理技术。超声波用于物位检测主要依据它的以下性质。

① 和其他声波一样，超声波可在气体、液体及固体中传播，并有各自的传播速度。例如在常温下，空气中的声速约为 334 m/s，水中的声速约为 1440 m/s，钢铁中

约为 5000 m/s。声波不仅与介质有关，还与介质所处的状态(如温度)有关。例如，理想气体的声速与绝对温度 T 的平方根成正比，对于空气来说，影响声速的主要因素是温度，用下式计算声速 ν 的近似值

$$\nu=20.67\sqrt{T} \tag{6-15}$$

② 声波在传播时会因被吸收而衰减，气体吸收最强且衰减最大，液体次之，固体最小，对于给定强度的声波，在气体中传播的距离明显比在液体和固体中传播的距离短。声波在介质中传播时衰减程度与声波频率有关，频率越高，声波衰减越大，因此超声波比其他声波衰减更明显。

③ 声波的方向性随声波频率升高而变强，超声波近似为直线传播，方向性很好。

④ 当声波由一种介质向另一种介质传播时，因为两种介质密度不同，声速传播也不同，在不同介质的分界面上，声波传播方向会发生变化。一部分被反射，其反射角等于入射角；另一部分折射入相邻介质内，这时反射波的声强为

$$I_f=\frac{\left[1-\left(\frac{\rho_1 v_1}{\rho_2 v_2}\right)\frac{\cos\beta}{\cos\alpha}\right]^2}{\left[1+\left(\frac{\rho_1 v_1}{\rho_2 v_2}\right)\frac{\cos\beta}{\cos\alpha}\right]^2}I_i \tag{6-16}$$

式中 ρ_1、ρ_2——两种不同介质的密度；

v_1、v_2——声波在两种介质中传播速度；

I_i、I_f——入射波与反射波的声强；

α、β——声波的入射角与折射角；

$\rho_1 v_1$、$\rho_2 v_2$——两种介质的声阻抗。

当声波垂直入射时，$\alpha=\beta=0$，则声波的反射率

$$R=\frac{I_f}{I_i}=\left[\frac{\rho_2 v_2-\rho_1 v_1}{\rho_2 v_2+\rho_1 v_1}\right]^2 \tag{6-17}$$

当超声波(频率高于 20 kHz 的声波)由液体传播到气体或由气体传播到液体时，由于两种介质的密度差别很大，声波几乎全部被反射。因此，把发射超声波的换能器置于盛液容器的底部，让它向液面发射短促的声脉冲，经过时间 t 后，换能器又接收到从液面反射回来的超声波的回波脉冲，如图 6-11 所示。设换能器与液面的距离为 H，声波在液体中的传播速度为 v，则有如下关系式

$$H=\frac{1}{2}vt \tag{6-18}$$

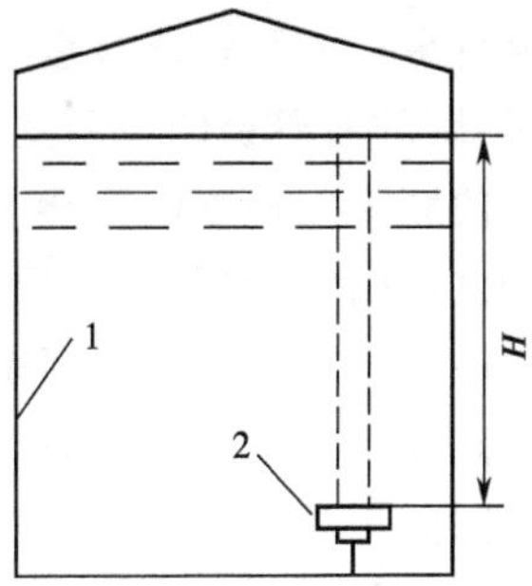

图 6-11 超声波液位检测原理

1—容器；2—探头

对于一定的液体，声波在其中的传播速度 v 是已知的，只要测定声波从发射到接收经过的时间 t，也就确定出距离 H，即测出液面的高度 H。

6.5.2 超声波物位计的接收和发射

超声波的接收和发射是基于压电效应和逆压电效应。具有压电效应的压电晶体在受到声波声压作用下,晶体两端产生与声压变化同步的电荷,把声波(机械能)转换成电能,如将交变电压加在晶体两个端面的电极上,沿着晶体厚度方向会产生与所加交变电压同频率的机械振动,向外发射声波,实现电能与机械能的转换。这里,压电晶体称为换能器。它的核心是压电片,其振动方式有很多,如薄片厚度振动,纵片长度振动,横片长度振动,圆片径向振动,圆管厚度、长度、径向和扭转振动,弯曲振动等。其中,薄片厚度振动最多。由于压电晶体本身较脆,并因各种绝缘、密封、防腐蚀、阻抗匹配及防护不良环境的要求,压电元件常装在壳体内形成探头。超声波换能器探头的常用结构如图 6-12 所示,其振动频率在数十万赫兹以上,采用厚度振动的压电片。

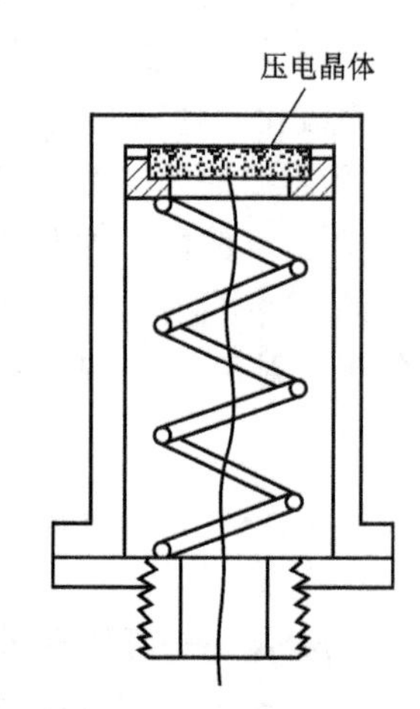

图 6-12　超声波换能器探头常用结构

在超声波检测中,需选择合适的超声波能量。采用较高能量的超声波,可以增加声波在介质中传播的距离,适用于物位测量范围较大的检测系统;另外,提高超声波发射能量,经物位表面反射到达接收器的声能增加,有利于提高检测系统的测量精度。声能过强会引起一些不利的超声效应,对测量产生影响。

为了减小上述各种不利的超声效应,在声学式物位检测中一般采用较高频的超声脉冲,既减小单位时间内超声波的发射能量,又可提高超声脉冲的幅值。前者有利于减小空化效应、温升效应等,同时节约仪器的能耗,后者则可提高测量精度。

超声波换能器除了采用压电材料外,还可采用磁致伸缩材料。在某些铁磁材料及其合金(如镍、锌铁合金等)和某些铁氧体做成的磁性体棒中,若沿某一方向施加磁场,则随着磁场的强弱变化,材料沿这一方向的长度就会发生变化,当施加的交变磁场的频率与该磁性体棒的机械固有频率相等时,磁性体棒就会产生共振,其伸缩量加大,这种现象称为磁致伸缩效应,能产生这种效应的材料称为磁致伸缩材料。利用磁致伸缩效应可以用来产生超声波。

磁致伸缩材料在外力(或应力、应变)作用下,引起内部变形,产生应力,使各磁畴之间的界限发生移动,磁畴磁化强度矢量转动,从而使材料的磁化强度和磁导率发生相应的变化。这种由于应力使磁性材料磁性质发生变化的现象称为压磁效应,又称逆磁致伸缩效应。在磁致伸缩材料外加一个线圈,可以把材料的磁性的变化转化为线圈电流的变化,因此可用来接收超声波。此外,利用逆磁致伸缩效应还可以进行力、压力等参数的检测。

6.5.3　实现方法

根据声波传播的介质不同，超声波物位计可分为固介式、液介式和气介式三种。超声波换能器探头可以使用两个，也可以只用一个。前者是一个探头发射超声波，另一个探头用来接收；后者是发射与接收超声波均由一个探头进行，只是发射与接收时间相互错开。

由式(6-18)可知，物位检测的精度主要取决于超声脉冲的传播时间 t 和超声波在介质中的传播速度 v 两个量。前者可用适当的电路进行精确测量，后者易受介质温度、成分等变化的影响，因此，需要采取有效的补偿措施，超声波传播速度的补偿方法主要有以下几种。

(1) 温度补偿

如果声波在被检测介质中的传播速度主要随温度而变化，声波与温度的关系为已知，而且假设声波所穿越的介质的温度处处相等，则可以在超声波换能器附近安装一个温度传感器，根据已知的声速与温度之间的函数关系，自动进行声速的补偿。

(2) 设置校正具

在被测介质中安装两组换能器探头，一组用作测量探头，另一组用作声速校正探头。校正的方法是将校正用的探头固定在校正具(一般是金属圆筒)的一端，校正具的另一端是一块反射板。由于校正探头到反射板的距离 L_0 为已知的固定长度，测出声脉冲从校正探头到反射板的往返时间 t_0，则可得声波在介质中的传播速度为

$$v_0=\frac{2L_0}{t_0} \tag{6-19}$$

因为校正探头和测量探头是在同一介质中，如果两者的传播速度相等，即 $v_0=v$，则代入式(6-18)可得

$$H=\frac{L_0}{t_0}t \tag{6-20}$$

由式(6-20)可知，只要测出时间 t 和 t_0，就能获得料位的高度 H，从而消除了声速变化引起的测量误差。

根据介质特性，校正具采用固定型或活动型。前者适用容器中介质声速各处相同，后者用于声速沿高度方向变化的介质。应用这两种校正具检测液位的原理如图 6-13 所示。

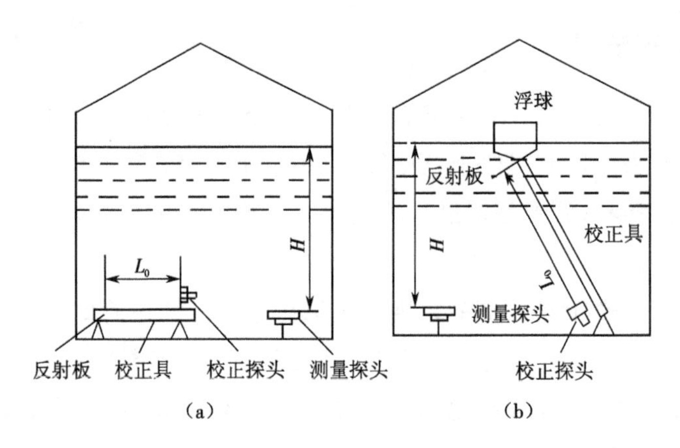

图 6-13　应用校正具检测液位原理

(a)固定型;(b)活动型

6.6　射线式物位检测

放射性同位素在蜕变过程中会放射出α、β、γ三种射线。α射线是从放射性同位素原子核中放射出来的,它由两个质子和两个中子组成(即实际上是氦原子核),带有正电荷,它的电离本领最强,但穿透能力最弱。β射线是电子流,电离本领比α射线弱,而穿透能力较α射线强。γ射线是一种从原子核中发出的电磁波,它的波长较短,不带电荷,它在物质中的穿透能力比α和β射线都强,但电离本领最弱。

由于射线的可穿透性,它们常常用于情况特殊或环境条件恶劣的场合实现各种参数的非接触式检测,如位移、材料的厚度及成分、流体密度、流量、物位等。物位检测是其中一个典型的应用示例。

6.6.1　检测原理

当射线射入一定厚度的介质时,部分能量被介质所吸收,所穿越的射线强度随着所通过的介质厚度增加而减弱,它的变化规律为

$$I=I_0 e^{-\mu H} \tag{6-21}$$

式中　I、I_0——射入介质前和通过介质后的射线强度;

μ——介质对射线的吸收系数;

H——射线所通过的介质厚度。

介质不同,吸收射线的能力也不同。一般是固体吸收能力最强,液体次之,气体最弱。当射线源和被测介质一定时,I_0和μ都为常数。测出通过介质后的射线强度I,便可求出被测介质的厚度H。图 6-14 为用射线方法检测物位的基本原理图。

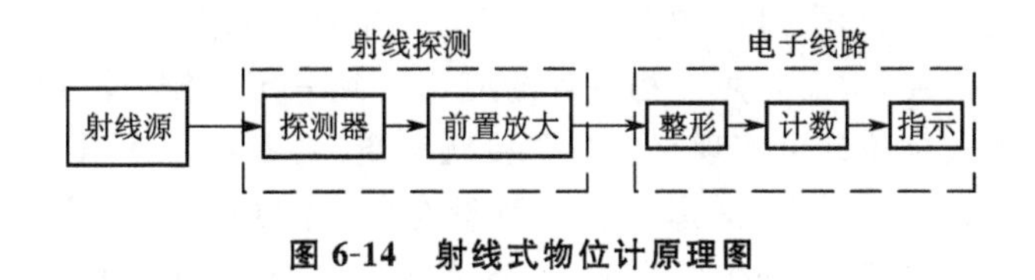

图 6-14　射线式物位计原理图

6.6.2　检测系统组成

如图 6-14 所示，射线式物位检测系统由射线源、射线探测器和电子线路等部分组成。

(1) 射线源

主要从射线的种类、射线的强度及使用的时间等方面考虑选择合适的放射性同位素和所使用的量。由于在物位检测中一般需要射线穿透的距离较长，因此常采用穿透能力较强的 γ 射线。能产生 γ 射线的放射性同位素主要是 Co^{60}(钴)和 Cs^{137}(铯)，它们的半衰期分别为 5.3 年和 33 年。另外，由 Co^{60} 产生的 γ 射线能量较 Cs^{137} 大，在介质中平均质量吸收系数小，因此它的穿透能力较 Cs^{137} 强。但是，Co^{60} 由于半衰期较短，使用若干年后，射线强度的减弱会使检测系统的精度下降，必要时还需要更换射线源。若更换过程中操作不慎，废弃的射线源处理不当，很容易产生不安全因素。放射源的强度取决于所使用的放射性同位素的质量。质量越大，所释放的射线强度也越大，这对提高测量精度、提高仪器的反应速度有利，但同时也给防护带来了困难，因此必须两者兼顾，在保证测量满足要求的前提下尽量减小其强度，以简化防护和保护安全。

(2) 射线探测器

射线探测器的作用是将其接收到的射线强度转变成电信号，并输给下一级电路。作为 γ 射线的检测，常用的探测器是闪烁读数管，此外，还有电离室、正比计数管和盖革-弥勒计数管等。

(3) 电子线路

将探测器输出的脉冲信号进行处理并转换为统一的标准信号。在各种物位检测方法中，有的方法仅适用于液位检测，有的方法既可用于液位检测，也可用于料位检测。在液位检测中，静压式和浮力式检测方法是最常用的，它们具有结构简单、工作可靠、精度较高等优点。但是，这些方法需要在容器上开孔安装引压管或在介质中插入浮筒，因此，不适用于高黏度介质或易燃、易爆等危险性较大的介质的液位检测。电气式、声学式和射线式检测方法均可用于液位和料位的检测。其中电容式物位计具有检测原理和敏感元件结构简单等特点；缺点是电容量及电容随物位的变化量较小，对电子线路的要求较高，而且电容量易受介质的介电常数变化的影响。超声波物位计使用范围较广，只要界面的声阻抗不同，液体、粉末、块状物的物位均可测量，敏感元件(换能器探头)可以不与被测介质直接接触，实现非接触式测量；但是,由于探头本身不能承受过高的温度,声速又与介质的温度有关,并且有些介质对声波的吸收能力很强,因而超声波物位计的应用受到一定限制,此外电路比较复杂,价格较高。射线式物位计可实现完全的非接触测量,特别适用于低温、高温、高压容器的高黏度、高腐蚀性、易燃、易爆等特殊测量对象(介质)的物位检测,而且射线源产生的射线强度不受温度、压力的影响,测量值比较稳定;但由于射线对人体有较大危害,使用不当会产生安全事故,因而在选用上必须慎重。

物位检测方法除了前面所介绍的外,还有重锤式、振动式、微波式、激光式等。物位检测一般要求是实现连续测量,以准确知道物位的实际高度;但在不少场合下,只要求知道物位是否已达到某个规定的高度,这种检测叫定点物位检测。能用于定点物位检测的有浮子式液位计、电气式(电阻、电容、电感)物位计、超声波物位计、射线式物位计、激光物位计、微波物位计和振动式(音叉)物位计等。

物位检测的特点是敏感元件所接收到的信号一般与被测介质的某一特性有关,例如静压式和浮力式液位计与介质的密度有关;电容式物位计与介质的介电常数有关;超声波物位计与声波在介质中的传播速度有关;而射线式物位计与介质对射线的线性吸收系数有关。当被测介质的温度、组分等改变时,这些参数可能也要变化,从而影响测量精度;另外,大型容器会出现各处温度、密度和组分等的不均匀,引起特性参数在容器内的不均匀,同样也会影响测量精度。因此,当工况变化较大时,必须对有关的参数进行补偿或修正。超声波物位检测中的速度补偿就是一个典型例子。

思考与练习题

6-1 恒浮力测量和变浮力测量的特点分别是什么?

6-2 物位测量主要是根据哪些原理来测量的?

6-3 简述声学式物位计的测量原理及其分类。

6-4 常见的恒浮力式液位计有哪些? 各自有何特点?

6-5 浮子式液位计有时输出达不到 100 kPa,为什么? 若输出变化缓慢或不均又是什么原因?

6-6 请对比分析浮力式、差压式和电气式物位计测量物位时的适用场合。

6-7 请根据电阻式、电容式和电感式物位计的工作原理,分析各自的仪表特点。

6-8 用充放电法检测电容变化量的电容式液位计,其零位、量程是通过什么进行调整的? 为什么?

6-9 一台 YR—A 型电容式物位计,直接插入直径 D 为 250 mm 的容器内测其液位。当进行刻度校验时,为缩短校验周期和节约用水,能否用 250 mm 的管子代替容器进行校验? 其误差有多大? 如何对此误差进行修正?

第 7 章　流速及流量测量

流速和流量是建筑环境与设备专业经常需要测量的重要参数。随着科学技术的不断进步，各种新的测量方法和仪表不断出现，本章将介绍一些典型的、常用的流速和流量的检测方法和仪表。

流体速度是描述流动现象的主要参数。研究流场，首先要研究速度场。因此流速测量是研究流动现象必不可少的一环，也是极为重要的一环。流速测量的主要方法有：① 机械法；② 散热率法；③ 动力测压法。

7.1　机械法测量流速

机械法测量流速是根据置于流体中的叶轮的旋转角速度与流体的流速成正比的原理进行的。机械式风速仪是利用叶轮测量流速最简单的实例。

机械式风速仪的敏感元件是一个轻型叶轮，一般采用金属铝制成。带有径向装置的叶轮形状可分为翼形和杯形。翼形叶轮的叶片为几片扭成一定角度的铝薄片所组成，杯形叶轮的叶片为铝制的半球形叶片。由于气体流动的动压力作用在叶片上，使叶轮产生回转运动，其转速与气流速度成正比，早期的风速仪是将叶轮的转速通过机械传动装置连接到指示或计数设备，以显示其所测风速。现代的风速仪是将叶轮的转速转变为电信号，自动进行显示或记录。

常用的机械式风速仪有翼式与杯式两种（如图 7-1 所示）。早期的这两种风速仪用于测定 15～20 m/s 的气流速度，不适用于测量脉动的气流，也不能测定气流速度

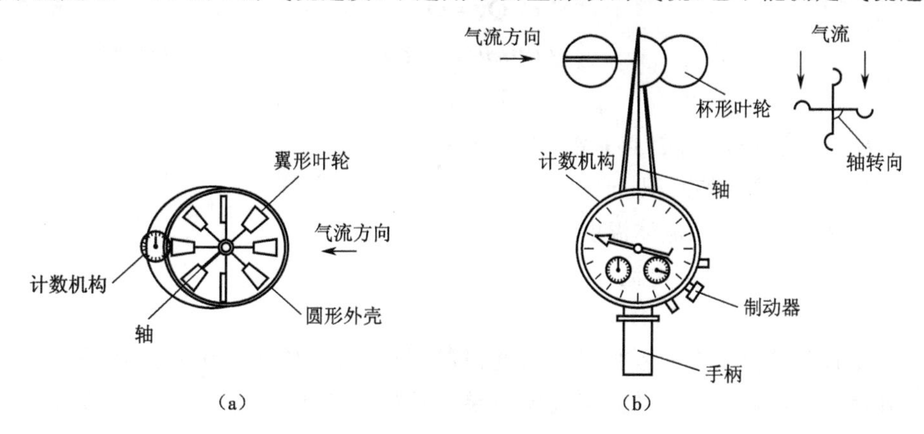

图 7-1　机械式风速仪

(a)翼式风速仪；(b)杯式风速仪

的瞬时值,只能测定连续时间之内流速的平均值。一般翼式风速仪的灵敏度比杯式风速仪高,杯式风速仪由于其叶轮的机械强度较高,因此风速测量范围的上限比翼式风速仪大。现代的翼式风速仪,测量范围已经扩大,可测量 0.25～30 m/s 范围内的气流速度,并可测量脉动的气流和速度的最大值、最小值及流速的平均值。

机械式风速仪既可用于测定仪表所在位置的气流速度,也可用于大型管道中气流的检测,尤其适用于相对湿度较大的气流速度的测定。利用机械式风速仪测定流速时,必须保证风速仪的叶轮全部置于气流之中,其叶轮片的旋转平面和气流方向之间的偏差,如在偏转角度允许范围之内,则风速仪的读数误差不大于 1%。如偏转角度再增大,将使测量误差急剧增加。

7.2 散热率法测量流速

散热率法测量流速的原理,是将发热的测速传感器置于被测流体中,利用发热的测速传感器的散热率与流体流速成比例的特点,通过测定传感器的散热率来获得流体的流速。

最早利用散热率法测量流速的仪器是卡他温度计,随着计量技术的进步,它已被利用散热率法测量流速的新型仪表代替,目前常用测量气体的流速仪表为热线风速仪。

热线风速仪是利用被加热的金属丝(称为热线)的热量损失来测量气流速度的。风速仪的热线探头是惠斯通电桥的一臂,由仪器的电源给金属丝供电。当被测流体通过被电流加热的金属丝或金属膜时,会带走热量,使金属丝的温度降低。金属丝温度降低的程度,取决于流过金属丝的气流速度。当热线向流体散热达到平衡时,单位时间热线的发热量 Q_A 应与热线对流体的放热量 Q 平衡,即

$$Q_A = Q \tag{7-1}$$

$$Q = hF(t_w - t_f) \tag{7-2}$$

$$Q_R = I^2 R \tag{7-3}$$

式中 h——热线的对流换热系数,W/(m^2 · ℃);

F——热线换热面积,m^2;

t_w、t_f——热线和流体温度,℃;

I——通过热线的电流,A;

R——热线的电阻,Ω。

假定探头的热线为无限长且表面光滑的圆柱体,由传热学中知道,无限长的圆柱体在流场中的对流换热系数与流体的导热系数 λ,努塞尔数 Nu 和热线直径 d 有关,即

$$h = \frac{Nu \cdot \lambda}{d}$$

在热线风速仪中，所使用的热线直径很小，即流速很高，而以热线直径 d 为特征尺寸的雷诺数也是很小的。因此，属于层流对流换热，根据层流对流换热的经验公式

$$Nu=a+b\cdot Re^{n}$$

而雷诺数

$$Re=\frac{ud}{\nu}$$

式中 a、b、n——常数；

u——流体的速度；

ν——流体的运动黏滞系数。

将上述关系式代入式(7-1)得

$$I^{2}R=(a'+b'\cdot u^{n})(t_{w}-t_{f}) \tag{7-4}$$

式中 a'、b'——常数，$a'=\frac{a\lambda F}{d}$、$b'=\frac{b\lambda Fd^{n-1}}{u^{n}}$。

而热线的电阻随温度的变化规律为

$$R_{w}=R_{f}[1+\beta(t_{w}-t_{f})] \tag{7-5}$$

式中 β——热线的电阻温度系数；

R_{f}——热线在温度为 t_{f} 时的电阻值。

将式(7-5)代入式(7-4)整理得

$$I^{2}R\cdot R_{f}=(a'+b'u^{n})(R-R_{f}) \tag{7-6}$$

由式(7-6)可知，流体的速度仪是热线电流和热线电阻的函数。只要固定电流和电阻中的任何一个参数，就可以获得流体速度和另一个参数的单值函数关系。根据以上原理，常见的风速仪有以下两种主要类型。

(1) 恒流型热线风速仪

如果在热线工作过程中，人为地通过一恒值电流，即 $I=\text{const}$，由于流体对热线的冷却，且冷却能力随着流速的增大而加强。当流速呈稳态时，则可根据热线电阻值的大小(即热线的温度高低)确定流体的速度。这种形式的风速仪叫恒流型热线风速仪。

恒流型热线风速仪的优点是电路简单，它的原理图如图7-2所示。风速仪测速探头由加热金属铂丝与测温用铜-康铜热电偶组成。整个仪表分成两个独立的电路，第一个电路由加热铂丝、电池与调节电流的可变电阻组成，用来调节、保持加热电路中的电流恒定。第二个电路由铜-康铜热电偶与显示仪表组成，热电偶的热端固定在加热铂丝的中间，以测定其温度。在工作时，热线的表面温度随流体速度而变化，热线电阻也按照式(7-7)所示的关系发生变化，所以由显示仪表的刻度可以直接显示气流速度

$$R_{w}=\frac{R_{f}(a+bu^{n})}{(a+bu^{n})-I^{2}R_{f}} \tag{7-7}$$

(2) 恒温型热线风速仪

恒流型热线风速仪的测速探头在变温变阻状态下工作，故存在容易使敏感元件

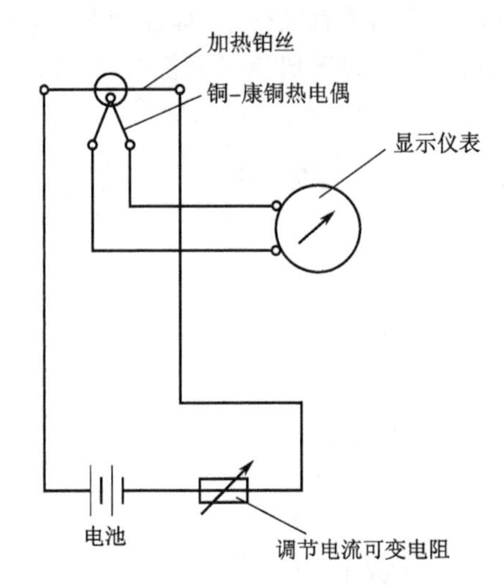

图 7-2 恒流型热线风速仪

老化、稳定性差等缺点。

如果在热线工作过程中，始终保持热线的温度 t_w 不变，则可通过测得流经热线的电流值来确定流体的速度。这种形式的风速仪叫恒温型热线风速仪或恒电阻型热线风速仪。由于热线的温度不变，所以其电阻值也不变，这时加热电流随流体的速度而变化，其变化关系可由式(7-6)求得

$$I^2 = a' + b'u^n \tag{7-8}$$

$$a' = \frac{(R - R_f)a}{R \cdot R_f}$$

$$b' = \frac{(R - R_f)b'}{R \cdot R_f}$$

在实际测量电路中，测量的不是流经电路的电流，而是惠斯通电桥的桥顶电压。此时式(7-8)可以表示为

$$E^2 = A' + B'u^n \tag{7-9}$$

式(7-9)称为克英(King)公式，A'、B'为常数。

图 7-3 所示为利用恒温原理制成的热敏电阻恒温风速仪的原理图。它由测量桥路、电压放大器、功率放大器(即供电电源)、风温自动补偿电路、积分电路等组成，热敏电阻 R_θ 接在桥路的一臂中，当风速为 0 m/s 时，电桥处于平衡状态，桥路供电电压保持某一数值；当风速增高时，探头温度降低，桥路输出的不平衡电压经电压放大器放大后推动功率的电流增大，其结果是使桥路供电电压增高，流经温度基本上维持恒定，电桥趋近于新的平衡。风速愈高，桥路供电电压愈高，流经探头的电流也愈大，因此，根据桥路供电电压即可测出相应的风速。

热敏电阻恒温风速仪，低风速下限可至 0.04 m/s，当风温在 5～40 ℃范围内变化时，风温自动补偿的精度为满刻度的±1%。热敏电阻恒温风速仪可以用来测量

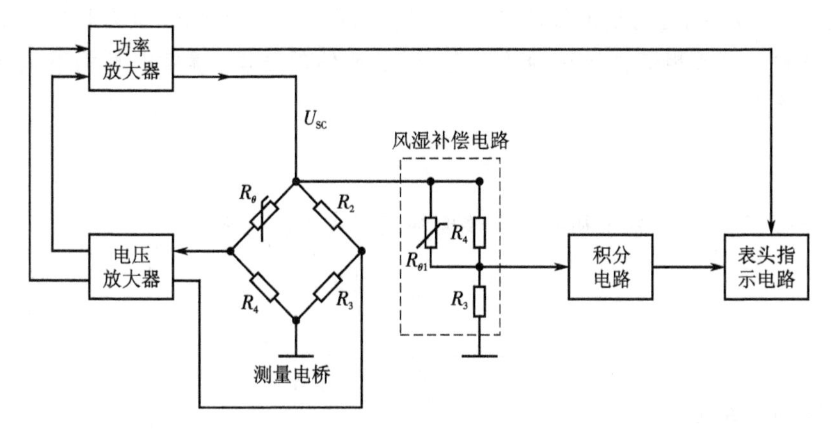

图 7-3　热敏电阻恒温风速仪原理图

常温、常湿条件下的清洁空气的流速。

7.3　动力测压法测量流速

液体、气体的压力是指垂直作用于单位面积上的力。在静止气体中，由于不存在切向力，故这个力与所取面积的方向无关，称为静压(力)。对于运动流体而言，静压可用垂直于流体运动方向单位面积上的作用力来衡量。总压(力)是指流体在某点速度等熵滞止到零时所达到的压力，又称滞止压力。流体产生滞止的点称为临界点。所谓滞止压力，在理论上定义为：在没有外力的作用时，流体速度绝热地减速到零时所产生的压力，此时流体的动能全部绝热地转变成压力能。总压与静压之差称为动压(力)。

应用动力测压法测量流速的压力感受元件称为测压管。测压管的基本原理是根据伯努利方程，即理想流体绕物体流动的位流理论。根据一元稳定流动的微分方程式，可得

$$u\mathrm{d}u+\frac{\mathrm{d}p}{\rho}=0 \tag{7-10}$$

从热力学和流体力学的基础知识可知，当气流速度较小时，可不考虑气体的可压缩性，并认为它的密度为常数。将上式积分，可得

$$\frac{u_1^2}{2}+\frac{p_1}{\rho}=\frac{u_2^2}{2}+\frac{p_2}{\rho}=\text{const} \tag{7-11}$$

即

$$p_0=p+\frac{\rho u^2}{2}=\text{const} \tag{7-12}$$

式中　p_0、p——流体的总压、静压，Pa；

u——流体的速度，m/s；

ρ——流体的密度，kg/m^3。

式(7-12)表明,压力沿流线不变。该式为测量不可压缩流体压力和速度的动力测压法基础。只要测得总压和静压之差,以及流体的密度,就可以利用下式来确定流体速度的大小

$$u=\sqrt{\frac{2}{\rho}(p_0-p)} \tag{7-13}$$

对于可压缩气体,总压和静压之差要利用下式来进行确定

$$p_0-p=\frac{1}{2}\rho u^2(1+\varepsilon) \tag{7-14}$$

$$\varepsilon=\frac{Ma^2}{4}+\frac{2-k}{24}Ma^4+\cdots$$

流速的计算式为

$$u=\sqrt{\frac{2}{\rho}\cdot\frac{p_0-p}{1-\varepsilon}} \tag{7-15}$$

式中 ε——气体压缩修正系数;

Ma——马赫数;

k——气体的绝热指数。

马赫数 Ma 表明了气体的可压缩程度,在建筑环境与设备工程中的气流速度一般在 40 m/s 以下,当空气温度为 20 ℃时,当地音速 $a=\sqrt{kRT}\approx 343$ m/s,$u=40$ m/s 时,马赫数 $Ma=\frac{u}{a}\approx 0.12$,则动压可压缩性的修正项影响很小,约为$(1+\varepsilon)=1.0034$。因此,对于一般的测量可不考虑气体的压缩性影响。国际标准化组织规定测压管的使用上限不超过相当于马赫数为 0.25 的流速。另外由于测压管在测量低流速时,输出的灵敏度较低,例如空气在标准状态下,当流速为 1 m/s 时,动压等于 0.6 Pa。为避免较大的测量误差,一般动压测压管的下限流速不小于 3 m/s,对应的流速在全压孔直径上的雷诺数大于 200。

1) 流体总压和静压的测量

(1) 流体总压的测量

测量流体总压的总压管在使用时,其感压孔轴线应对准来流方向。但在实际应用中,总压管很难对准来流方向安装。因此,希望总压管对流动方向越不敏感越好。即来流方向相对于压力孔轴线有一定偏角时,总压管还能正确地测量出总压值。

图 7-4～图 7-6 所示为常用的几种形式总压管。L 形总压管制造容易,使用安装方便。它对流动偏斜角的灵敏性在很大程度上取决于压力孔直径 d_2 与管子外径 d_1 之比,以及总压管头部的形状。头部为半球形的总压管,对流动偏斜角(流体速度方向在水平方向的投影与感压孔轴线方向的夹角)的不灵敏度在$\pm(5^\circ\sim15^\circ)$,并随 d_2/d_1 的增大而增加。理论和实验都证实,如果总压孔加工足够精密,测压管支杆垂直于速度矢量,那么在亚音速气流中,当气流偏斜角为零时,L 形总压管的校正系数与其头部形状,压力孔直径以及由前缘到支杆的距离无关。

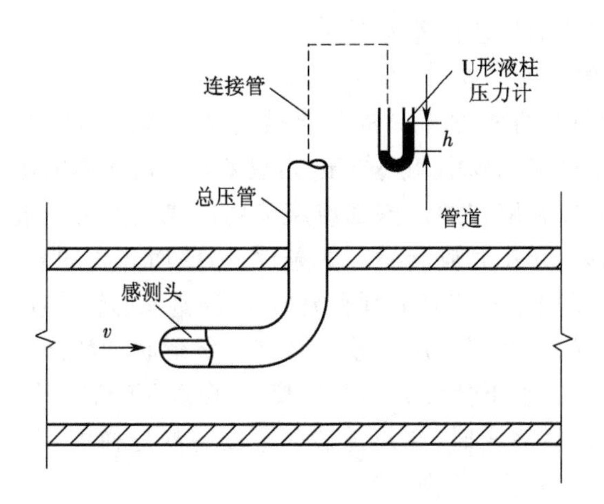

图 7-4　用 L 形总压管进行总压测量

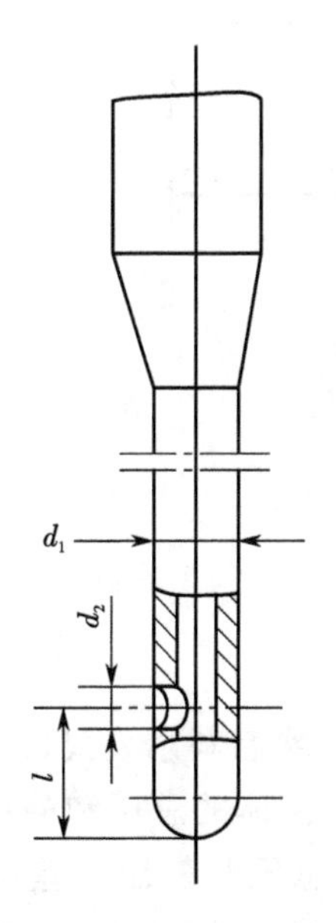

图 7-5　圆柱形总压管

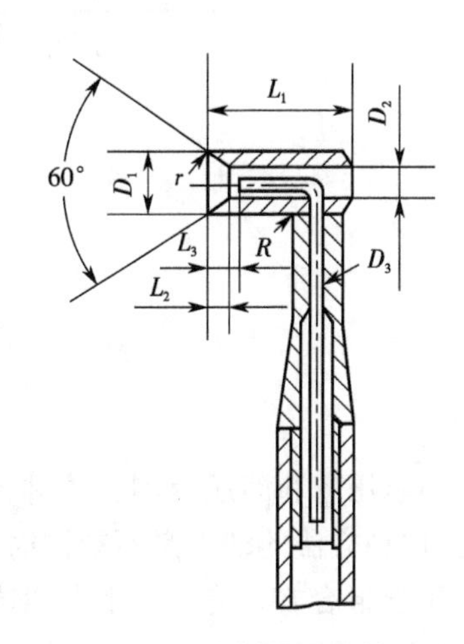

图 7-6　套管式总压管

圆柱形总压管可以制作得很小，且惯性不大，工艺性好，制造容易，使用方便。当 $l/d\geqslant 1.5$ 时，总压管的校正系数为 1.0。对于流动偏斜角的不灵敏性随着 d_2/d_1 的增大而增加。当 d_2/d_1 在 0.4～0.7 的范围之内，对流动倾斜角的不灵敏度为 ±(10°～15°)。在 $l/d\geqslant 2\sim 20$ 时，对流动的偏斜角 δ(流体速度方向在垂直方向的投影与感压孔轴线所在的平面之间的夹角)的不灵敏度只取决于 d_2/d_1。当 d_2/d_1 的值在 0.4～0.7 的范围内时，对 δ 的不灵敏度为±(2°～6°)。

套管式总压管在马赫数 Ma 变化较大的范围内(近音速)，这种压力罐对于流动倾斜角 α、β 的不灵敏度达到±(40°～50°)。在 $Ma=0\sim 1.0$ 范围内，校正系数为

1.0。这种总压管测量的最佳位置为 $L_2=L_3$。

(2) 流体静压的测量

流体的静压测量有两种情况:一是测量被绕流体表面上某点的压力或流道壁面上流体的压力;二是确定流场中某点的压力,也就是运动流体的压力。

第一种情况,可以利用在通道壁面或绕流物体表面开静压孔的方法进行测量。为了得到可靠的结果,开孔时应当满足的条件是:壁面开孔的直径部超过 1.5 mm,最好是 0.5 mm,孔的边缘不应有毛刺和突出部,测量孔的轴线应当垂直于壁面。

对于第二种情况,可以利用尺寸较小具有一定形状的测压管插入流体中,进行流体压力测量。常用的静压管为 L 形静压管、盘形静压管和套管形静压管。当需要测量平直流道内的流体静压时(在流道截面上没有静压梯度)可采用在流道壁面开静压孔的方法来测量(如图 7-7 所示)。

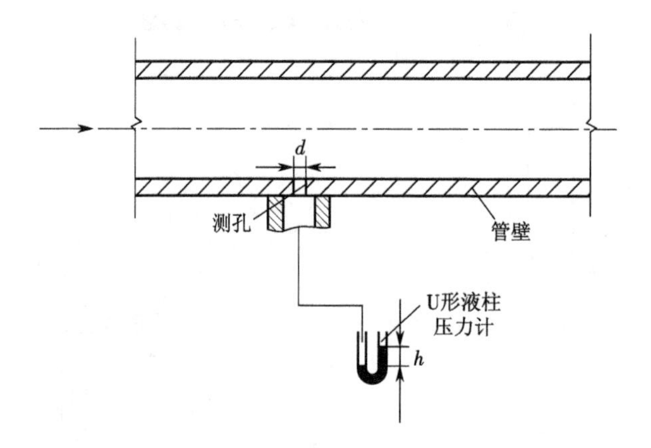

图 7-7 壁面静压测量

2) 毕托管

分别采用总压管和静压管测得流体的总压和静压,然后利用公式(7-13)计算得到流体速度,这种方法的缺点是不能同时测得某一点的流体的总压和静压。如果将总压管和静压管组合在一起,设计出能同时测得流体总压和静压之差的复合测压管,将使测量流速的工作更方便。这种复合测压管称为毕托管(动压管、速度探针)。

毕托管的特点是:结构简单,使用、制造方便,价格便宜,坚固可靠。只要精心制造并经过严格标定和适当修正,在一定的速度范围内,毕托管可以达到较高的测速精度,广泛地用于测量流体的速度。

毕托管测量的是空间某点的平均速度,它的头部尺寸决定了空间分辨率。此外毕托管的总压孔和静压孔的位置、大小、形状及探头与支杆的连接方式等,都要影响毕托管的测量结果。根据毕托管测量的流体性质,将毕托管设计成不同的形状,常用的毕托管为 L 形和 T 形两种形式。

(1) L 形毕托管

L 形毕托管的结构如图 7-8 所示,它由感测头、外管、内管、管柱与总、静压引出接管等部分组成。在感测头顶端开有总压测孔,通过内管接至管柱顶端的总压引出管。在水平测量段的适当位置钻有静压测孔或狭缝,所感受到的静压通过外管和内管的中间环形通道与总压和静压引出管连通。头部为球形的毕托管,流动方向的偏斜压均匀下降,因而压差保持不变。L 形毕托管使用时根据需要测量的总压、静压或动压,将两个引出管与压力计连接,即可在压力计上读出相应的压力数值。

(2) T 形毕托管

T 形毕托管的结构如图 7-9 所示,它由两个小管背靠背地焊在一起,其中迎着来流的压力孔用来测量总压,另一个压力孔用来测量静压。这种测压管对来流方向的变化很敏感。随着流动偏斜角增加,测量所得速度值与实际值的差别就增大。

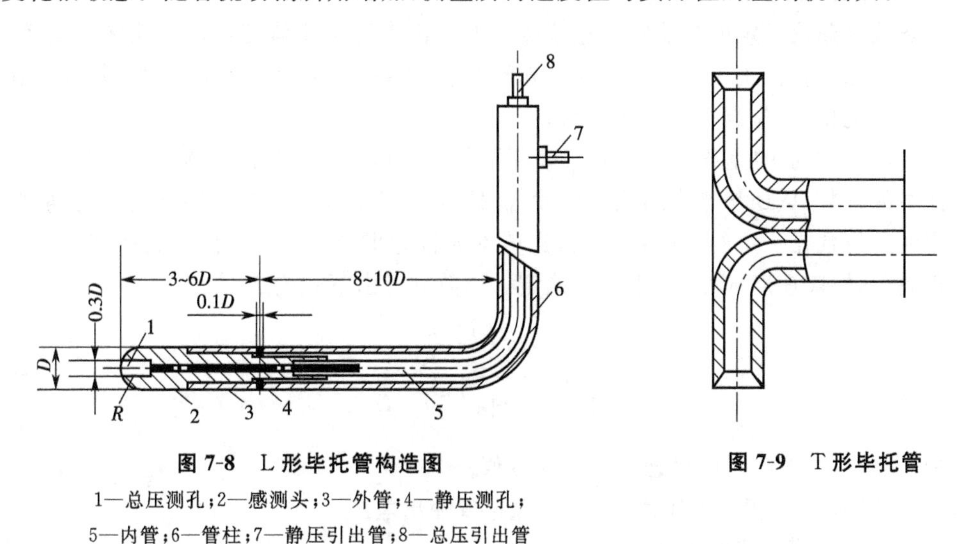

图 7-8 L 形毕托管构造图

1—总压测孔;2—感测头;3—外管;4—静压测孔;
5—内管;6—管柱;7—静压引出管;8—总压引出管

图 7-9 T 形毕托管

T 形毕托管结构简单、制造方便,横截面尺寸小,可以测量壁面附近的压力,特别适用于测量含尘量较大的气流和黏度较大的液体。

流动方向的测量与复合测压管流动速度是一个矢量,它有大小和方向,所以测量流体的速度也包括方向的测量。

流动方向的测量,一般用流体动力测向器方向管(或称方向探针)。但在很多情况下,要求在测量方向的同时能测量流体的总压。这种能同时测出流体的总压及流速的大小和方向的测压管称为复合测压管。

在平面流场的测量中,常用二元复合测压管(二元探针)测量流体的总压、静压及流速的大小和方向。常用的二元复合测压管有圆柱形、管束形和楔形三种。

测量空间流动速度的大小和方向及流体的压力,常用球形五孔三元测压管、管束形五孔三元测压管和楔形五孔三元测压管。

7.4 流速测量仪表的标定

流速测量仪表在出厂前都按照规定进行标定。在实际使用过程中,除了严格按照操作规程进行操作外,还必须定期进行标定。

标定流速仪表的方法很多,目前较多的是在专门的设备校正风洞中用比较法进行标定。在校正风洞中,将被标定的仪表测得的数据与标准仪表测得的数据相比较,就可得出被标定的仪表的修正系数或特性曲线。

1)热线风速仪的标定

热线风速仪标定的是热线风速仪测头的输出电压与流体速度的真实响应关系。标定的方法是在校正风洞中或其他已知流体流动速度的流场中,对应地在热线风速仪上读出电压值,作出 E-u 标定曲线。

式(7-9)所示的克英(King)公式表明了仪器的输出电压与被测流体流速的关系,公式中的常数 A、B 与热线的几何尺寸、流体的物理性质和流动条件有关,是由实验确定的。指数在一定的速度范围内,克英本人推荐取 0.5。但在被测流体速度很低和很高时,要随速度而变,可由下式确定。指数 n 可由下式确定

$$n=\frac{\ln\dfrac{E_1^2-E_0^2}{E_2^2-E_0^2}}{\ln\dfrac{u_1}{u_2}} \tag{7-16}$$

式中 u_1、u_2——被测点附近的两个速度值;

E_1、E_2——相对于风速 u_1、u_2 的风速仪输出电压;

E_0——零速度时风速仪输出电压。

实践表明,在标定装置上进行标定实验所得到的不同气流速度与对应的输出电压之间的关系曲线与克英公式之间存在较大偏差。因此,推荐使用扩展了的克英公式

$$E^2=A+Bu^n+Cu$$

式中 A、B、C——由实验确定的常数;

n 由式(7-16)确定。

实践表明,该表达式与实验所获得的标定曲线很接近。后来又有人提出了分段结合的表达式(7-17),该表达式与实验所获得的标定曲线吻合得很好,特别是在低速范围内,与实际情况相当接近。公式中的 A_i、B_i、C_i、D_i 为由实验确定的常数

$$E^2=\sum_{i=1}^{n}A_i+B_iu+C_iu^2+D_iu^3 \tag{7-17}$$

2)测压管的标定

测压管标定主要目的是确定测压管的校正系数、方向特性和速度特性等内容。

(1) 总压管的标定

总压管要标定的是总压管的校正系数及在不同流速时总压管对流动偏斜角的不灵敏性。

总压管的校正系数可以表示为

$$K_0=\frac{P_0}{P_0'} \tag{7-18}$$

式中 P_0——流体的真实总压；

P_0'——被标定的总压管所测得的总压值。

测量不同速度下的 P_0 和 P_0'，就可以作出 $K_0=f(u)$ 校正曲线。总压管的方向和速度特性，即对流动偏斜角的不灵敏性可用系数 $P_{0\alpha}$ 和 $P_{0\delta}$ 表示。

当 $\delta=0$ 时
$$\bar{P}_{0\alpha}=\frac{P_{0\alpha_i}-P_{0\alpha=0}}{\frac{\rho u^2}{2}}=f_1(\alpha) \tag{7-19}$$

当 $\alpha=0$ 时
$$\bar{P}_{0\delta}=\frac{P_{0\delta_i}-P_{0\delta=0}}{\frac{\rho u^2}{2}}=f_1(\delta) \tag{7-20}$$

式中 $P_{0\alpha}$、$P_{0\delta}$——总压管对准来流方向时，总压管所测得的压力值；

$P_{0\alpha_i}$——当 $\delta=0$、任意倾斜角为 α 时，总压管所测得的压力值；

$P_{0\delta_i}$——当 $\alpha=0$、任意倾斜角为 δ 时，总压管所测得的压力值；

ρ——流体的密度；

u——未扰动流体的速度。

(2) 静压管的标定

静压管要标定的是静压管在零偏斜角时，静压管的校正系数或速度特性，以鉴定静压孔对气流静压的感受能力；在不同流速时，静压管对气流方向变化的不灵敏静压管的校正系数可以表示为

$$K=\frac{P}{P'}$$

式中 P——流体的真实静压值；

P'——被标定的静压管所测得的静压值。

如果 $K=1$，则意味着由静压管所测量的是真实静压，否则，对测量值就要进行修正。

有时，静压管的速度特性也常常被用来表示测量静压的正确性。静压管的速度特性可以写成如下形式

当 $\alpha=0$、$\delta=0$ 时
$$\frac{P'}{P_0}=f\left(\frac{P}{P_0}\right)$$

图 7-10 所示为静压管的速度特性，图中虚线为理想曲线。静压管的方向特性可参照总压管方向特性的表达形式和标定方法来确定。

(3) 毕托管的标定

毕托管要标定的是毕托管的校正系数及在不同流速时毕托管对流动偏斜角的不灵敏性。

毕托管的校正系数有许多种定义，根据使用的习惯，对于不可压缩流体，毕托管的校正系数可以表示为

$$K_u = \frac{P_0 - P}{P_0' - P'}$$

式中 $P_0 - P$——流体的真实动压；

$P_0' - P'$——毕托管所测得的流体总压和静压之差。

图 7-11 为毕托管的校正曲线。毕托管对流动偏斜角 α、δ 的不灵敏性，亦可参照总压管来表示和标定。

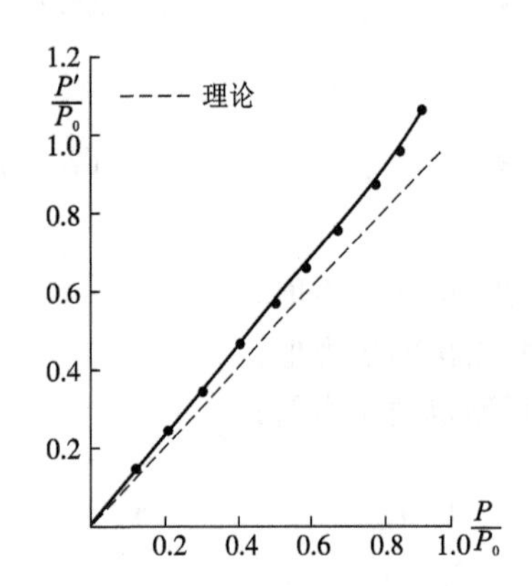

图 7-10 静压管的速度特性曲线

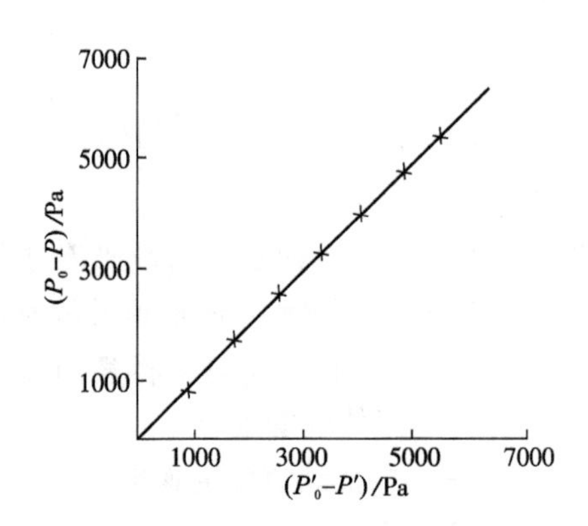

图 7-11 毕托管的校正曲线

(4) 测压管的标定方法

测压管的标定是在校正风洞内采用比较法进行标定的。

图 7-12 为采用射流式校正风洞标定测压管的原理图。为了使实验段得到均匀的速度场和压力场，在稳压段内装有使气流均匀的整流网以消除涡流的整流栅。标准测压管设置在稳压段内。把所读取的标准测压管和待标定测压管的读值进行比较，即可确定测压管的校正系数和特性曲线。

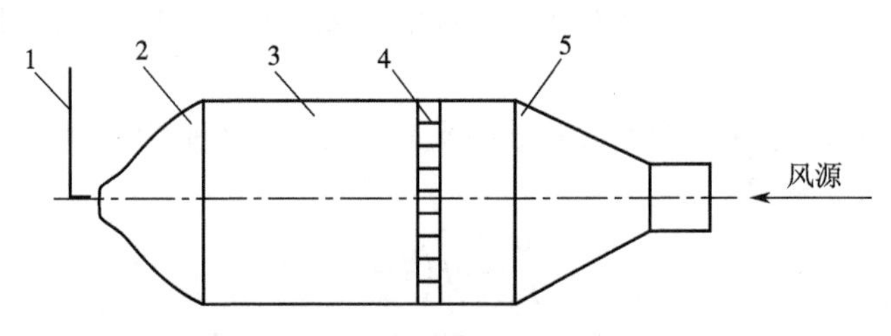

图 7-12 射流式校正风洞

1—待标定测压管；2—收缩段；3—稳压段；4—整流栅；5—进口过渡段

在空气中标定的测压管要用到液体中去，需要保证标定时的雷诺数与使用时的雷诺数范围相同。这样，在空气中标定得到的校正系数就可应用到液流流动测量中去。

7.5　流量的测量

流量是流体在单位时间内通过管道或设备某横截面处的数量。该数量用质量来表示，称为质量流量；用体积来表示，称为体积流量；用重量来表示，称为重量流量。

若以 m 表示流体流过一定截面的质量，以 t 表示流体流过该截面的时间，则质量流量 q_m 为

$$q_m=\frac{\mathrm{d}m}{\mathrm{d}t} \tag{7-21}$$

若以 V 表示流体流过一定截面的体积，则体积流量 q_V 为

$$q_V=\frac{\mathrm{d}V}{\mathrm{d}t} \tag{7-22}$$

若以 G 表示流体流过一定截面的重量，则重量流量 q_G 为

$$q_G=\frac{\mathrm{d}G}{\mathrm{d}t} \tag{7-23}$$

质量流量、体积流量和重量流量的关系为

$$q_m=\rho q_V=\frac{q_G}{g} \tag{7-24}$$

式中　ρ——流体的密度；

　　　g——重力加速度。

因为流体的密度随状态参数变化而变化，在给出体积流量的同时，必须指出此时流体的状态。特别是气体的密度随压力、温度变化显著不同，为了便于比较体积流量的大小，常把工作状态下的体积流量换算为标准状态下温度为 20 ℃，绝对压为 101 325 Pa 的体积流量。

实际工程中把一段时间内通过管道截面的流体总量称为累积流量。

流体质量累积流量　　$M=\int_{t_1}^{t_2} q_m \mathrm{d}t$

流体体积累积流量　　$V=\int_{t_1}^{t_2} q_V \mathrm{d}t$

流体重量累积流量　　$G=\int_{t_1}^{t_2} q_G \mathrm{d}t$

若以流体流过管道的累积流量除以流体流过的时间间隔，即为平均流量。

测量流量的方法很多，目前工业上常用的流量测量方法分为以下三类。

① 速度式流量测量方法。

直接测出管道内流体的流速，以此作为流量测量的依据。如果测出管道截面上

的流体的平均流速 u,已知管道截面积 F,就可以依据 $q_V=uF$ 求出流体的体积流量。

测量管道内流体流速的方法很多,通过测量流体差压信号来测量流体流速的方法称为差压式(节流式)流量测量方法,如孔板、喷嘴、文丘里管、转子流量计、毕托管、动压平均管等;通过测量叶轮旋转次数来测量流量的仪表,称为叶轮式流量计,如水表、涡轮流量计;通过测量流体中感应电动势来测量流量的仪表,称为电磁式流量计;通过超声波测量流量的仪表,称为超声波式流量计;通过漩涡产生的频率来测量流量的仪表,称为漩涡(涡街)流量计。

② 容积式流量测量方法。

容积式流量测量是通过测量单位时间内经过流量仪表排出的流体的固定容积的数目来实现的。若单位时间内排出的流体的固定容积 V 的数目为 n,则流体的体积流量为 $q_V=nV$。采用此类测量方法的流量表为容积式流量计,常见的有椭圆齿轮流量计、腰轮流量计、刮板式流量计、湿式流量计等。

③ 通过直接或间接的方法测量单位时间内流过管道截面的流体质量数。

由于质量流量不受被测流体的温度、压力变化的影响,也不受重力加速度的影响,因此,能测量不同工作条件下流体的质量流量,在很大程度上提高了测量的准确度。采用此类测量方法的仪表常见的有叶轮式质量流量计,温度、压力自动补偿流量计等。

上述方法中,应用较多的速度式流量测量方法和仪表,将在以下各节中加以介绍,容积式流量测量方法将作一般介绍,对质量流量的测量将不作介绍,感兴趣的读者可自行参考相关的书籍。

7.6 差压式流量测量方法及设备

差压式流量测量方法,是根据伯努利方程提供的基本原理,通过测量流体差压信号来反映流体流量的测量方法,如利用毕托管测量流量。根据该原理设计的流量计,称为差压式流量计,如孔板、喷嘴、文丘里管、转子流量计、动压平均管等。

1) 利用毕托管测量流体流量

在前节中介绍了用毕托管测量管道中流体的总压和静压之差及流体的密度,就可以利用式(7-13)来确定流体速度的大小。如果能测出管道截面上的流体的平均流速,就可以求得流体的流量。

由于流体的黏性作用,管道测量截面上各点的速度或压力的分布是不均匀的,为了测出管道截面上流体的平均流速,通常将管道横截面划分成若干面积相等的部分,用毕托管测量每一部分中某一特征点的流体速度,并近似地认为:每一部分所有各点的流速都是相同的,且等于特征点的数值。然后按这些特征点的流速值计算各相等部分面积上通过的流量,通过整个管道截面的流量即为这些部分面积流量之和。

流体的体积流量
$$q_V=\frac{F}{n}\sum_{i=1}^{n}u_i \tag{7-25}$$

流体的质量流量

$$q_m=\frac{F}{n}\sum_{i=1}^{n}u_i\rho \tag{7-26}$$

式中　n——管道截面的等分数；

i——各相等部分面积的序号。

确定特征点位置的方法有多种，对于矩形管道，可将管道截面划分成若干个面积相等的小矩形，每边长度约为 200 mm。在小矩形的中心布置测点，即为特征点的位置，对于圆形管道，可采用中间矩形法、切比雪夫积分法和对数线性法等来确定特征点。

(1) 中间矩形法(又称等环面法)

对于半径为 R 的圆形管道截面，将其分成几个面积相等的圆环(最中心的为圆)。圆形外圆的半径由管道中心算起分别为 $r_2,r_4,\cdots,r_{2n}$。再在各圆环中求得一圆，又将圆环分成两个面积相等的圆环，此圆从管道轴心算起的半径分别为 r_3，$r_5,\cdots,r_{2n-1}$，在此圆上布置测点，即为特征点的位置(如图 7-13 所示)。

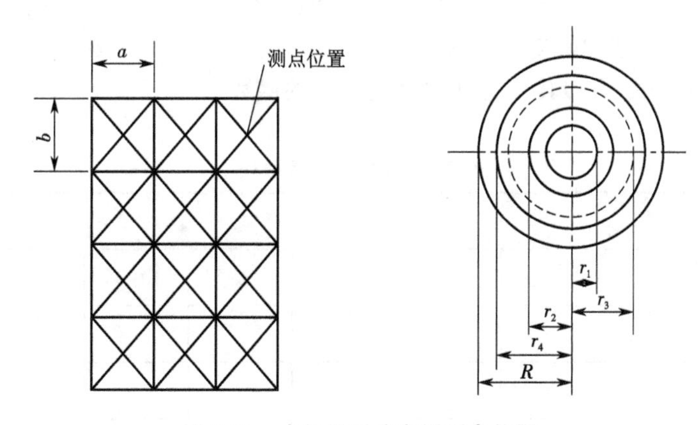

图 7-13　中间矩形法布置测点位置

从圆管中心开始(管道中心不布置测点)，各测点圆的半径 $r_3,r_5,\cdots,r_{2n-1}$ 分别为

$$r_1=R\sqrt{\frac{1}{2n}},\ r_3=R\sqrt{\frac{3}{2n}},r_5=R\sqrt{\frac{5}{2n}},\cdots,\ r_{2i-1}=R\sqrt{\frac{2i-1}{2n}} \tag{7-27}$$

$$\cdots$$

$$r_{2n-1}=R\sqrt{\frac{2n-1}{2n}}$$

式中　n——管道截面的等分数；

i——各相等部分面积的序号。

利用式(7-27)可以求出测点所在第 i 个圆周的半径，由于各点流速不同，因此等分数 n 越大，测量越准确，一般要求 $n\geqslant5$，对于直径为 150～300 mm 的管道，可以取 $n=3$(如图 7-14 所示)。

(2) 切比雪夫积分法

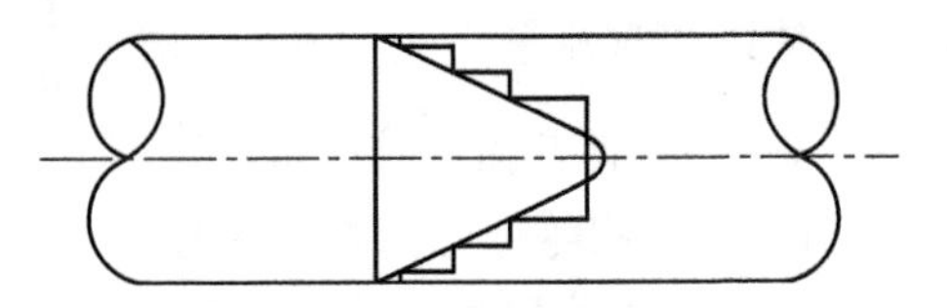

图 7-14 中间矩形法管道内速度近似分布

切比雪夫数值积分式是积分的一种近似计算方法。如果函数 $P(t)$ 在 $-1\sim+1$ 区间内积分，则可将 $-1\sim+1$ 区间分成 n 等份，在每个小区间中，选取适当的 t_i 值，按切比雪夫公式，$P(t)$ 的积分可表示为

$$\int_{-1}^{+1} P(t)=\frac{2}{n}[P(t_1)+P(t_2)+\cdots+P(t_n)]=\frac{2}{n}\sum_{i=1}^{n} P(t_i) \tag{7-28}$$

式中 i——等分区间的序号，$i=1,2,3,\cdots,n$；

n——切比雪夫插值点，见表 7-1。

实际应用时，外径为 R 的圆形通道，流过的质量流量 q_m 为

$$q_m=\int_0^R f(r)2\pi r\mathrm{d}r=\pi\int_0^{R^2} \Phi(r^2)\mathrm{d}r^2 \tag{7-29}$$

式中 $f(r)$——速度和密度的乘积；

$\Phi(r^2)$——由 $f(r)$ 转变为新的自变量 r^2 的函数。

表 7-1 切比雪夫系数表

n	t_i								
	t_1	t_2	t_3	t_4	t_5	t_6	t_7	t_8	t_9
2	0.577 350	−0.577 350	—	—					
3	0.707 170	0	−0.707 170						
4	0.794 654	0.187 592	−0.187 592	0.794 654					
5	0.832 498	0.374 541	0	−0.374 541	−0.832 498				
6	0.866 247	0.422 519	0.266 635	−0.266 635	−0.422 519	−0.366 247			
7	0.883 362	0.529 657	0.323 919	0	−0.323 919	−0.529 657	−0.883 862		
9	0.911 589	0.601 019	0.528 762	0.167 906	0	−0.167 906	−0.528 762	−0.601 019	−0.911 589

令 $r^2=\frac{R^2}{2}(1+t)$，$\mathrm{d}(r^2)=\frac{R^2}{2}\mathrm{d}t$，应用线性变换，积分区间由 $(0\sim R^2)$ 换为 $(-1\sim+1)$，式(7-29)变为

$$q_m=\pi\int_{-1}^{+1}\Phi\left[\frac{R^2}{2}(1+t)\right]\frac{R^2}{2}\mathrm{d}t=\frac{\pi R^2}{2}\int_{-1}^{+1}\Phi\left[\frac{R^2}{2}(1+t)\right]\mathrm{d}t \tag{7-30}$$

式中，πR^2 为圆形通道截面积，用 F 表示。再令 $H(t)=\Phi\left[\frac{R^2}{2}(1+t)\right]$，则上式按

切比雪夫数值积分式可以表示为

$$q_m=\frac{F}{2}\int H(t)\mathrm{d}t=\frac{F}{n}[H(t_1)+H(t_2)+\cdots+H(t_n)] \tag{7-31}$$

变量虽经多次变换，其函数值保持不变，即

$$H(t_i)=\Phi(r^2)=f(r_i)$$

这样式(7-31)就可以写成

$$q_m=\frac{F}{n}[f(r_1)+f(r_2)+\cdots+f(r_n)]=\frac{F}{n}\sum_{i=1}^{n}f(r_i) \tag{7-32}$$

圆形管道根据切比雪夫布置的测点半径 r_i 为

$$r_i^2=\frac{R}{2}(1+t_i)$$

$$r_i=R\sqrt{\frac{1+t_i}{2}} \tag{7-33}$$

由式(7-32)可知，用切比雪夫积分法计算圆形管道的质量流量时，应先将圆形通道分割成 n 等份，按等份数 n 从表查出切比雪夫插值点 t_i 值，在由式(7-33)得到一系列相应的半径 r_i，在这些 r_i 的位置上测出气流的总压、静压等参数并计算各等分环面的速度和密度的乘积，按式(7-33)加起来除以 n，再乘以圆形通道截面积，即得总流量。

显然，上述两种方法在数学上都是把一个函数的积分近似地用一系列矩形的和来替代。当把圆管截面等截面分割后，中间矩形法是以每个间距中点的函数值作为这一系列矩形的高；而切比雪夫积分所对应的函数值法是在每个间距中选择适当的插值点作为这一系列矩形的高。此点选得合适，就能使这一系列矩形之和比中间矩形法的矩形之和更接近于积分值。因此，切比雪夫积分法比中间矩形法的测量精度高一些，尤其是在值小的情况下，更宜采用切比雪夫积分法。

(3) 对数线性法

对数线性法与等环面法一样，将圆形管道分成若干个面积相等的环形区，或者将矩形管道分成若干个矩形小截面。其区别在于并非随意在各环形区中心处或各矩形截面几何中心测定速度，测点是根据流体流过管道的流量，在经验分析的基础上计算出来的。各测点流速的加权平均值，即为通过管道流体的平均流速。实验证明在测点数相同的情况下，对数线性法比等环面法的测量结果更为准确，在有些情况下，按照对数线性法布置少量测点，甚至比按照等环面法布置较多测点所产生的误差更小，因此它是目前国际标准规定采用的流速测定方法之一。

管道内截面直径为 D 的圆管内紊流流动按照表 7-2 确定测点。当各测点布置在相距 90°的四个半径上时，对每个测点的测量值取平均值时其权系数均取 1。

表 7-2 测点到管道内壁的距离 l 单位:m

测点	序号									
	1	2	3	4	5	6	7	8	9	10
4	0.043	0.293	0.710	0.957						
6	0.032	0.135	0.321	0.679	0.865	0.968				
8	0.021	0.114	0.184	0.345	0.655	0.816	0.883	0.979		
10	0.019	0.076	0.153	0.217	0.361	0.639	0.783	0.847	0.924	0.981

宽为 L,高为 H 的矩形管道内紊流流动,各测点的坐标位置及每个测点测值的权值由表 7-3 确定,矩形管道测定断面上的流体平均流速等于各测点流速的加权平均值。

表 7-3 矩形管道求平均流速的测点位置及各测点位置的加权平均值

l/L	h/H								
	0.034	0.092	0.250	0.3675	0.500	0.6325	0.7500	0.9080	0.9660
0.0920	2	2	5	—	6	—	5	2	2
0.3675	3	—	3	6	—	6	3	—	3
0.6325	3	—	3	6	—	6	3	—	3
0.9080	2	2	5	—	6	—	5	2	2

注:l 为测点在宽度方向的坐标,h 为测点在高度方向上的坐标。

2) 差压式流量计

差压式流量计是一种历史悠久、实验数据较完整的流量测量装置。它由将被测流体的流量转换成压差信号的节流装置(节流装置是指节流元件、差压取出装置和节流元件上、下游直管段的组合体)、压力信号传输管道和用来测量差压的差压计组成。

工业上最常用的节流装置是已经标准化的“标准节流装置”。例如:标准孔板、喷嘴、文丘里管(如图 7-15 所示)。采用标准节流装置进行设计计算时,都有统一标准的规定和喷嘴要求,以及计算所需的通用化的实验数据资料。标准节流装置可以根据计算结果直接制造和使用,不必用实验方法进行标定。

在工业测量中有时也采用一些非标准节流装置,例如:双重孔板、圆缺孔板、双斜孔板、1/4 圆喷嘴、矩形节流装置等。虽有一些设计计算资料可供参考,但尚未达到标准化,故仍需对每台流量计进行单独的实验标定。

(1) 差压式流量计工作原理及流量基本公式

连续流动的流体,当遇到安插在管道中的节流装置时,将在节流元件处形成局

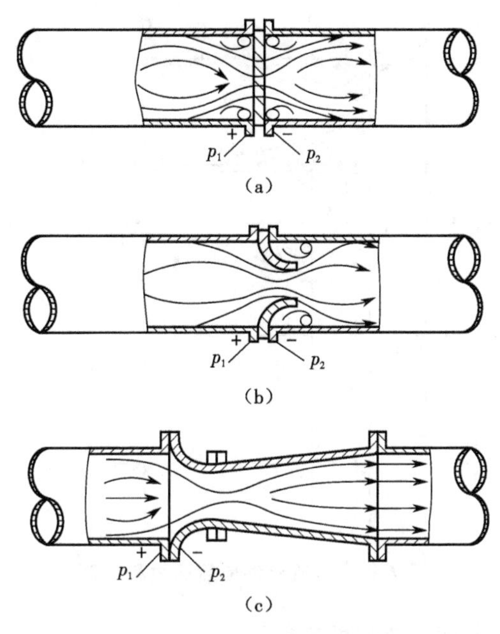

图 7-15 常用的节流元件形式

(a)孔板;(b)喷嘴;(c)文丘里管

部收缩。由于流体流动有惯性,流束收缩到最小截面的位置不在节流元件处,而在节流元件后 B 截面处(此位置还随流量大小而变),此处的流速 u_B 最大,压力 P_B 最低。B 截面后,流束逐渐扩大。在 C 截面处,流束充满管道,流体速度恢复到截流前的速度($u_C=u_A$)。由于流体流经节流元件时会产生漩涡及沿程的摩擦阻力等造成能量损失,因此压力不能恢复到原来的数值 P_A,P_A 与 P_C 的差值 $\Delta\omega$ 称为流体流经节流元件的压力损失。

流体流经节流元件时,流束受到节流元件的阻挡,在节流元件前后形成涡流,有一部分动能分化为压力能,使节流元件入口侧管壁静压值升高到 P_1,孔口下游出口管壁侧压力减小到 P_2(如图 7-16 中管道实线所示)。P_1、P_2 均比管道中心处(如图 7-16 中点画线所示)的压力高。由于 $P_1>P_2$,因此常把 P_1 称为高压或正压,以"+"表示,P_2 称为低压或负压,以"−"表示。

差压式流量计的流量计算公式是根据伯努利方程来确定的。设管道中流过的流体为不可压缩流体,并忽略压力损失,则对截面 A 和 B 可得下列方程

$$\frac{P_A}{\rho}+\frac{v_A^2}{2}=\frac{P_B}{\rho}+\frac{v_B^2}{2}$$

$$\frac{\pi}{4}D^2\rho v_A^2=\frac{\pi}{4}d'^2\rho v_B^2 \tag{7-34}$$

式中 P_A、P_B——A、B 截面处流速中心的静压;

v_A、v_B——A、B 截面处流体的平均流速;

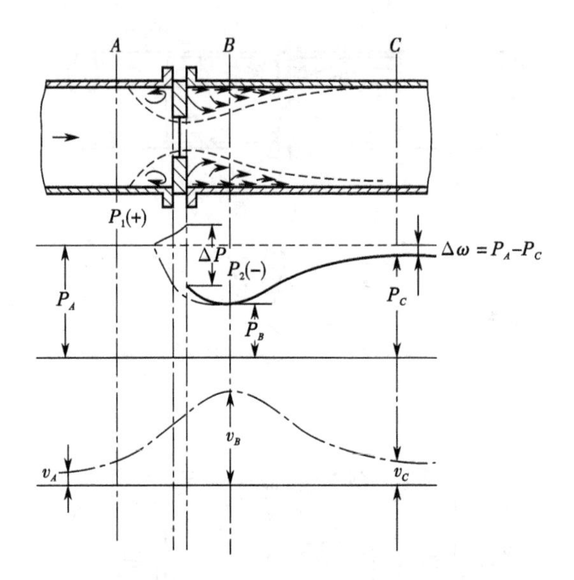

图 7-16　节流元件前后压力和流速

D、d'——A、B 截面处流束的直径；

ρ——流体的密度，对于不可压缩流体，可视为常数。

流体流过截面 B 的质量流量为

$$q_m=\frac{\pi}{4}\rho d'^2\bar{v}_B \tag{7-35}$$

将式(7-34)代入式(7-35)整理得

$$q_m=\sqrt{\frac{1}{1-\left(\frac{d'}{D}\right)^4}}\frac{\pi}{4}d'^2\sqrt{2\rho(P_A-P_B)} \tag{7-36}$$

在推导上述公式时，压力 P_A、P_B是管道中心处静压力，不易测得，且 B 截面的位置是变化的；流束最小截面 d'难以确定；没有考虑压力损失。而在实际测量中，用节流元件前、后的管壁压力 P_1、P_2分别代替 P_A、P_B；用节流元件开孔直径 d 代替 d'，并考虑压力损失。如果以 β 表示节流孔与管道的内直径比($\beta=d/D$)，以 ΔP 表示节流元件前、后管壁的静压力差($\Delta P=P_1-P_2$)，引入流出系数 C 对上式进行修正后，得到实际的流量公式为

$$q_m=\frac{C}{\sqrt{1-\beta^4}}\frac{\pi d^2}{4}\sqrt{2\rho\Delta P} \tag{7-37}$$

则取流量系数 $\alpha=\dfrac{C}{\sqrt{1-\beta^4}}$，则可得

$$q_m=\alpha\frac{\pi d^2}{4}\sqrt{2\rho\Delta P} \tag{7-38}$$

对可压缩流体，考虑到节流过程中流体密度的变化而引入了流体可膨胀系数 ε

进行修正，由此得出其基本流量公式为

$$q_m = \alpha\varepsilon \frac{\pi d^2}{4} \sqrt{2\rho_1 \Delta P} \tag{7-39}$$

式中　ρ_1——节流元件上游侧流体的密度。

式(7-39)适用于可压缩流体及不可压缩流体。当用于不可压缩流体时，$\varepsilon=1$；用于可压缩流体时，$\varepsilon<1$。

基本流量公式中的流出系数 C(或流量系数 α)是节流装置最为重要的系数，它与节流元件形式、取压方式、孔径比及流体流动状态(雷诺数)等因素有关。由于其影响因素复杂，一般只能通过实验确定。在一定的安装条件下，对于给定的节流装置，该值仅与流体的雷诺数有关。对于不同的节流装置，只要这些装置是几何相似的，并且雷诺数相同，则 C 的数值也是相同的。

不可压缩流体的流量系数 ε，也是一个影响测量可压缩流体时用的可膨胀系数，其影响因素十分复杂，实验表明，ε 与雷诺数无关，对于给定的节流装置，ε 的数值可由 β、P_2/P_1 及被测介质的等熵指数 k 来决定。

(2) 标准节流装置的取压装置及安装要求

每个取压装置至少应有一个上游取压口和一个下游取压口。标准孔板可采用角接取压、法兰取压；标准喷嘴采用角接取压(如图 7-17 所示)；经典文丘里管的上游取压口位于距收缩段与入口圆筒相交平面的 0.5D 处，下游取压口位于圆筒形喉部起始端的 0.5d 处。

由于标准节流装置的流出系数 C 都是在节流元件上游侧已呈典型紊流流速分布条件下取得的，在实际使用时对管道条件及其安装均有一定要求：标准节流装置只适用于测量圆形截面管道中的单项、均质流体的流量，流体应充满管道并作连续、稳定流动，流速应小于音速。流体在流过节流元件前应为充分发展的紊流。

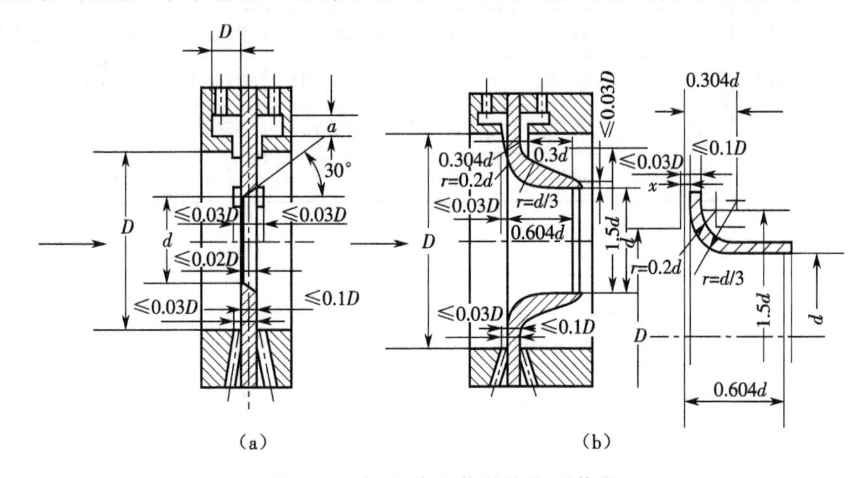

图 7-17　标准节流装置的取压装置

(a)标准孔板；(b)标准喷嘴

节流元件上、下游第一阻力件与节流元件之间的直管段 L_1、L_2 长度，按表 7-4 选取。上游第一阻力件与第二阻力件之间的直管段 L_0 长度按上游第二阻力件形式和 $\beta=0.7$(不论所用的节流元件实际的 β 值为多少)由表 7-4 查得 L_1 值折半，节流装置安装时必须保证它的开孔与管道轴线同轴并使其端面与管道轴线垂直(如图 7-18 所示)。

表 7-4　节流元件上游侧最小直管段长度

直径比 $\beta\leqslant$	节流元件上游侧的局部阻力形式和最小直管段长度 L_1							下游最小直管段 L_2
	单个 90°弯头或三通	同一平面上的两个或多个 90°弯头或三通	不同一平面上的两个或多个 90°弯头或三通	渐缩管(在 1.5～3D 的长度内由 2D 变为 D)	渐扩管(在 1～2D 的长度内由 0.5D 变为 D)	球形阀全开	全孔球阀或闸阀全开	
0.2	10(6)	14(7)	34(17)	5	16(8)	18(9)	12(6)	4(2)
0.25	10(6)	14(7)	34(17)	5	16(8)	18(9)	12(6)	4(2)
0.30	10(6)	16(8)	34(17)	5	16(8)	18(9)	12(6)	5(2.5)
0.35	12(6)	16(8)	36(18)	5	16(8)	18(9)	12(6)	5(2.5)
0.40	14(7)	18(9)	36(18)	5	16(8)	20(10)	12(6)	6(3)
0.45	14(7)	18(9)	38(19)	5	17(9)	20(10)	12(6)	6(3)
0.50	14(7)	20(10)	40(20)	6(5)	18(9)	22(11)	12(6)	6(3)
0.55	16(8)	22(11)	44(22)	8(5)	20(10)	24(12)	14(7)	6(3)
0.60	18(9)	26(13)	48(24)	9(5)	22(11)	26(13)	14(7)	7(3.5)
0.65	22(11)	32(16)	54(27)	11(6)	25(13)	28(14)	16(8)	7(3.5)
0.70	24(12)	36(18)	62(31)	14(7)	30(15)	32(16)	20(10)	7(3.5)
0.75	36(18)	42(21)	70(35)	22(11)	38(19)	36(18)	24(12)	8(4)
0.80	46(23)	50(25)	80(40)	30(15)	54(27)	44(22)	30(15)	8(4)

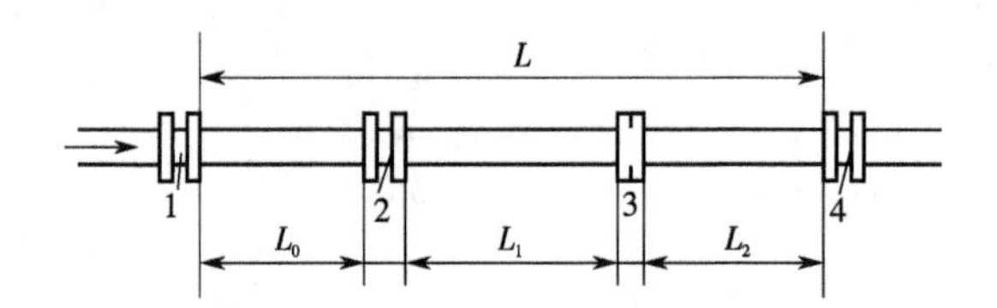

图 7-18　节流装置示意图

1—上游侧第二个局部阻力件；2—上游侧第一个局部阻力件；3—节流元件；4—下游侧第一个局部阻力件

7.7　转子流量计

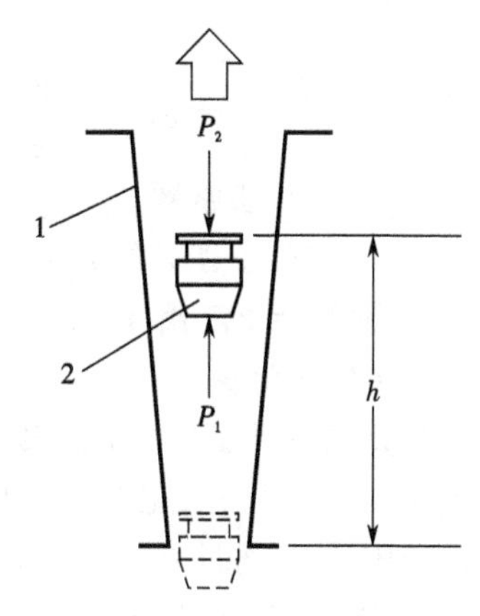

图 7-19　转子流量计

1—锥形管；2—转子

1）转子流量计的工作原理

如图7-19所示为转子流量计的原理图。它由一段向上扩大的锥形管、密度大于被测流体密度而且能随被测流量大小而向上浮动的转子组成。转子流量计利用压降不变、节流面积的变化来测量流量。

被测流体由锥形管下端进入后，沿着锥形管向上运动，流过转子与锥形管之间的环隙，从锥形管上端流出。当流体流过时，由于节流的作用，在转子的上下端面间将产生压差，在这个压差作用下，使转子受到一个向上的力而浮起。当浮力正好与沉浸于流体中的转子重力相等时，转子达到平衡从而停浮于一定的高度上。假如被测流体的流量突然由小变大，则作用于转子上向上的力加大，转子上升。转子与锥形管之间的间隙增大，即流通面积增大，随着环隙的增大，流过此环隙流体的流速变慢，因此流体作用于转子向上的力也变小。这样转子在锥形管中的平衡位置的高低与被测介质流量的大小相对应。

2）流量方程式

流量方程式主要目的在于明确转子平衡位置高度 h 与被测介质流量之间的定量关系，同时掌握其他参数对其的影响。

流量计转子平衡的条件如下

$$V_f(\rho_f-\rho_j)g=(P_1-P_2)F_f \tag{7-40}$$

式中　V_f——转子的体积；

ρ_f、ρ_j——转子材料与被测流体的密度；

P_1、P_2——转子上下端面流体的压力；

F_f——转子最大横截面面积；

g——重力加速度。

由上式可见，由于 V_f、ρ_f、ρ_j、F_f、g 均为常数，那么 P_1-P_2 也为常数。即在转子流量计中流体的压降是固定不变的

$$\Delta P=P_1-P_2=\frac{V_f(\rho_f-\rho_j)g}{F_f} \tag{7-41}$$

在 ΔP 一定的情况下，流过转子流量计的流量与锥形管环隙之间的面积有关。而锥形管环隙面积又与转子浮起的高度有关而且成正比，即存在 $F_0=Kh$，K 为与锥形管锥度有关的比例系数。

因此

$$q=\alpha Kh\sqrt{\frac{2}{\rho_j}\Delta P}=\varphi h\sqrt{\frac{2}{\rho_j}\Delta P}=\varphi h\sqrt{\frac{2gV_f(\rho_f-\rho_j)}{\rho_j F_f}} \tag{7-42}$$

式中 φ——仪表常数;

h——转子浮起的高度。

3) 远传转子流量计

远传转子流量计有电动和气动两种类型。图7-20为电远传转子流量计原理图。由被测介质流量变化而引起转子流量发送器中转子的位移,带动发送差动变压器中的铁与接收差动变压芯作上下随动,实现流量电压转换。发送差动变压器 T_1 与接受差动变压器 T_2 通过晶体管放大器及凸轮机构组成一个自平衡线路。差动变压器 T_1 和 T_2 次级线圈的电压 e_1 和 e_2 之差经晶体管放大器放大后,输出0～20 mA直流电流,驱动可逆电机动作,再由凸轮机构传动,使 T_2 内铁芯位置与内铁芯作自动平衡移动,直到 T_2 内铁芯位置与 T_1 内铁芯位置相对应时为止。这时 $e_1=e_2$,放大器的输入差动信号电压为零,于是放大器的输出电流为零,可逆电机停止动作,而保持两个差动变压器次级差动电压互相平衡。因此,与可逆电机通过传动机构相连的测量仪表指示及记录了相应的被测流量的数值。

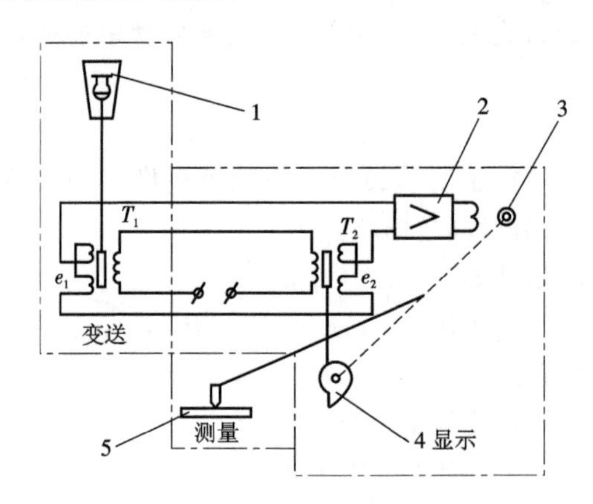

图7-20 电远传转子流量计原理图

1—发送器;2—晶体管放大器;3—可逆电机;4—凸轮机构;5—流量标尺

转子流量计的材料视被测介质的性质而定,有铝、铜、塑料和不锈钢等。锥形管材料,对直读式的多用玻璃,远传式的多用不锈钢。

转子流量计的主要特点是适合小流量测量。工业用转子流量计的测量范围从每小时十几升到几百立方米(液体)和几千立方米(气体)。它的测量基本误差约为刻度最大值的±2%。转子流量计应垂直安装,不允许倾斜。被测介质的流向应由下向上,不能相反。

7.8 叶轮式流量计

叶轮式流量计是通过测量叶轮旋转次数来测量流量的。常用的仪表有水表和涡轮流量计。

1）水表

常用的叶轮式水表根据水流特点可分为切线流叶轮式水表、竖式叶轮式水表和轴流式叶轮式水表。

切线流叶轮式水表的水流沿切线流入表内，使叶轮旋转，由旋转的圈数测量通过表的流量。切线流叶轮式水表有单流束（单箱式）和多流束（复箱式）两种形式（如图 7-21 所示），要求水平安装。单流束切线流叶轮式水表仅有一层外壳，只有一束水流来推动内部的叶轮旋转。该水表结构简单且价格低廉，适用于小管径的管道。多流束切线流叶轮式水表的外壳内另有测量室，水流通过测量室周围上分布的小孔均匀地以切线方向推动内部的叶轮旋转。该水表测量精度高、叶轮偏磨耗小、安装所需直管段短，适用于中、小管径的管道。

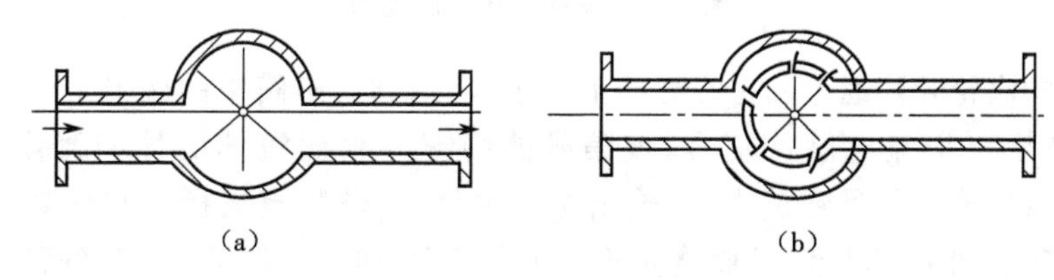

图 7-21 切线流叶轮式水表

(a)单流束；(b)多流束

竖式叶轮式水表的水流方向与叶轮的转动轴垂直，水流从下面向上推动叶轮旋转。该表启动流量小、压力损失小，要水平安装，适用于中、小管径的管道。轴流式叶轮式水表的水流方向与叶轮的转动轴平行，压力损失小，能够以任何位置安装，适用于大管径的管道。叶轮的旋转由齿轮机构来减速，并传给流量指示部分。流量指示部分处于水中的称为湿式水表；处于空气中的称为干式水表。湿式水表不需要密封，结构简单，但水中杂质易污染表刻度盘，且难以实现流量信号的远传。干式水表需要密封，不存在水中杂质污染表刻度盘问题，且容易实现流量信号的远传。水表的特性曲线如图 7-22 所示，图中 $q_{V\min}$ 为水表保证最大误差时所要求的最小流量；q_{Vt} 为水表从最大误差区域向最小误差区域过渡的分界流量；$q_{V\max}$ 为水表保证最小误差时所要求的最大流量；q_{Vn} 为水表的最大持续工作流量，也称为公称流量。

2）涡轮流量计

涡轮流量计由变送器和显示仪表组成（如图 7-23 所示）。

涡轮流量变送器的结构如图 7-24 所示。它由导流器与轴向涡轮叶片、磁电转换装置和放大器等组成。当流体通过变送器时，在流体作用下，涡轮叶片旋转，由磁性

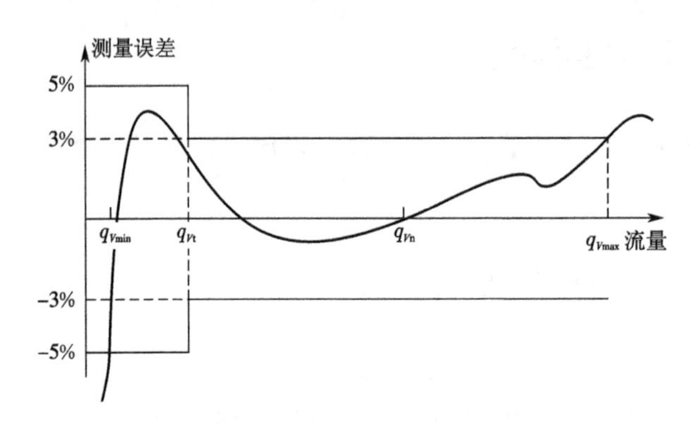

图 7-22 水表的特性曲线

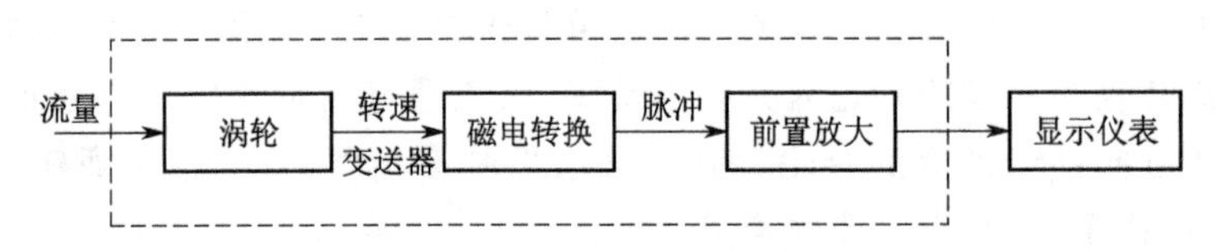

图 7-23 涡轮流量计原理图

材料制成的涡轮叶片通过固定在壳体上的永久磁钢时,磁路中的磁阻发生周期性变化,从而感生出交流电脉冲信号,该信号的频率与被测流体的体积流量成正比。磁电转换器的输出信号经放大后,输出至显示仪表,进行流量指示和计算。当叶轮处于匀速转动的平衡状态,并忽略涡轮上所有阻力矩时,可得涡轮运动的稳态公式

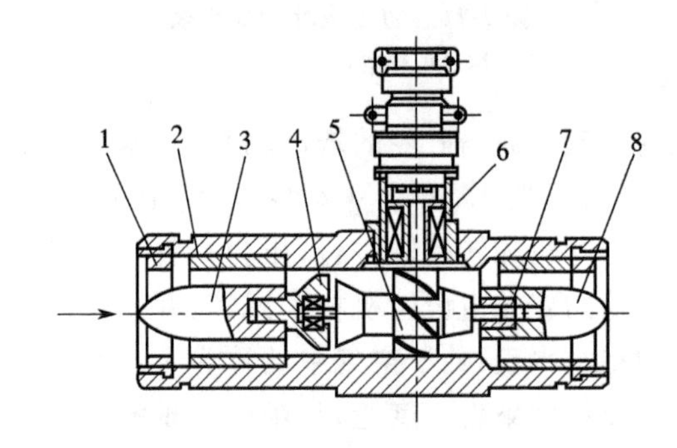

图 7-24 涡轮流量变送器结构图

1—紧固环;2—壳体;3—前导流器;4—止推片;5—涡轮叶片;6—磁电转换器;7—轴承;8—后导流器

$$\omega=\frac{v_0\tan\beta}{r} \tag{7-43}$$

式中 ω——涡轮的角速度;

β——涡轮叶片与涡轮轴线的夹角;

r——涡轮叶片的平均半径;

v_0——流体流过涡轮叶片时的轴向平均速度。

此时感应线圈感应出的电脉冲信号频率为

$$f=nz=\frac{\omega}{2\pi}z=\frac{v_0\tan\beta z}{2\pi r} \tag{7-44}$$

式中 n——涡轮转速；

z——涡轮叶片数。

流通截面积为 F 的管道内流体的体积流量为 $q_V=Fv_0$，

则 $f=\frac{\omega}{2\pi}z=\frac{\tan\beta z q_V}{2\pi rF}=kq_V$（$k$ 为仪表常数）。

理想的 k-q_V 特性曲线应为水平直线。在实际测量中，k 值除与仪表结构有关外，还与被测介质的流动状态及所采用的频率检测方法有关。实际的 k-q_V 特性曲线为曲线（如图7-25所示）。在小流量时，涡轮的转动值下降较力矩较小，阻力矩对它的影响显著，所以 k 值下降较快。在大流量时，涡轮的转动力矩大，阻力矩对它的影响较小，所以 k 值几乎不变，特性曲线趋近于直线。在层流与紊流的过渡区域中（$Re=2300$ 左右），流动状态由紊流变为层流时，由于层流状态的流体黏滞摩擦力矩小于紊流状态的流体黏滞摩擦力矩，涡轮的转速升高，此时特性曲线呈现出高峰（通常处在流量上限的20%～35%）。仪表适用的流量范围，应在特性曲线以内，复现性的线性度所在的线性部分，要求 k 值的线性度在±0.5%以内，复现性在±0.1%以内。变送器最好工作在流量上限的50%以上，这样，不至于工作在特性曲线的非线性区，而造成较大的测量误差。

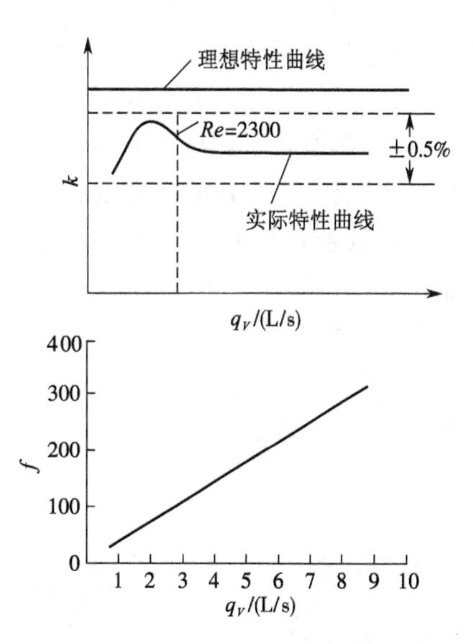

图7-25 涡轮流量计特性曲线

涡轮流量变送器必须水平安装，其上游应装过滤器。上游侧应有15～20D（变送器公称直径）的直管段；下游侧应有5～10D 的直管段。否则需用整流器整流。为保证通过流量变送器的流体是单相的，必要时需装消气器并保证下游具有一定背压。

涡轮流量变送器准确度高，基本误差为±(0.2～1.0)%；测量范围宽，最小和最大线性流量比通常为1∶6～1∶10；压力损失小，最大流量下压力损失为0.01～0.1 MPa；数字信号输出，便于实现信号远传和数据处理。涡轮流量计适用于低黏度（5×10^{-6} m^2/s 以下）的、不含杂质的、腐蚀性不太强的液体测量，如：水、液化气、煤油等。

7.9 容积式流量计

容积式流量计的工作原理是在一定容积的空间里所充满的液体，随流量计内部的运动元件的移动而被送出出口，测量这种送出流体的次数就可以求出通过流量计的流体体积，如果运动元件每循环动作一次从流量计内(有固定容积并充满液体)送出的体积为U，流体流过时，运动元件动作次数为N，则N次动作的时间内通过流量计的流体体积为$V=NU$。

运动元件送出流体的动作次数，通过齿轮机构传到指示部，使刻度盘上的指针走动，由此显示通过流量计的体积。如果要将测量的流体的体积换算成其他状态值，必须相应地测量流体的温度和压力。测量温度、压力变化大的流体或精密地测量流量时，用自动补偿温度和压力的方法，直接指示质量流量或标准状态值。

1) 容积式流量计的类型及原理

容积式流量计种类很多，常用的有腰轮流量计、转式气体流量计和薄膜式气体流量计。

(1) 腰轮流量计

腰轮流量计也称为罗茨流量计，是容积式流量计中较典型的工业仪表，其工作原理如图7-26所示。

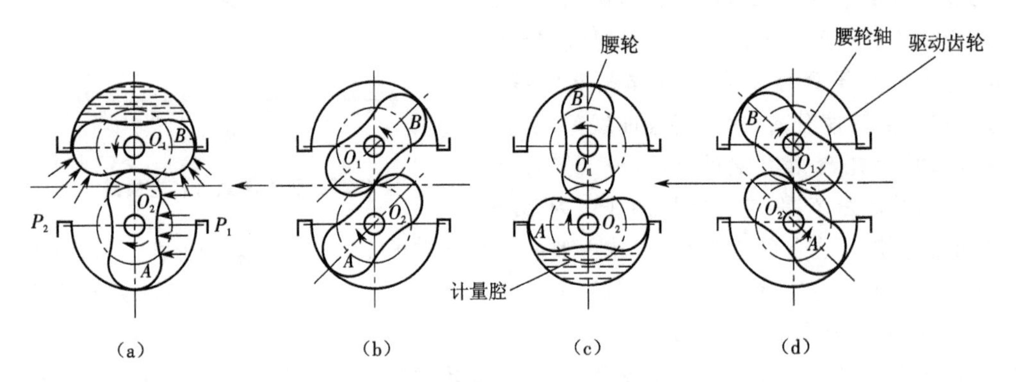

图7-26 腰轮流量计工作原理

当流体按箭头方向流入时，静压力P_1均匀地作用在腰轮转子A的一侧上，转子A因力矩平衡而不转动。此时，腰轮转子B由于出入口的压力差$\Delta P=P_1-P_2$，而受到旋转力矩，如图中所示按逆时针方向旋转，同时带动固定在同一轴上的驱动齿轮旋转，通过一对驱动齿轮的啮合关系，使转子A按图中所示顺时针方向旋转到图7-26(b)的位置。此时图7-26(a)中阴影部分(为转子与壳体之间所构成的具有一定容积的计量腔)所示的液体被送到流量计的出口端。随着转子旋转位置的变化，转子B上力矩逐渐减少，而转子A上则产生转动力矩，并逐渐增大。当两个转子都旋转90°，达到图(c)的位置时，转子产生的转动力矩达到最大，而转子B上则无转动力矩。这时，两个驱动齿轮相互改变主从动关系，两转子交替地把经计量腔计量过的流体连续不断地由流量计的入口端排出到出口端，从而达到计量目的。一对转子转一周，则有四倍于计量腔容积的流体从入口端到出口端。

腰轮流量计精度高(0.1%～0.5%)，量程比为 1∶10，结构简单可靠且寿命长，对流量计前后的直管段或整流器无严格要求，容易做到就地指示和远传。腰轮流量计适用于水、油和其他液体的测量，也可用于各种中、高、低压气体的测量。

(2) 转式气体流量计

转式气体流量计也叫湿式煤气表。它是在流量计的内部注入一半左右的水或低黏度油，转筒则有一半浸在液体中。而转筒又分为几个空间部分(如图 7-27 所示)，转子绕其中心的轴旋转。从入口进入的气体到达前室，再通过送气管流入转筒内的空间部分。首先从送气管出来的气体进入转筒内的一个空间部分，转筒则在气体压力推动下按箭头所示的方向旋转。转筒再继续旋转时，其内的另外空间部分没入流体中，此时，该空间部分的气体被排出转筒之外而经出口流走，转筒旋转一周从入口进来而从出口排走的气体量等于转筒内部的空间部分的体积。转筒的旋转圈数通过与转筒旋转轴连动的齿轮系统传送至指示部分。

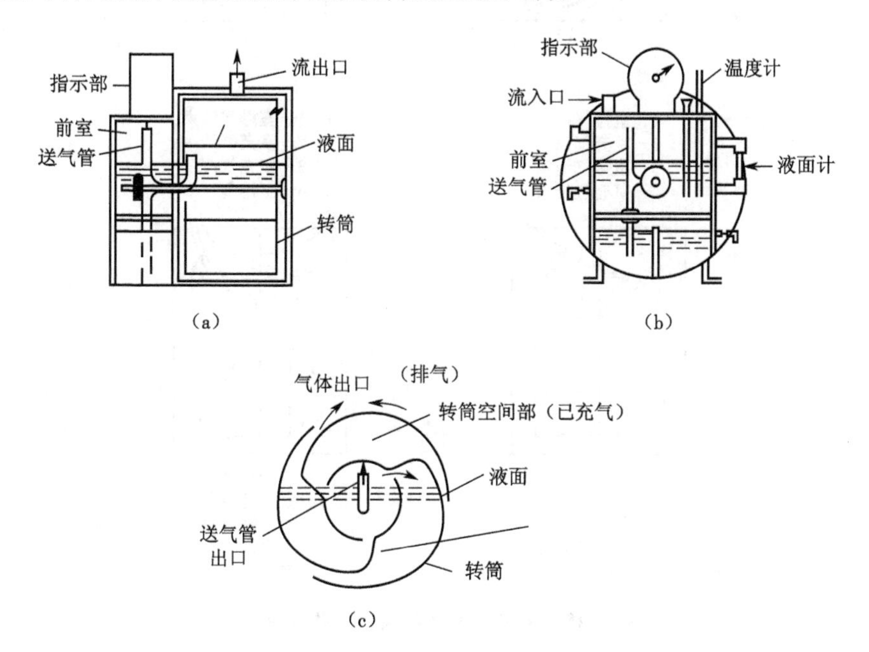

图 7-27　转式气体流量计结构

(a)内部结构侧面图；(b)内部结构正面图；(c)转筒工作原理图

转式气体流量计精度高(0.2%～0.5%，量程比为 1∶10)，常用作量值传递用表或标准表。主要用于城市气体和丙烷气体的流量测量，也可用于测量常压下的其他气体。由于很难加快旋转速度，故只能用于小流量的气体测量。要注意所测气体不能溶于流量计内部的液体且不能与液体发生反应，如果密封液体是水，则通过流量计的气体中若含有水蒸气,在测量时要进行修正。

(3) 薄膜式气体流量计

薄膜式气体流量计也称为干式气体流量计。它是在流量计内部装有浸油薄羊皮或合成树脂薄膜制成的能够伸缩的容积部分2、3及与其容积部分伸缩动作连动的阀(如图7-28所示),在图7-28(a)中,从入口流入的气体通过阀1流入容积部分2,薄膜在流入气体的压力下伸胀,容积部分2增大的同时,容积部分1中的气体通过阀1向出口排出。在该动作期间,和薄膜的动作连动的阀1和阀2徐徐移动,从入口流入的气体也进入容积部分3,与此同时,容积部分4的气体通过阀2从出口排走。

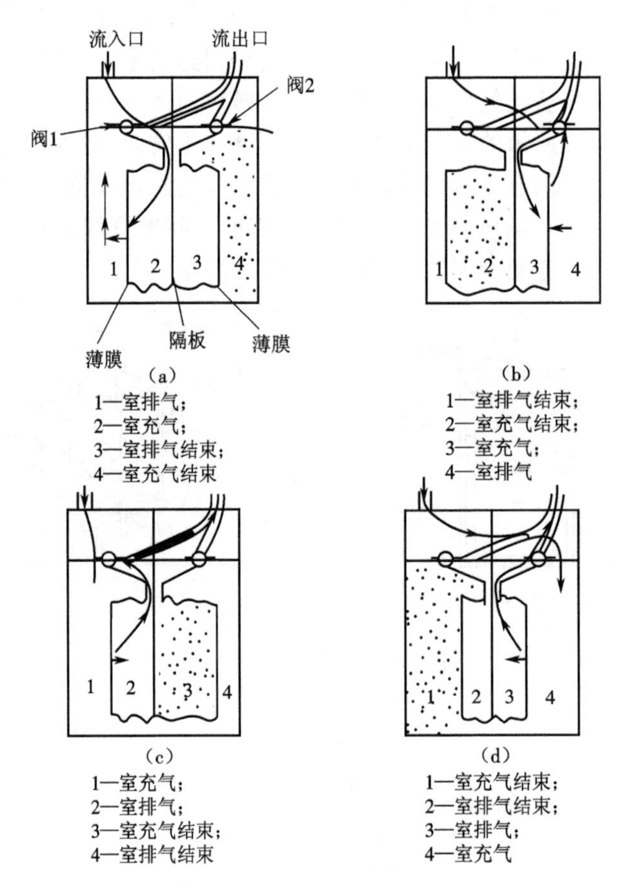

图 7-28 薄膜式气体流量计工作原理图

薄膜式气体流量计主要用于城市气体和丙烷气体的流量测量,也可用于测量常压下的其他气体。

2) 容积式流量计的安装及应用

容积式流量计如果安装不当,运动部件在转动时将会严重磨损,缩短使用寿命。容积式流量计所测流体中不允许混有微粒,特别是高精度测量用的容积式流量计,运动件和外壳间的间隙等较狭窄,要用于测量含有微粒等流体的测量时,必须在流量计的上游设置合适的过滤装置。当容积式流量计测量混有气泡或产生空洞的油等的流量时，应在其上游部分安装气泡分离器。

思考与练习题

7-1　常见的流速测量原理有哪些？其对应的典型测量仪器主要是什么？

7-2　毕托管测量流速的原理是什么？其测量误差的影响因素有哪些？

7-3　流量测量的方法有哪些？如何选择流量测量仪器？

7-4　常见差压式流量测量的方法有哪些？

7-5　涡轮流量计的测量原理是什么？

第8章 热量测量

热量与温度一样，是热学中最基本的物理量。热量的测量，目前采用两种方法，一种方法是采用热阻式或辐射式热流计测量单位时间内通过单位面积的热量(热流密度)，然后求得通过一定面积的热量；另一种方法是采用热量表，测量在一段时间内通过设备(用户)的流体输送的热量。

8.1 热流密度的测量

为测量建筑物、管道或各种保温材料的传热量及物性参数，常需要测量通过这些物体的热流密度。目前多采用热阻式热流计来测量。热流计由热流传感器和显示仪表组成。

1) 热阻式热流传感器的工作原理

当热流通过平板状的热流传感器时，传感器热阻层上产生温度梯度，根据傅里叶定律可以得到通过热流传感器的热流密度为

$$q=-\lambda\frac{\partial t}{\partial x} \tag{8-1}$$

式中 $\frac{\partial t}{\partial x}$——垂直于等温面方向的温度梯度，℃/m；

λ——热流传感器的导热系数，W/(m·℃)。

式中负号表示热流密度方向与温度梯度方向相反。若热流传感器的两侧平行壁面各保持均匀稳定的温度 t 和 $t+\Delta t$，热流传感器的高度与宽度远大于其厚度，可以认为沿高与宽两个方向温度没有变化，而仅沿厚度方向变化，对于一维稳定导热，可将上式写为

$$q=-\lambda\frac{\Delta t}{\Delta x} \tag{8-2}$$

式中 Δt——两等温面温差，℃；

Δx——两等温面之间的距离，m。

由式(8-2)可知，如果热流传感器材料和几何尺寸确定，那么只要测出热流传感器两侧的温差，即可得到热流密度。根据使用条件，选择不同的材料做热阻层，以不同的方式测量温差，就能做成各种不同结构的热阻式热流传感器。

如果用热电偶测量上述温差 Δt，并且所用热电偶在被测量度变化范围内，其热电势与温度呈线性关系时，其输出热电势与温差成正比，这样通过热流传感器的热流为

$$q=\frac{\lambda E}{\delta C'}=CE \tag{8-3}$$

$$E=C'\Delta t$$

$$C=\frac{\lambda}{\delta C'} \tag{8-4}$$

式中 C——热流传感器系数，$W/(m^2 \cdot mV)$；

C'——热电偶系数；

δ——热流传感器厚度，m；

E——热电势，mV。

C 的物理意义为：当热流传感器有单位热电势输出时，垂直通过它的热流密度。当 λ 和 C' 值不受温度影响为定值时，C 为常数；当温度变化幅度较大时，C 就不再是常数，而将是温度的函数。

由式(8-4)可知，当 λ 和 C' 是定值时，δ 值越小，C 值越小，即越易于反映出小热流值的大小。因此根据 δ/λ 的大小，热流传感器有高热阻型和低热阻型之分。δ/λ 值大的是高热阻型，δ/λ 值小的是低热阻型。对某一固定的 C' 值(即对某一类型的热电偶)，高热阻型 C 值是小于低热阻型的。因此，在所测传热工况非常稳定的情况下，高热阻型热流传感器易于提高测量精度及用于小热流量测量。但是由于高热阻型热流传感器比低热阻型热流传感器热惰性大，热流传感器的反应时间会增加。如果在传热工况波动较大的场合测定，就会造成较大的测量误差。

热流传感器的种类很多，常用的有用于测量平壁面的板式(WYP 型)和用于测量管道的可挠式(WYR 型)两种。其外形有平板形与圆弧形等，但工作原理都相同。平板热流传感器的结构如图 8-1 所示。其由若干块 100 mm×10 mm 热电堆片镶嵌于一块边框中制成。边框尺寸一般约为 130 mm×130 mm，材料是约 1 mm 厚的环氧树脂玻璃纤维板。热电堆片是由很多对热电偶串联绕在基板上组成的(如图 8-2 所示)。用于高温下测量的热流传感器，基板为陶瓷片。热电堆可以通过焊接、电镀、喷涂和电沉积等方法制作。根据热电偶原理可知，总热电势等于各分电势叠加之和。因此当有微小热流通过热电堆片时，虽然基板两面温差 Δt 很小，但也会产生足够大的热电势，以利于显示出热流量的数值，并达到一定的精度。热电堆的引出线相互串联，两端头焊于接线片上，最后在表面贴上涤纶薄膜作为保护层。

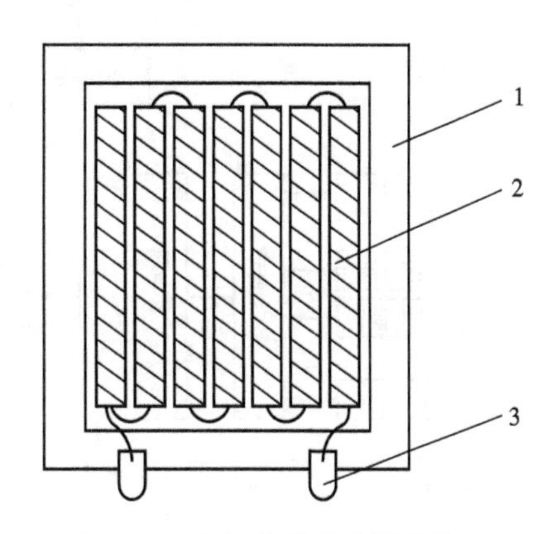

图 8-1 平板热流传感器结构图

1—边框；2—热电堆片；3—接线片

热流传感器的热电势，早期采用电位差计、动圈式毫伏表及数字式电压表进行测量，然后用标定曲线或经验公式计算出热流密度。近几年，成套的热流测试仪表

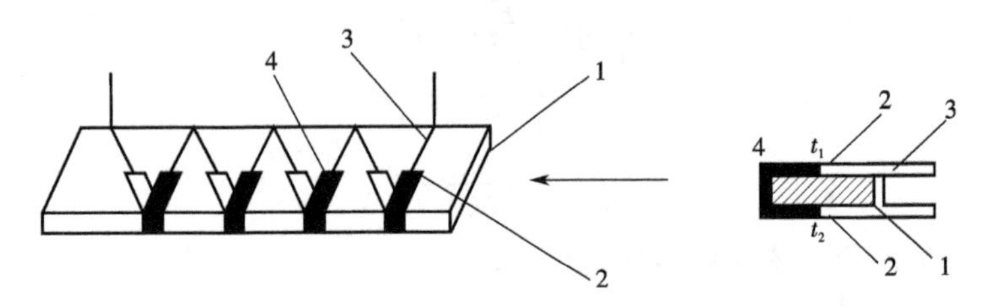

图 8-2 热电堆片示意图

1—基板;2—热电偶接点;3—热电极材料 A;4—热电极材料 B

开始在国内应用。目前应用的主要有两种,一种为数字式的热流指示仪表,另一种为指针式的热流指示仪表。随着微机技术的发展,我国自主开发的数据采集、显示和计算功能分开的智能型热流计专用仪表开始应用。图 8-3 为 SCQ—04 型数据采集器的原理框图。采集器由单片机、热电偶热流传感器(8 路)、热电偶(8 路)、信号切换电路、信号调理电路、A/D 转换等构成温度、热流测量单元;由单片机、RS232 接口构成数据通信单元。数据测定开始、结束的时间,数据的采样周期,数据的通讯方式,均由计算机通过配套的通讯软件设定。采集器内设有软件计时器,采集器根据设定的数据,自动测量数据,并存储在存储器中。测定结束后,取回存储器,用计算机通过配套的通讯软件读取存储器中的数据,并进行数据分析、曲线绘制和测定报告输出。

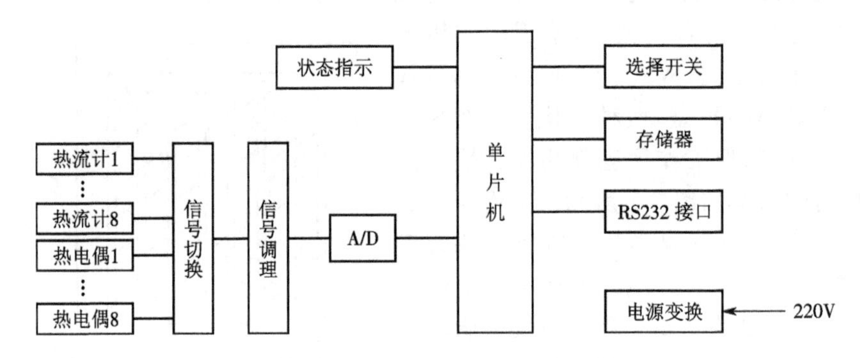

图 8-3 SCQ—04 型数据采集器原理框图

2) 热流传感器的标定

组成热流传感器的热电堆的材质、加工工艺等都会影响热流传感器系数,因此严格地说,每个热流传感器的传感系数都必须分别标定,对于给定的热流传感器,其系数不是一个常数,而是关于工作温度的函数。但对于在常温范围内工作的热流传感器,标定的值实际上可视为仪器常量,对测量不会造成很大的误差。但用于测量冷库壁面热流时,要注意工作温度已远离标定时的常温,实际的值会低于原标定值,而且工作条件也有变化,以及将出现结露等复杂情况。如果不重新标定,就会造成较大的测量误差。由式(8-3)可知,为了测定热流传感器系数 C 值,必须建立一个稳定的、具有确定方向(单向或双向)的一维热流,热流密度的大小可以根据需要给出,其数值能够准确确定。垂直于热流密度方向的平面为等温面,其温度应能根据需要改变。热流传感器的标定方法有多种,常用的标定方法有平板直接法、平板比较法和单向平板法。

(1) 平板直接法

该法是采用测量绝热材料的保护热板式导热仪作为标定热流传感器的标准热流发生器。两个热流传感器分别放在主热板两侧,再放上两块绝热缓冲块,外侧再用冷板夹紧。中心热板用稳定的直流加热,冷板是一恒温水套(如图 8-4 所示)。

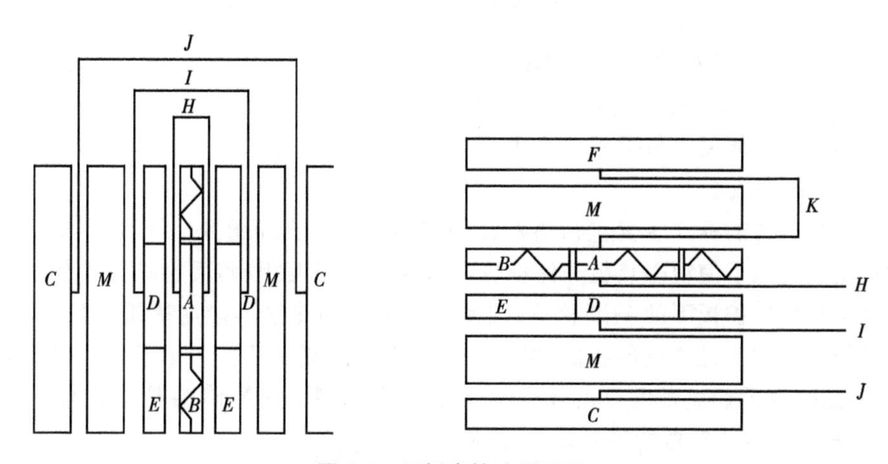

图 8-4　平板直接法原理图

A—中心热板;B—保护板;C—冷板;D—热流传感器;E—传感器保护板;F—背保护板;H—热板表面热电偶(t_1、t_2);I—热流传感器表面热电偶(t_3、t_4);J—冷板表面热电偶(t_5、t_6);K—热板与背保护板表面温差热电偶;M—保温材料

根据不同的工况确定中心加热器的加热功率和恒温水的温度,调整保护圈加热器的加热功率,使保护圈表面热板的温度和中心热板表面的温度一致,从而在热板和冷板之间建立起一个垂直于冷、热板面(也垂直于热流计)的稳定的一维热流场。主加热器所发出的热流均匀垂直地通过热流传感器,热流密度可由下式求得

$$q=\frac{RI^2}{2F} \tag{8-5}$$

式中　q——热流密度,W/m²;

R——中心热板的加热电阻,Ω;

F——中心热板的面积,m²;

I——通过加热气的电流,A。

在标定时,应保证冷、热板之间温差大于 10 ℃。进入稳定状态后,每隔 30 min 连续测量热流计和缓冲板两侧温差、输出电势及热流密度。当 4 次测量结果的偏差小于 1%,而且不是单方向变化时,标定结束。在相同温度下,每块热流传感器至少应标定两次(第二次标定时,两块热流传感器的位置应互换),取两次平均值作为该

温度下热流传感器标定系数。

(2) 平板比较法

热流传感器平板比较法的标定装置包括热板、冷板和测量系统(如图 8-5 所示),把待标定的热流传感器与经平板直接法标定过的作为标准的热流传感器及绝热材料做成的缓冲块一起放在表面温度保持稳定均匀的热板和冷板之间。热板和冷板用电加热器或恒温水槽的形式控温。利用标准热流传感器测定的系数 C_1 和 C_2 和输出电势 E_1 和 E_2,就可以求出热流密度 q,从而可确定被标定的热流传感器的系数 C。

$$C=\frac{q}{E}=\frac{C_1E_1+C_2E_2}{2E} \tag{8-6}$$

式中 E_1、E_2——标准热流传感器输出电势,mV;

E——被标定热流传感器输出电势,mV。

标定时的具体要求与平板直接法相同。

(3) 单向平板法

单向平板法的标定装置包括热板、冷板和测量系统(如图 8-6 所示)。单向平板法的标定装置除了使中心热板和保护热板与保护板温度相等,而且还要使保护热板底部温度与背保护板下的温度相等,因此中心热板的热量不能向周围及底部散失,唯一可传递的方向是热流传感器,保证了一维稳定热流的条件。由于热流只是向一个方向流出,因此热流密度可由式(8-5)计算。同时测出热流传感器输出电势 E,即可由式(8-4)确定传感器的系数。

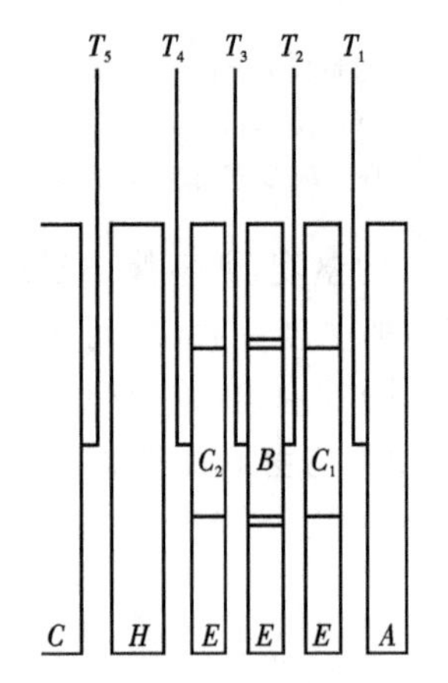

图 8-5 平板比较法原理图

A—热板;B—待标定热流传感器;

C—冷板;E—传感器保护圈;

H—热缓冲板;T—表面温度

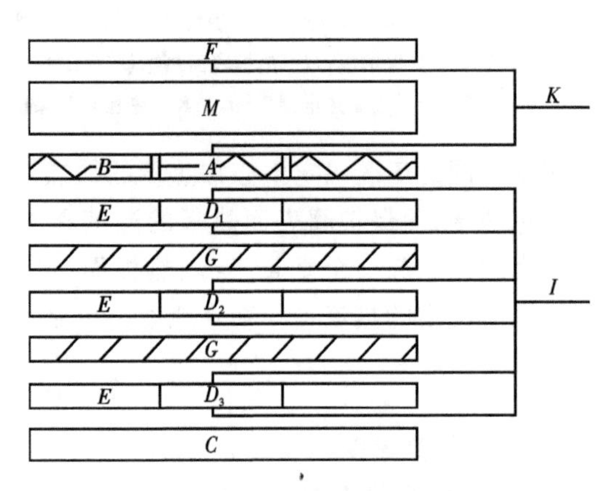

图 8-6 单向平板法原理图

D_1、D_2、D_3—热流传感器;

G—橡皮板;其余同图 8-4

【例 8-1】 用平板直接法标定热流传感器,测定记录整理后列在表 8-1 中,表中 t_1、t_2 为热流传感器的热面温度,t_3、t_4 为热流传感器的冷面温度,t_1 与 t_3、t_2 和 t_4 分别位于中心热板两侧。

表 8-1　测定记录表

t_1/℃	t_2/℃	t_3/℃	t_4/℃	$P=I^2R$ /W	$q=P/2A$ /(W/m²)	E_1/mV	E_2/mV
62.65	62.70	60.80	60.80	3.25	410.5	3.061	3.125

【解】 由式(8-2)可知

$$q_1=\frac{t_1-t_3}{\frac{\delta_1}{\lambda_1}}$$

$$q_2=\frac{t_2-t_4}{\frac{\delta_2}{\lambda_2}}$$

当被标定的热流传感器是由相同的材料制作时，$\lambda_1=\lambda_2$，那么

$$\frac{q_1}{q_2}=\frac{\frac{t_1-t_3}{\delta_1}}{\frac{t_2-t_4}{\delta_2}}$$

由于 $q=q_1+q_2$，当热流传感器的厚度相同时，有

$$q_1=\frac{q}{1+\frac{q_2}{q_1}}=\frac{q}{1+\frac{t_2-t_4}{t_1-t_3}}=\frac{410.5}{1+1.027}\ \mathrm{W/m^2}=202.52\ \mathrm{W/m^2}$$

由式(8-3)可得 $C_1=\frac{q_1}{E_1}=\frac{202.52}{3.061}\ \mathrm{W/(m^2\cdot mV)}=66.16\ \mathrm{W/(m^2\cdot mV)}$

同理可得 $q_2=207.99\ \mathrm{W/m^2}$，$C_2=66.56\ \mathrm{W/m^2\cdot mV}$。

8.2　热量的测量

热量的测量包括热水热量测量与冷冻水冷量测量，两者的测量原理相同。本节主要介绍热水热量的测量方法。

1）热水热量测量原理

热水吸收或放出的热量，与热水流量和供回水焓差有关，它们之间的关系可用式(8-7)表示

$$Q=\int \rho q_V(i_1-i_2)\,\mathrm{d}\tau \tag{8-7}$$

式中　Q——流体吸收或放出的热量，W；

q_V——通过流体的体积流量，m³/s；

ρ——流体密度，kg/m³；

i_1、i_2——流体的进、出口焓值，J/kg。

由热力学知识可知,热水的焓值为温度的函数,因此只要测得供回水温度和热水流量,即可得到热水吸收(放出)的热量。热水热量计量仪表就是基于这个原理来测量热水热量的。利用该原理也可以制造测量液体输送的冷量的仪表,或者制造同时测量热量和冷量的计量仪表。

2)热水热量测量仪表的构造

热水热量测量仪表(热量表)由流量传感器、温度传感器和计算器组成。早期的计算器体积较大,计算精度不高。自 20 世纪 80 年代以后,计算器开始采用微处理器芯片,仪表体积变小,计算精度提高。目前热量表所用的温度传感器一般为铂电阻或热敏电阻,为减少导线电阻对测量精度的影响,多采用 Pt1000 或 Pt500 铂电阻。流量传感器主要有两种:一种为超声波流量传感器,另一种为远传式机械型热水表。户用的远传式机械型热水表有单流束旋翼式热水表和多流束旋翼式热水表两种,其中以单流束旋翼式热水表居多。图 8-7 为户用的热量表的工作原理图。干式热水表的叶轮和表头之间有一层隔离板,将热水与外界分隔开。叶轮上下有一对耦合磁铁,当热水流过热水表时,叶轮上的耦合磁铁 A 随水表的叶轮一起转动。通过磁耦合作用,带动耦合磁铁 B 同步转动。耦合磁铁 B 的转动带动了齿轮组的转动。在齿轮组上带有 10 L 或 1 L 指针的齿轮上装有一小块磁铁 C 。该磁铁通过齿轮组的转动与耦合磁铁 B 一起转动。在磁铁 C 的上部(侧面)安装一个干簧管。当磁铁 C 通过时,干簧管吸合;当磁铁 C 离开时,干簧管打开。这样输出一个脉冲信号,就代表 10 L(1 L)热水流量。输出的脉冲信号送至计算器,测得的给回水温度信号也送至计算器。计算器按照式(8-7)进行热量计算,并将计算结果进行存储和显示。

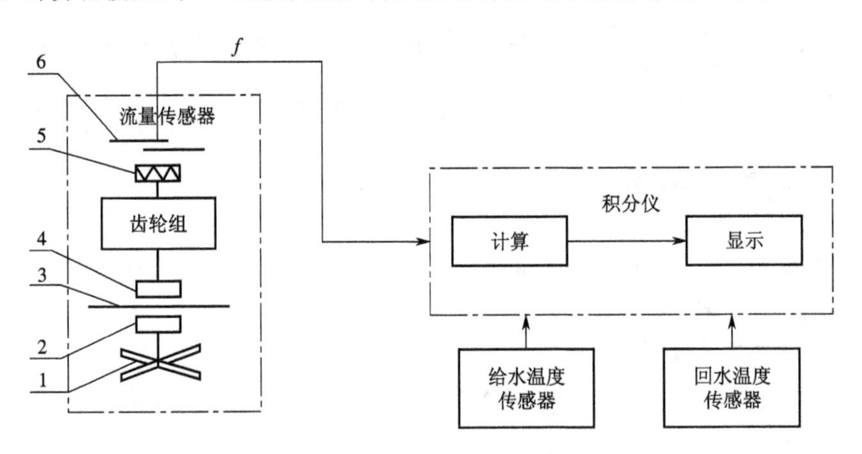

图 8-7 热量表工作原理图

1—叶轮;2—耦合磁铁 A;3—隔离板;4—耦合磁铁 B;5—磁铁 C;6—干簧管

目前生产的热量表有两种形式:一种是一体式热量表,组成该表的计算器、流量传感器和温度传感器全部或部分组成不可分开的整体;另一种为组合式热量表,组成该表的计算器、流量传感器和温度传感器相互独立。一体式热量表安装简单,但当管道密集或管道设在管井中时，读数不方便。组合式热量表的安装工作量比一体式热量表的安装工作量大，但计算器设置位置灵活，读数方便。

表8-2为我国生产的热量表的准确度等级和最大允许相对误差。热量表在最小允许温度 $\Delta t_{\min}$（一般为3 ℃）或最小流量下工作，其误差不能超过最大允许相对误差。

表8-2 热流表的准确度等级及最大允许相对误差

Ⅰ级	Ⅱ级	Ⅲ级
$\Delta=\pm\left(2+4\frac{\Delta t_{\min}}{\Delta t}+0.01\frac{q_V}{q}\right)$ $\Delta_q=\pm\left(1+0.01\frac{q_p}{q}\right)\%$ 且 $\Delta_q\leqslant\pm5\%$	$\Delta=\pm\left(3+4\frac{\Delta t_{\min}}{\Delta t}+0.02\frac{q_p}{q}\right)\%$	$\Delta=\pm\left(4+4\frac{\Delta t_{\min}}{\Delta t}+0.05\frac{q_p}{q}\right)\%$

注：对Ⅰ级表额定流量 $q_p\geqslant100$ m³/h，q 为实际流量，m³/h；Δt 为流体进出口温度差；Δ_q 和 Δ 分别为流量传感器误差限和热量表的误差限。

思考与练习题

8-1 热阻式热流传感器的工作原理是什么？

8-2 热阻式热流传感器的安装方法对其测量误差有何影响？

8-3 影响热流密度检测的误差影响因素有哪些？

8-4 热量测量的基本方法有哪些？

第9章　气体成分分析

随着工业及交通运输业的快速发展，煤和石油燃烧产生的如 CO 和 SO_2 等有害气体的排放，直接危害着人的健康。因此，非常有必要对排放的有害气体进行检测，使空气达到国家排放标准值，使室内空气质量或大气质量得以改善。

气体成分测量主要对象包括 CO、CO_2、SO_2、NO 等污染气体和 O_2 等。测量污染气体成分的主要仪器包括奥氏气体分析仪、电导分析仪、热导分析仪、电位滴定分析仪、红外线气体分析仪和气相色谱分析仪等，测量 O_2 含量的主要仪器有热磁式氧分析仪和氧化锆氧量计等。

气体成分分析所包括的内容十分广泛，主要作用包括以下几个方面：① 对产品质量的最后检验，如对制气成品纯度的测量；② 保障生产工艺要求，如通过对燃烧过程中 O_2 含量的测量保证锅炉燃料高效燃烧；③ 安全生产的重要保证，如对生产环境中有害气体（CO、水银蒸汽、其他可燃性和有毒性气体等）的含量分析；④ 环境保护的重要性，如对大气中 SO_2、NO 等有害气体的监测。

本章将重点对常见气体成分（CO、CO_2、SO_2 和 O_2）的化学反应特性或物理特性进行理论分析，并介绍相应测量方法。

9.1　一氧化碳和二氧化碳测量仪表

测定空气中所含的 CO 和 CO_2 的方法有不分光红外吸收法、电导法、气相色谱法和容量滴定法等。本节主要对 CO 和 CO_2 的成因、危害及其测量方法进行介绍。

9.1.1　成因及危害

燃料主要是含 C 和 H 的物质（C_nH_m）。燃料燃烧，其中大部分生成 CO_2 和 H_2O，同时还生成有害气体（CO），其反应过程如下

$$C_nH_m + \frac{n}{2}O_2 \longrightarrow nCO + \frac{m}{2}H_2$$

$$2H_2 + O_2 \longrightarrow 2H_2O$$

$$2CO + O_2 \longrightarrow 2CO_2$$

$$H_2O + CO \longrightarrow H_2 + CO_2$$

从上述反应式可知，CO 是燃料燃烧的中间产物。但如果燃烧不充分，就会产生大量的 CO。CO_2 虽不是有毒气体，但它能造成温室效应。CO 和 CO_2 的物理特性及危害如下。

① CO 是一种能造成窒息的有毒气体，无色无味。由于 CO 和血液中有输氧能力的血红蛋白(Hb)的亲和力，比 O_2 和 Hb 的亲和力大 200～300 倍，因而 CO 能很快和 Hb 结合形成碳氧血素蛋白(CO－Hb)，使血液的输氧能力大大降低，心脏、头脑等重要器官严重缺氧，引起头晕、恶心、头痛等症状，轻度时使中枢神经系统受损，慢性中毒，严重时会使心血管工作困难，直至人体死亡。为保护人类不受 CO 的毒害，应将 24 h 内吸气中的 CO 浓度限制在 5×10^{-6}以内。CO 和 Hb 的结合过程是可逆的，吸入低浓度 CO 后，如果患者处于新鲜空气中或进入高压氧舱，已经与 Hb 结合的 CO 会被分离出来，通过呼吸系统排出体外。不同浓度的 CO 对人体健康的影响不同。

② CO_2在大气中的比例只有万分之几，它不但对人体无害，而且对人类来说，它几乎和氧气有着同等重要的作用。提高 CO_2浓度可增强植物的光合作用，但到今天，人们已经发现大气中 CO_2含量增加太快，已经产生了温室效应，使地球变暖。这严重威胁了人类的生存和地球环境。我国的能源构成表明：煤占 75.5%，石油占 16.7%。由此可见，煤的燃烧是造成 CO_2生成的主要因素，而石油消耗量在逐渐增长，因而要采取有效的控制措施，以降低燃料燃烧生成的 CO_2量。

9.1.2　测量方法

测量方法主要分为如下 4 种。

1）不分光红外吸收法

红外线气体分析仪多用来测量含有 CO、CO_2、NH_3以及气态烃类的气体，但不能测量单原子分子气体和对称结构无极性的双原子分子气体。红外线气体分析仪利用被测气体对红外光的特征吸收来进行定量分析。当被测气体通过受特征波长光照的气室时，被测组分(CO 或 CO_2)吸收特征波长的光。吸收光能的多少，与样品中被测组分浓度有关。对于特征波长光辐射的吸收，透射光强度与入射光强度、吸光组分浓度之间的关系遵守比尔定律

$$E=E_0\mathrm{e}^{-klc} \tag{9-1}$$

式中　E——透射的特征波长红外光强度，cd；

E_0——入射的特征波长红外光强度，cd；

k——被测组分对特征波长的吸收系数；

l——入射光透过被测样品的光程，m；

c——样品中被测组分的浓度。

在红外线气体分析仪中，红外辐射光源的入射光强度不变，红外线透过被测样品的光程不变，且对于特定的被测组分，吸收系数也不变。因此透射的特征波长红外光强度仅是关于被测组分的函数，故通过测定透射特征波长红外光的强度即可确定被测组分的浓度。

红外线气体分析仪由红外光源、切光片、气室、光检测器及相应的供电、放大、显

示和记录用的电子线路和部件组成(如图 9-1 所示)。CO 和 CO_2 红外线分析仪的光源是直径约 0.5 mm 的镍铬丝。此镍铬丝被加热到 600～1000 ℃时,光源辐射出的红外线波长范围为 2～10 μm。分光源辐射出的红外线被汇聚成能量相等的两束平行光后射出,被同步电机带动的切光片切割成断续的交变光,从而获得交变信号,减少信号漂移。两束平行光中,一束通过滤波室、参比气室(内充不吸收红外线的气体,如氮气)射入接收室;另一束光称为测量光束,通过滤波室射入测量气室。由于测量气室中有气样通过,则气样中的待测量吸收了部分特征波长的红外光,使射入接收室的光束强度减弱。待测量含量越高,光强减弱越多。两束强度不同的红外光进入检测器,引起检测器内电容变化,可测量待测组分浓度。

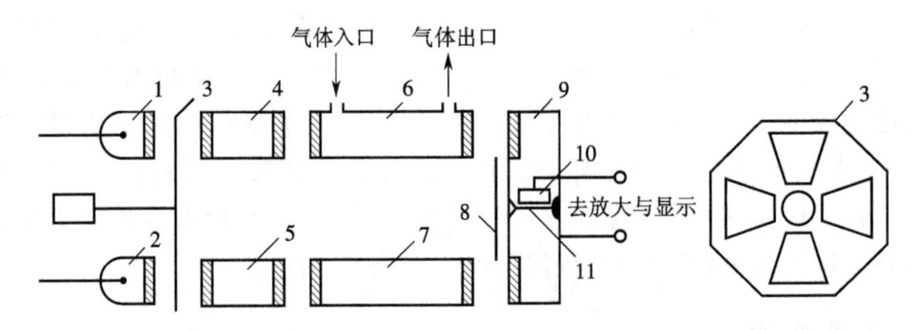

图 9-1　红外线气体分析仪的基本组成

1、2—红外光源;3—切光片;4、5—滤光镜(气室);6—测量气室;7—参比气室;
8—使两光路平衡的遮光板;9—薄膜电容微音器;10—固定金属片;11—金属薄膜

CO 和 CO_2 红外线分析仪的光检测器是薄膜电容微音器。它是利用待测组分的变化引起电容量变化来测量待测组分浓度的。接收室内充满等浓度的 CO 气体,电容的金属薄膜(动片)将接收室分为容积相等的两个空腔。在一侧空腔中还有一固定的圆形金属片(定片),距薄膜 0.05～0.08 mm,两者组成了一个电容器。红外光束射入接收室后,会加热其中的 CO 气体,使其温度升高,从而导致内部压力升高。测量光束与参比光束平衡时,两边压力相等,动片维持在平衡位置。当测量气室中有待测组分时,通过参比气室的红外光辐射不变,而通过测量气室进入接收室的红外光由于待测组分的吸收而减弱,使这一边气室温度降低,压力减小。这样,动片就会在压差作用下偏向定片一方,从而改变电容器两极板之间的距离,也就改变了电容量。电容量可用式(9-2)计算,它可以指示待测组分的浓度(采用电子技术,将电容量变化转变为电流变化,经放大及信号处理后进行记录和显示。)

$$C=K\frac{\varepsilon F}{D} \tag{9-2}$$

式中　C——电容量;

K——比例常数;

ε——气体介电常数;

F——电容器极板面积;

D——两极板(定片和动片)间的距离。

2）电导法

电导法气体分析器是用测定溶液电导的方法来测定物质的量。若在电解质溶液中插入一对电极且接上外电源，则有电流在两级板间的溶液中通过。溶液的电导 G 可用下式表示

$$G=\gamma\frac{F}{L} \tag{9-3}$$

式中 G、γ——电解质溶液的电导和电导率；

F、L——电极的面积和两电极间的距离。

1 g 当量电解液全部放在相距 1 cm 的两电极间所得的电导称为溶液的当量电导 λ。当量电导既与电解质的性质有关，也与溶液浓度有关，稀溶液具有较大的当量电导。当量电导与溶液电导率的关系为

$$\gamma=\lambda\frac{C}{1000} \tag{9-4}$$

式中 C——溶液的当量浓度。

将式(9-4)代入式(9-3)得

$$G=\lambda\frac{CF}{1000L} \tag{9-5}$$

对于确定的电极体系，F 和 L 是固定不变的；在较窄的浓度范围内，λ 可认为是一个常数。在上述条件下，令 $K=LF^{-1}$，K 称为电极常数；$m=\lambda/1000$，则 K、m 都为常数。只要测定溶液的电导就可计算出溶液浓度。在任何浓度附近，把 λ 看作常数时，浓度和电导之间的关系式为

$$G=C\frac{m}{K}+\frac{b}{K} \tag{9-6}$$

式中 b——与所测电导有关的常数。

电导式 CO 气体分析器首先用 I_2O_5 将 CO 氧化成 CO_2，然后用氢氧化钠溶液吸收 CO_2，即 $2NaOH+CO_2 = Na_2CO_3+H_2O$。由于氢氧根离子的当量电导大于碳酸根离子的当量电导，吸收 CO_2 后，氢氧化钠溶液的当量电导降低，所以，通过测量氢氧化钠溶液电导的变化量可确定吸收的 CO_2 量，即 CO 量（在一定范围内，氢氧化钠溶液电导的变化与 CO 量呈线性关系）。

溶液的电导可用惠斯通电桥电路测量。仪器由取样系统、分析器和测量显示部分组成（如图 9-2 所示）。被分析的大气气样经取样系统进行初步处理，除去干扰组分后，进入分析器。气样首先进入 I_2O_5 氧化炉，在氧化炉中将 CO 氧化成 CO_2，即

$$5CO+I_2O_5\xrightarrow{110\sim115\ ℃}5CO_2+I_2 \tag{9-7}$$

反应所产生的碘随气流一起被带出，经过硫脲过滤器后，碘被吸收。接着气样被送入液气混合器，与从参比电导池来的电导液按一定比例混合，经蛇形管充分接触，CO_2 被溶液吸收，完成式(9-7)的反应。残余气体被排空，随后电导液进入测量电导池，被测出的溶液电导与参比电导池的溶液电导比较，得出电导率因存在 CO_2 而

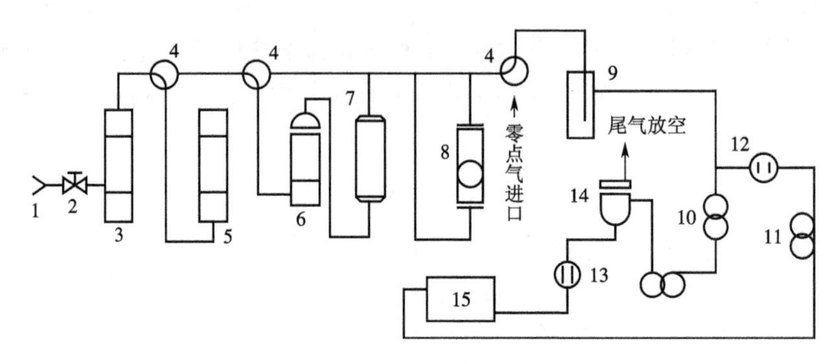

图 9-2 电导式 CO 气体分析器

1—被分析的气体进口;2—针阀;3—化学过滤器;4—三通阀;5—碱石棉过滤器;
6—I_2O_5 氧化炉;7—硫脲过滤器;8—流量计;9—蒸馏水瓶;10—液气混合器;11—蛇形管;
12—参比电导池;13—测量电导池;14—气液分离器;15—溶液再生器

降低的量,由显示测量电路以 CO 含量的形式指示出来。

该仪器适用于测量含微量的 CO 和 CO_2 组分的气体。可以分别测量气体中 CO_2 及 CO 的含量,也可测量气体中 CO 和 CO_2 的总量。在使用过程中,要定期用标准气体来校验仪器的量程,以保证分析所得数据的准确性。温度是该种仪器的最重要的环境条件,如果安装环境温度比较平稳,可减少仪器的附加误差。仪器在工作过程中,要消耗溶液中的 NaOH,为使仪器长期稳定工作,需要不断更新电导液。为此,给仪器装备了再生装置,用强碱性阴离子交换树脂除去 CO_3^{2-},使电导液再生。测量电导池的电导液在气样压力的推动下进入再生器,完成再生过程后流出,经蛇形管向周围环境散热后,重新返回参比电导池。

3) 容量滴定法

容量滴定法(化学反应法)可有效检测空气中的 CO_2 含量。用过量的氢氧化钡溶液与空气中 CO_2 作用生成碳酸钡沉淀,采样后多余的氢氧化钡用标准草酸溶液滴定至酚酞试剂红色刚褪。由容量滴定结果和采样空气体积可计算空气中 CO_2 含量,测量方法如下。

取一个吸收管(先充氮或充入经过钠石灰处理的空气),加入 50 mL 氢氧化钡吸收液,以 0.3 L/min 流量采样 5~10 min。采样前后,吸收管的进、出气口均用乳胶管连接以免空气进入。采样后,吸收管送实验室,取出中间砂芯管,加塞静置 3 h,使碳酸钡沉淀完全,吸取上清液 25 mL 放入碘量瓶中(碘量瓶事先应充氮或充入经碱石灰处理的空气),加入 2 滴酚酞指示剂,用草酸标准液滴定至溶液由红色变为无色,记录所消耗的草酸标准溶液的体积(mL)。同时吸取 25 mL 未采样的氢氧化钡吸收液做空白滴定,记录所消耗的草酸标准溶液的体积(mL)。将采样体积按公式(9-8)换算成标准状况下的采样体积。

$$V_n = V_t \frac{T_0}{T} \frac{p}{p_0} \tag{9-8}$$

式中　V_n——标准状况下的采样体积，L 或 m^3；

V_t——现场采样体积，L 或 m^3；

T_0——标准状况下的热力学温度，K；

T——采样时的热力学温度，K；

p_0——标准状况下的大气压力，101.3 kPa；

p——采样时的大气压力，kPa。

空气中 CO_2 含量按公式(9-9)计算

$$C=\frac{20\ (b-a)}{V_n} \tag{9-9}$$

式中　C——空气中 CO_2 含量，%；

a——样品滴定所用草酸标准溶液体积，mL；

b——空白滴定所用草酸标准溶液体积，mL；

V_n——换算成标准状况下的采样体积，L。

4) 气相色谱法

气相色谱法是建筑内环境空气污染物测定的主要方法之一。气相色谱法可以用来测定建筑室内环境空气中的甲醛、苯和苯系物、挥发性有机化合物等多种有害气体的浓度。

利用气相色谱法分离混合物组分的原理是：需要进行分离的混合物的样品，在流动相的推动作用下，流经一支装有固定相的色谱柱，受固定相的吸附或溶解作用，样品中的各组分在流动相和固定相中的浓度分配情况，会产生不同的状态和不同的参数变化，从而使各自从色谱柱中流出的时间长短发生不同的变化，达到分离混合物组分的目的。当采用液体作为流动相时，则称为液相色谱法；当采用气体（载气）作为流动相时，则称为气相色谱法。根据色谱柱中固定填充物的状态不同，气相色谱又分为气-固色谱和气-液色谱。气-固色谱中的固定相为固态填充物，气-液色谱中的固定相为液态填充物。

气相色谱分析仪是用色谱法来进行组分分析的仪器。它的主要组成部分有色谱柱、载气源、检测器、信号放大器、数据处理显示单元等。典型的气相色谱分析仪的基本工作原理和流程如图 9-3 所示。

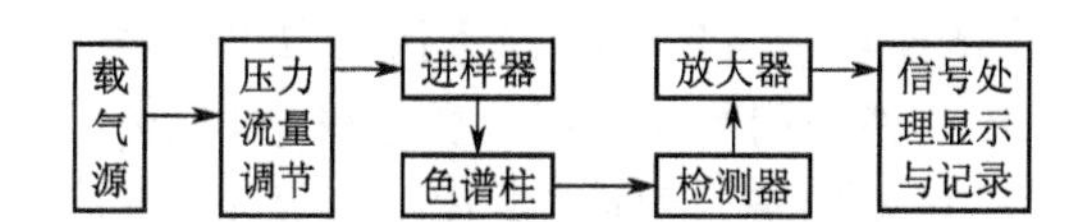

图 9-3　气相色谱分析仪的组成和工作流程

载气源的载气用来输送待测组分。一般选用的是惰性较大、不被固定相吸附或溶解、与待测组分不相同、在检测器中与待测组分的灵敏度相差较大的气体，如 H_2、He 及 Ar 等作为载气源。

色谱柱一般由玻璃管或不锈钢管制成，根据待测组分的不同性质选择内部填充的固定相。气-固色谱通常采用的是粒状的氧化铝、硅胶、活性炭、分子筛和高分子多孔微球等作为固定相；气-液色谱通常采用硅油、液态石蜡、聚乙烯二醇、甘油等物质作为固定相。色谱柱的分离效果同固定相内部填充物的性质、色谱柱的体积、流量、温度等特性参数有关。

检测器主要有热导检测器和氢火焰电离检测器两种方式。热导检测器经常使用在测量 CO 和 CO_2 等无机组分。一般应用优势系数较大的 H_2 和 He 作为载气源。工作时，仪器的参比室注入纯载气，测量室注入从色谱柱中流出的载气与待测组分的混合气体。参比室和测量室内热敏电阻的两端连接在测量电桥的相邻桥臂上。当测量室内的气体与参比室气体的热传导性不同时，电桥输出不同的毫伏电压信号，根据所测得毫伏电压信号的大小变化，就得到所测定组分的状态参数。

氢火焰电离检测器利用碳氢化合物(H_nC_m)在火焰中的电离现象对 HC 组分进行浓度测量，这种方式一般用于测量有机组分。测量室中混合气体经过喷雾喷出后，在空气的助燃下由通电点火丝点燃。HC 在燃烧的火焰中产生离子和电子，其数目随 H_nC_m 中所含 C 原子数目的增加而增加。这些离子和电子在周围电场的作用下，依照一定的方向运动而形成电流，电流信号的大小即反映待测组分的浓度。

9.2 二氧化硫测量仪表

测量 SO_2 常用的方法有库仑滴定法、电导法、紫外荧光法、热导分析法、分光光度法、火焰光度法等，本节仅介绍前四种。

9.2.1 库仑滴定法

库仑滴定法是一种建立在电解基础上的分析方法。其原理为在试液中加入适量物质，以一定强度的恒定电流进行电解，使之在工作电极上电解产生一种试剂(称滴定剂)，该试剂与被测物质进行定量反应，反应终点可通过电化学方法指示。用库仑做定量分析的必要条件是，在电极上只发生所需求的电解氧化反应，而不发生任何其他副作用。

常用的用库仑滴定法原理制造的 SO_2 分析仪是恒电流库仑滴定式 SO_2 分析仪。该分析仪由恒流电源、库仑池和测量显示部分所组成，如图 9-4 所示。

库仑池由铂丝阳极、铂网阴极、活性炭参比电极及 0.3 mol/L 碱性碘化钾溶液(电解液)组成。若将一恒流电源加于两电解电极上，则电流从阳极流入，经过阴极和参比电极流出。因参比电极通过负载电阻和阴极连接，故阴极电位是参比电极电位和负载上的电压降之和。在这样的电位差下，阴极只能氧化溶液中的碘离子得到碘分子

$$2I^- \rightleftharpoons I_2 + 2e$$

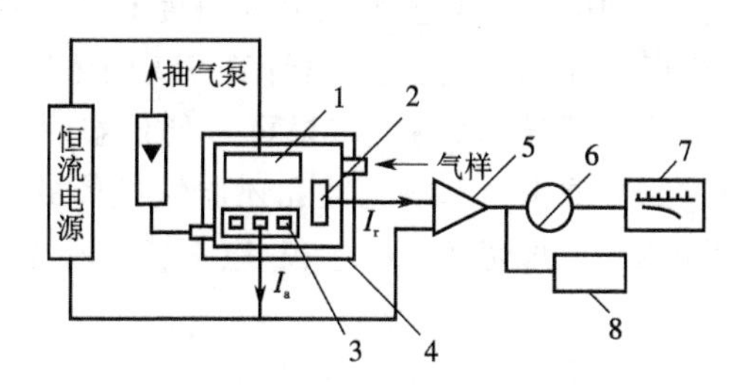

图 9-4　恒电流库仑滴定式 SO_2 分析仪工作原理

1—铂丝阳极；2—活性炭参比电极；3—铂网阴极；4—库仑池；
5—放大器；6—微安表；7—记录仪；8—数据处理系统

抽入库仑池的气体带动电解液在池中循环，碘分子被带到阴极后还原。在上述电位差作用下，阴极只能还原碘分子，重新产生碘离子

$$I_2 + 2e \rightleftharpoons 2I^-$$

如果进入库仑池的气样中不含有 SO_2，库仑池中无其他化学反应，则当碘浓度达到动态平衡后，阳极氧化的碘和阴极还原的碘相等，即阳极电流和阴极电流相等，参比电极无电流输出。如果气样中含有 SO_2，与溶液中的碘发生下列反应

$$SO_2 + I_2 + 2H_2O \longrightarrow SO_4^{2-} + 2I^- + 4H^+ \tag{9-10}$$

这个反应在库仑池中是定量进行的，每个 SO_2 分子反应后，消耗一个碘分子，少一个碘分子到达阴极，阴极将少给出两个电子，降低了流入阴极的电解液中碘的浓度，使阴极电流下降。为维持电极间氧化还原平衡，这两个电子由参考电极上的碳的还原作用给出，以维持电极间的氧化反应平衡

$$C(\text{氧化态}) + ne \longrightarrow C(\text{还原态})$$

气样中 SO_2 含量越大，碘消耗越多，导致阴极电流减小而通过参比电极流出的电流越大。当气样以固定流速连续地通入库仑池时，则参比电极电流和 SO_2 量间的关系为

$$P = \frac{I_R M}{96\ 500n} = 0.000\ 332 I_R \tag{9-11}$$

式中　P——每秒进入库仑池的 SO_2 量，$\mu g/s$；

I_R——参比电极电流，μA；

M——SO_2 的相对分子质量，64；

n——参加反应的每个 SO_2 分子的电子变化数，2。

设通入库仑池的流量为 q_V(L/min)，气样中 SO_2 的浓度为 c($\mu g/L$)，则每秒进入库仑池的 SO_2 量为

$$P = \frac{c q_V}{60} \tag{9-12}$$

$$c = 60\,\frac{0.000\ 332 I_R}{q_V} \approx 0.02\,\frac{I_R}{q_V} \tag{9-13}$$

由此可见,参比电极增加的电流与被测成分的浓度有关。将参比电极电流变化放大后,由微安表显示或记录仪记录电流值,可计算 SO_2 的浓度。

另外,仪器设有数据处理系统,对测定结果可方便地显示和打印。仪器的零点调整,是用经过活性炭过滤器滤去全部氧化性和还原性气体的空气作为零点气来校验仪器的零点的。使用仪器时,每切换一次量程,应重新校验零点。

9.2.2 电导法

当某些气体溶解于电解液中时,与原有电解质发生化学反应,会改变电解液的电导。大气中这些气体的成分越多,其被电解液吸收的也越多,电解液的电导变化也越大。电导气体分析仪就是利用某种特定的溶液选择性地与大气中的某些成分发生反应,然后用测定溶液电导的方法来测定气体成分。

溶液的电导率与溶液中电解质的浓度有关,在某一区域内电导率 γ 与浓度 c 之间可认为近似呈线性关系

$$\gamma = mc + b \tag{9-14}$$

式中,m 与 b 均为常数。

在极低浓度区域,可认为 $\gamma = mc$,而溶液的电导可写成

$$G = \frac{\gamma}{K} \tag{9-15}$$

式中 G——溶液的电导;

K——电极电导池常数。

K 与测量电导的电极面积和极间距离有关,当电导池的几何参数固定时,K 的数值也就不变,于是得到在极低浓度区域的溶液电导,即

$$G = c\frac{m}{K} \tag{9-16}$$

根据式(9-16)测得溶液的电导后,就可以确定溶液的浓度,再根据测量前后溶液浓度的变化(该变化值由大气中参与化学反应的气体成分的量决定),即可得出大气中某些特定气体成分的浓度。

用电导法测定 SO_2 时,首先要用过氧化氢水溶液吸收二氧化硫,即

$$SO_2 + H_2O_2 \rightarrow H_2SO_4 \rightleftharpoons 2H^+ + SO_4^{2-}$$

反应所生成的硫酸,使吸收液电导率增加,其增加值取决于气样中 SO_2 含量,故通过测量吸收 SO_2 前后电导率的变化,就可以得知气样中 SO_2 的浓度。

根据电导法原理制造的电导式 SO_2 自动监测仪,有间歇式和连续式两种类型。间歇式测量结果为采样时段的平均浓度;连续式测量结果为不同时间的瞬时值。这种仪器的工作原理如图 9-5 所示。电导成分分析仪的核心部件是电导池。它有两个电导池,一个是参比电导池,用于测定空白吸收液的电导率 K_1;另一个是测量电导池,用于测定吸收 SO_2 后吸收液的电导率 K_2。由于空白吸收液的电导率在一定温度下是恒定的,因此,通过测量电路测知两种电导液电导率差值($K_1 - K_2$),得到任何时

刻气样中 SO_2 的浓度。通过比例运算放大电路测量 K_2/K_1 来实现对 SO_2 浓度的测定。

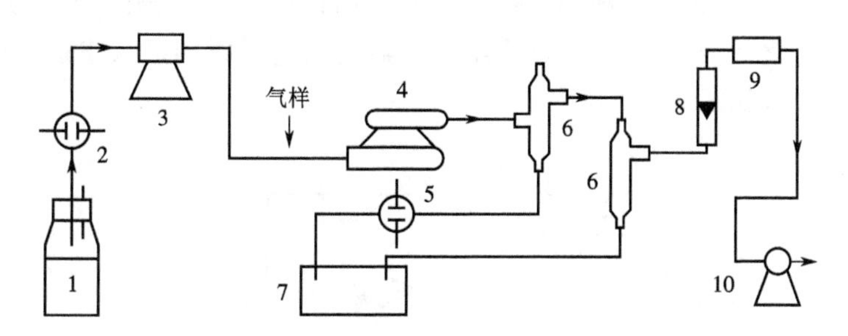

图 9-5　电导式 SO_2 分析仪工作原理图

1—吸收液贮瓶；2—参比电导池；3—定量泵；4—吸收管；5—测量电导池；
6—气液分离器；7—废液槽；8—流量计；9—滤膜过滤器；10—抽气泵

9.2.3　紫外荧光法

紫外荧光法是利用测荧光波长和荧光强度建立起来的定性、定量方法。荧光通常是指某些物质受到紫外光照射时，各自吸收了一定波长的光之后，发射出比照射光波长长的光，而当紫外光停止照射后，这种光也随之消失。

SO_2 分子被紫外光照射后发出荧光，荧光的强弱与 SO_2 的量有关。根据比尔定律，光透过物质后部分被物质吸收，则透射光强度 I 表示为

$$I=I_0 e^{-klc} \tag{9-17}$$

式中　I_0——入射光(激发光)强度；

c——被测物质的浓度；

l——透过液层厚度；

k——被测物质摩尔吸光系数。

被吸收光比例为 $1-\dfrac{I}{I_0}=1-e^{-klc}$，即得到被吸收的光量为 $I_0-I=I_0(1-e^{-klc})$。荧光的总强度与被吸收光量以及荧光效率 ϕ 成正比，因此总的荧光强度 F 可表示为

$$F=(I_0-I)\phi=I_0\phi(1-e^{-klc}) \tag{9-18}$$

若荧光物质的浓度很稀，被吸收的光不超过总量的 2%，且 klc 不大于 0.05，则式(9-18)简化为

$$F=KI_0\phi(klc) \tag{9-19}$$

式中　K——测量荧光装置的几何结构因素。

由式(9-19)可知，荧光强度与 SO_2 浓度成正比，如测得荧光强度，可得知 SO_2 浓度。

荧光法测定 SO_2 的主要干扰物质是水和芳香烃化合物。水的影响包括两个方面：① SO_2 可溶于水，造成损失；② SO_2 遇水产生荧光猝灭，造成负误差。可用半透膜

渗透法或反应室加热法除去水的干扰。芳香烃化合物在190～230 nm紫外光激发下也能发射荧光,造成正误差,可用装有特殊吸附剂的过滤器预先除去。

用荧光法原理制造的分析器,称为荧光式分析仪。紫外荧光式 SO_2 分析仪由气路和荧光计两部分组成。气样经过除尘过滤器后通过采样阀进入渗透膜除水器、除烃器到达反应室,如图9-6所示。

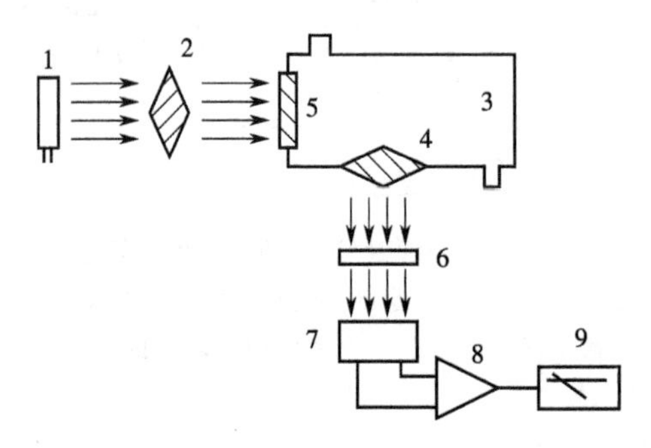

图9-6　紫外荧光式 SO_2 分析仪的工作原理

1—紫外光源;2、4—透镜;3—反应室;5—激发光滤光片;6—发射光滤光片;
7—光电倍增管;8—放大器;9—指示表

反应后的干燥气体经流量计测定流量后排出。荧光计紫外光源发射脉冲紫外光,经激发光滤光片进入反应室,SO_2 分子在此被激发产生荧光,经发射光滤光片投射到光电倍增管上,将光信号转换成电信号,经电子放大系统等处理后直接显示浓度读数。

紫外荧光式 SO_2 分析仪使用前,要用标准 SO_2 气体标定。该仪器操作简便,对环境条件要求较高,应安装在温度变化不大、灰尘少、清洁干燥的地方。

9.2.4　热导分析法

热导分析仪可用于 SO_2 气体成分分析。它是利用混合气体中待测组分含量变化会引起混合气体导热系数变化这一特性实现气体分析的。由傅里叶定律可知,当导热介质两侧温差确定时,通过介质的热流密度由介质的导热系数决定。不同介质的导热系数不同,对于彼此之间无相互作用的多组分混合气体,它的导热系数 λ 可近似地认为是各组分导热系数 λ_i 的算术平均值,即

$$\lambda=\sum_{i=1}^{n}\lambda_i\varphi_i=\lambda_1\varphi_1+(1-\varphi_1)\lambda_2 \tag{9-20}$$

式中　φ_i——混合气体第 i 个组分的体积分数;

λ_i——混合气体第 i 个组分的导热系数,W/(m·℃);

φ_1——某组分的百分数;

λ_1——某组分的导热系数,W/(m·℃);

$1-\varphi_1$——其余各组分的百分数;

λ_2——其余各组分的导热系数，W/(m・℃)。

λ_1、λ_2在规定温度下可视为常数。式(9-20)表明，λ 与 φ_1呈一定的函数关系。根据这一关系便可以由气体的导热系数变化来测量气体中某一成分的含量变化。

热导分析仪结构如图 9-7 所示。把导热系数的变化转换为电阻的变化，然后通过测量电阻值，得到φ_1值。由于发送器为热导室，热导室是一个圆柱形垂直放置的金属气室，室内垂直悬挂一根铂电阻丝，既是加热元件，又是测量元件，其阻值与被测混合气体的导热系数呈一定的函数关系。铂电阻丝与气室腔体之间有良好的电绝缘。对热导室腔体采取恒温措施，其内壁温度为定值。

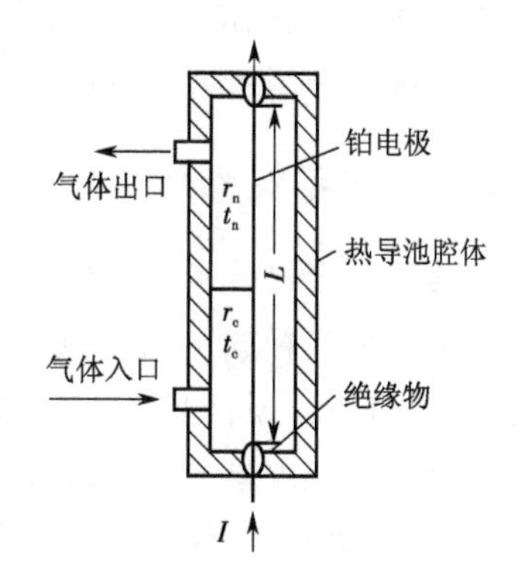

图 9-7　热导室结构原理图

热导室工作时，被测气体从热导室的下面入口流入，从上面出口流出。铂电阻丝被强度为 I 的电流加热，同时铂丝向周围散失热量。当加热量与散热量平衡时，有

$$I^2 R_n = \frac{2\pi L\lambda(t_n - t_c)}{\ln \frac{r_c}{r_n}} \tag{9-21}$$

式中　t_c、t_n——热导室与铂电阻丝的温度，℃；

r_c、r_n——热导室与铂电阻丝的半径，m；

R_n——铂丝电阻，Ω；

I——通过铂丝的电流，A；

L——铂电阻丝长度，m。

将式(9-21)变形后，代入铂电阻丝阻值与温度的关系式，并忽略高阶小数项，得到电阻丝阻值与混合气体的导热系数之间的关系式

$$R_n = R_0(1+at_c)\frac{K}{\lambda}R_0^2 a \tag{9-22}$$

式中　R_0——铂电阻丝在 0 ℃时的电阻，Ω；

a——铂电阻材料的电阻温度系数；

K——常数。

式(9-22)表明在热导室结构、壁温和电流一定的条件下，电阻丝阻值与混合气体的导热系数存在着单值函数关系。由式(9-20)已知混合气体导热系数与被测组分气体的体积分数之间的关系，因此热导室内铂电阻阻值即代表被测组分含量，即 R_n与 c_1呈单值函数关系。

9.3　氮氧化物测量仪表

大气中的氮氧化物主要以 NO 和 NO_2形式存在，这两种物质可以分别测定，也

可测定二者的总量。NO_2是一种关键的大气化学组分,参与了多种重要的大气化学过程,如—OH 自由基、—HO_2自由基及有机过氧自由基—RO_2之间的光化学循环,光化学氧化剂及酸雨的形成等,对大气环境有重要影响。测量 NO 和 NO_2的常用方法为化学发光法、库仑滴定式法和氢氧化钠吸收-盐酸萘乙二胺分光光度法等。本节主要对这三种测量方法进行简单介绍。

9.3.1 化学发光法

某些化合物分子吸收化学能后,被激发到激发态,再由激发态返回至基态时,以光量子的形式释放出能量,这种化学反应称为化学发光反应,利用测量化学发光强度对物质进行分析测定的方法称为化学发光法。

化学发光现象通常出现在放热化学反应中,包括激发和发光两个过程。NO 和 O_3 反应可发射光,其反应机理为

$$NO + O_3 \longrightarrow NO_2^* + O_2 \tag{9-23}$$

$$NO_2^* \longrightarrow NO_2 + hf \tag{9-24}$$

$$I = K\frac{C_{NO}C_{O_3}}{C} \tag{9-25}$$

式中 h——普朗克常量;

f——发射光子的频率;

K——与化学发光反应温度有关的常数;

C_{NO}、C_{O_3}、C——NO、O_3和空气的浓度。

NO_2^* 为处于激发态的二氧化氮,向基态跃迁的同时发射光子,发出的光波长带宽在 600~3200 nm 范围内,最大发射波长为 1200 nm。当反应温度一定,而参加反应的臭氧分子过量时,样品中 NO 的浓度与化学发光强度成正比,即与接收这种发光的光电倍增管输出电流的大小成正比。若要分析 NO_2,则首先应将 NO_2 定量还原为 NO。

根据化学发光法原理制造的分析仪表称为化学发光式分析仪。化学发光式氮氧化物分析仪由转换器、O_3发生器、过滤器和信号放大、处理、显示系统等组成。由图 9-8 可见,气体通道有两个:一个是被分析的气体样经尘埃过滤器进入转换器,将 NO_2转换成 NO,再通过三通电磁阀、流量计到达反应室;另一个是氧气经电磁阀、膜片阀、流量计进入 O_3发生器,在紫外光照射或无声放电等作用下,产生少量 O_3并进入反应室。在反应室中,气样中的 NO 与 O_3发生化学发光反应,产生的光量子经反应室端面上的滤光片获得特征波长光射到光电倍增管上,将光信号转换成与气样中的 NO_2浓度成正比的电信号,经放大和信号处理后,送入指示、记录仪表显示和记录测定结果。反应后的气体由抽气泵抽出排放。

仪器投入正常使用前,应对零点和刻度进行校准。投入使用之后,也要对仪器

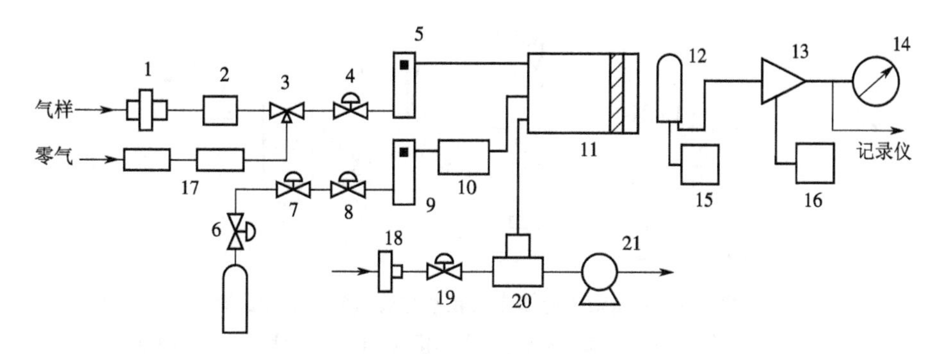

图 9-8　化学发光式氮氧化物分析仪工作原理

1、18—尘埃过滤器；2—NO_2→NO 转换器；3、7—电磁阀；4、6、19—针形阀；5、9—流量计；8—膜片阀；10—O_3发生器；11—反应室及滤光片；12—光电倍增管；13—放大器；14—指示表；15—高压电源；16—稳压电源；17—零气处理装置；20—三通管；21—抽气泵

进行定期校准，以保证分析所得数据的准确性。校验周期按使用情况和所需的精度确定。该仪器对环境条件要求较高，应安装在温度变化不大、灰尘少、清洁干燥的地方。

9.3.2　库仑滴定法

NO_2 与碘离子反应生成碘分子，通过测定这些碘分子在库仑池阴极上被还原为碘离子所产生的电流，可确定 NO_2 的量。

利用库仑滴定法原理制造的分析仪器称为库仑滴定式分析仪，常用的氮氧化物分析仪为原电池库仑滴定式氮氧化物分析仪，它由库仑池和测量显示部分组成。

库仑池中有两个电极，一个是活性炭阳极，另一个是铂网阴极。池内充 0.1 mol/L 磷酸盐缓冲溶液(pH=7)和 0.3 mol/L 碘化钾溶液。当进入库仑池的气样中含有 NO_2时，则与电解液中的 I^- 反应，将其氧化成 I_2，而生成的 I_2 又立即在铂网阴极上还原为 I^-，便产生微小电流。如果电流效率达 100%，则在一定条件下，微电流大小与气样中 NO_2 浓度成正比，故可根据法拉第电解定律将产生的电流换算成 NO_2 的浓度，直接进行显示和记录。由库仑池出来的气体经缓冲瓶除水，稳流室限制流量，加热提高温度(降低湿度，以保护薄膜泵不受凝结水的损害)后，由抽气薄膜泵抽吸排出。作为零点气的空气经活性炭过滤器净化后，直接进入库仑池。

测定总氮氧化物时，需先让气样通过三氧化铬氧化管，将 NO 氧化成 NO_2。图 9-9 即为原电池库仑滴定式氮氧化物分析仪工作原理图。

该仪器的维护量较大，连续运行能力差，需经常用 NO_2 标准气校正仪器的刻度，以保证分析数据的准确性，24 h 要调零一次。

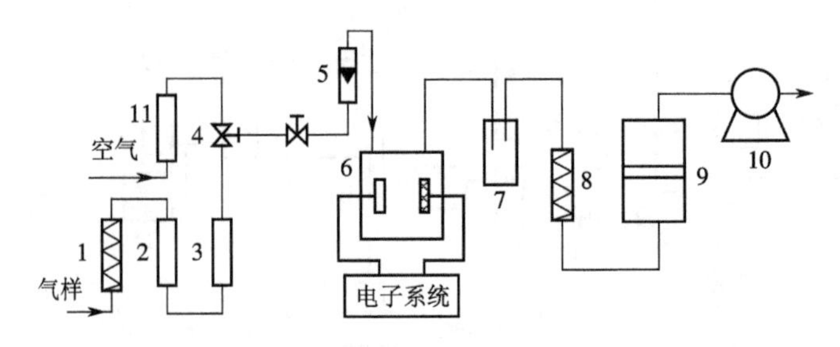

图 9-9 原电池库仑滴定式氮氧化物分析仪工作原理

1、8—加热器;2—氧化银过滤器;3—三氧化铬氧化管;4—三通阀;5—流量计;6—库仑池;7—缓冲瓶;9—稳流室;10—抽气薄膜泵;11—活性炭过滤器

9.3.3 氢氧化钠吸收-盐酸萘乙二胺分光光度(Saltzmann)法

当前对污染源废气中氮氧化物的监测,主要采用中和滴定法、二磺酸酚分光光度法、盐酸萘乙二胺分光光度法和肼还原-盐酸萘乙二胺分光光度法等。前三种方法为国家环保总局(现更名为生态环境部)推荐的方法,后者为试行方法,对污染源的监测均有一定的局限性。中和滴定法只适用于硝酸厂的工业废气,二磺酸酚分光光度法和肼还原-盐酸萘乙二胺分光光度法只适宜用于稳态排放的污染源,操作难度大,还易引起较大的误差,盐酸萘乙二胺分光光度法测定范围较窄,样品保存时间短,需要同时测定 Saltzmann 系数 f 以对测定结果进行校正。用氢氧化钠吸收-盐酸萘乙二胺分光光度法测定污染源废气中的氮氧化物最为适宜,克服了以上各种方法的缺陷和制约。现将该方法作如下介绍。

(1) 测量原理

NO_2 被氢氧化钠吸收液吸收后,生成亚硝酸钠和硝酸钠。分析时用适量盐酸中和,以亚硝酸形态与对氨基苯磺酸起重氮化反应,再与盐酸萘乙二胺相遇,呈玫瑰红色,根据颜色深浅,用分光光度法测定。

图 9-10 是确定 Saltzmann 系数 f 的试验框图。Saltzmann 系数 f 是数次采用如图方法进行对比试验获得的,图中 A 组为氢氧化钠吸收液吸收,B 组为推荐方法中吸收液吸收。A、B 两组的流量 L_A、L_B 均经过皂膜流量计校核,进入两组吸收液的 NO_2 浓度是一致的,故有

$$\frac{20m_A}{fVnd_A}F_A=\frac{C_BV_t}{0.72Vnd_B}F_B \tag{9-26}$$

$$f=\frac{20\times 0.72m_AVnd_B}{C_BV_tVnd_A}\frac{F_A}{F_B}=\frac{14.4m_A}{C_BV_t}\frac{p_BXT_AL_B}{p_AT_BL_A}\frac{F_A}{F_B} \tag{9-27}$$

由式(9-26)和式(9-27),对数次对比试验获得的 f 值求平均值,得出 $f=0.76$。

(2) 测量步骤

① 标准曲线的绘制:同推荐的盐酸萘乙二胺分光光度法,选用 1 cm 比色皿

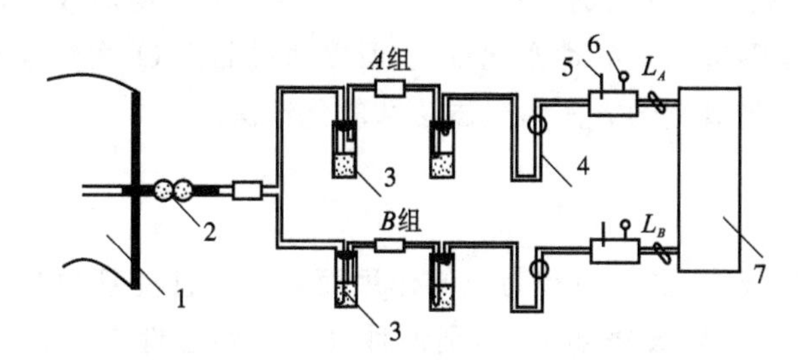

图 9-10　确定 Saltzmann 系数 f 的试验框图

1—烟道；2—氧化管；3—吸收瓶；4—干燥管；5—温度计；6—压力计；7—采样器

比色。

② 样品测定。

根据样品数量，准备好 25 mL 具塞比色管，各加入 20 mL 吸收原液备用。样品进实验室后，将第一吸收瓶中的样品倒入容量瓶，再将第二吸收瓶中的样品倒入第一个吸收瓶中，洗涤一下也倒入容量瓶，再用现场吸收液依次洗涤两次，洗涤液并入容量瓶。后用适量（约 5 mL）2.0 mol/L 盐酸溶液中和现场吸收液中的氢氧化钠，消除氢氧化钠对吸收液的影响，并迅速用重蒸馏水定容到 100 mL。取 5 mL 定容后的现场吸收液，快速移入预先准备好的具塞比色管中，混匀，显色。按绘制标准曲线的方法测定试剂空白液及样品溶液的吸光度。当室温低于 16 ℃时，显色时间延长至 40 min 以上。

若样品溶液的吸光度超过测定上限，则取适量样品溶液于 25 mL 比色管中，用吸收液稀释到标线，混匀，测定吸光度。计算时乘以相应稀释倍数。

(3) NO_2的浓度计算

NO_2的浓度计算式为

$$C_{NO_2} = \frac{20m}{0.76V_{nd}}F \tag{9-28}$$

式中　C_{NO_2}——NO_2的浓度，mg/m^3；

m——比色管中亚硝酸根离子含量，μg；

V_{nd}——标准状态下干废气的采样体积，L；

F——样品溶液浓度高时的稀释倍数；

0.76——NO_2(气)－NO_2(液)的转换系数。

使用氢氧化钠吸收-盐酸萘乙二胺分光光度法测定，消除了盐酸萘乙二胺分光光度法只适用于低浓度氮氧化物的限制，且可以用来对各类稳态、非稳态排放的污染源进行监测，提高了氮氧化物监测结果的准确度，更好地为环境管理服务。

9.4　氧量测量仪表

工业锅炉的燃烧过程与过剩空气系数有关，而过剩空气系数与烟气中的 CO_2和

CO 有关。控制过剩空气系数的大小,可以节约燃料、提高锅炉效率。由于 CO_2 与过剩空气系数的关系随着燃料品种变化较大,所以通过测定 O_2 含量来确定过剩空气系数。目前常用的测量氧量的方法为热磁法和氧化锆法。

9.4.1 热磁法

介质处于外磁场中,受到力和力矩的作用而显出磁性的现象称为磁化。当气体处在外磁场中间时,如果被磁场吸引,则该种气体为顺磁性气体;如果被磁场排斥,则该种气体为逆磁性气体。在具有温度梯度和磁场梯度的环境中,当顺磁性气体存在时,由于气体局部温度升高,这些气体的磁化率下降,这种利用磁化率与温度间的关系测定气体中的某种成分含量的方法称为热磁法。

气体的磁化强度与外磁场强度之比称为磁化率。顺磁性气体的比磁化率 x 与体积磁化率 k 之间的关系为

$$x=\frac{C}{T+\Delta}=\frac{k}{\rho} \tag{9-29}$$

式中 C——居里常数;

T——气体的绝对温度;

Δ——修正常数,对于每种物质来说是固定不变的,大多数顺磁性物质的 $\Delta=0$;

ρ——气体的密度。

根据玻意耳定律,气体密度为

$$\rho=\frac{PM}{RT} \tag{9-30}$$

式中 P——气体压力;

M——气体的摩尔质量;

R——摩尔气体常数。

由式(9-29)及式(9-30)可得

$$k=\frac{CM}{R}\frac{\rho}{T^2}$$

或

$$k=k_0\frac{P}{P_0}\frac{T_0^2}{T^2} \tag{9-31}$$

式中 k_0——标准状态下的气体体积磁化率;

P_0、T_0——标准状态下气体的压力和绝对温度。

互不发生化学反应的多组分混合气体,其体积磁化率 k_{mix} 等于各单独组分体积磁化率 k_i 的加权和

$$k_{mix}=\sum_{i=1}^{n}k_i\varphi_i=k\varphi+(1-\varphi)k' \tag{9-32}$$

式中 k——某种气体的体积磁化率;

φ——某种气体的体积分数；

k_i——混合气体中 i 组分的体积磁化率；

φ_i——混合气体中 i 组分的体积分数；

k'——混合气体中非氧组分的体积磁化率。

除氮氧化物外，O_2 是一种磁化率远大于其他气体的顺磁性气体，在具有磁场梯度和温度梯度的环境中，若混合气体中含氧量变化，则其体积磁化率 k 会随之变化，从而引起热磁对流强度变化，处于磁场中的热电阻温度传感器（铂丝）因对流换热量变化而温度发生变化。铂丝的温度与含氧量之间的关系可近似地表示为

$$t=A\varphi kI^2\frac{P_\rho c_p}{T^2\eta\lambda}H\frac{\mathrm{d}H}{\mathrm{d}x} \tag{9-33}$$

式中　k——纯氧的体积磁化率；

A——与仪器结构有关的常数；

I——通过热敏元件的电流；

φ——氧的含量；

H——磁场强度；

$\frac{\mathrm{d}H}{\mathrm{d}x}$——在给定方向上的磁场梯度；

P、T——大气压力和温度；

ρ、c_p、η、λ——混合气体的密度、热容、黏度和导热系数。

铂丝的温度变化引起其阻值改变，通过电桥将传感器的阻值变化以电压的形式反映出来，则该电压读数变化就与混合气体中的含氧量有关。热磁式氧分析仪就是利用在不均匀磁场中，受热含氧混合气体的体积磁化率变化而产生的热磁对流变化进行间接测量。热磁式氧分析仪由取样装置、传感器和显示仪表组成。传感器是仪器的核心，也称为检测器或分析室，其作用是把混合气体中含氧量变化转化为电压信号。传感器分为外对流式和内对流式两种。

内对流式热磁氧传感器如图 9-11 所示。图中在环室的中间有两个铂丝热敏元件 R_1、R_2，作为惠斯通电桥的桥臂。整个传感器壳体由不导磁的材料（如黄铜）制成。永久磁铁的 2 个锥形极靴偏心地放在中间通道的一侧，产生非均匀磁场。当不含氧气的被测气体由环室两侧通过时，敏感元件环绕的空间没有气流。当被测气体中含氧时，氧气分子受到磁场吸引穿过敏感元件环绕的空间，使铂电阻温度发生变化。

图 9-12 为外对流式热磁氧传感器。传感器有参比气室 F_1 和测量气室 F_2，每个气室都设有热电阻丝，但测量气室气样进口处设有一对磁极，而参比气室不设磁极。气样流经水平管道时，在测量气室既有表面对流换热，也有热磁对流换热。而在参比气室只有表面对流换热，换热量的差别造成两个气室中的平衡温度不同，因此两个气室中的热电阻也不同。将两个热电阻接在电桥上，电桥的不平衡信号输出就可反映出气样中的氧气的含量。

热磁式氧分析仪用于烟气分析时，由于烟道气处于负压，温度较高，又有大量灰

尘,因此需要有包含抽气、过滤和冷却的取样系统(如图 9-13 所示)。

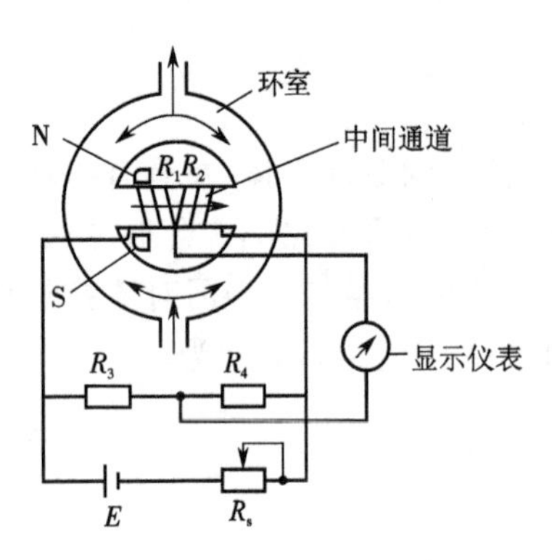

图 9-11　内对流式热磁氧传感器

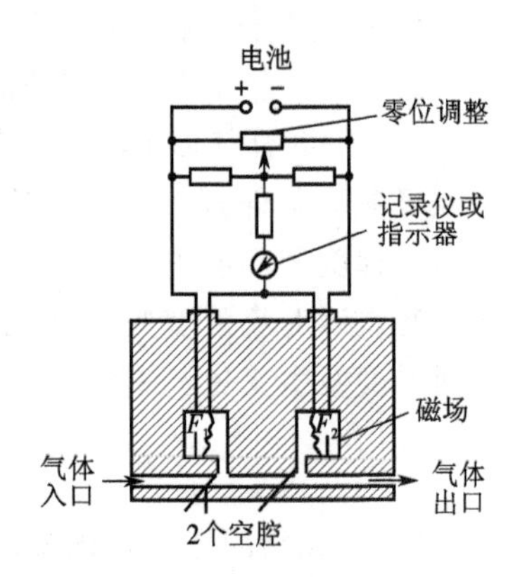

图 9-12　外对流式热磁氧传感器

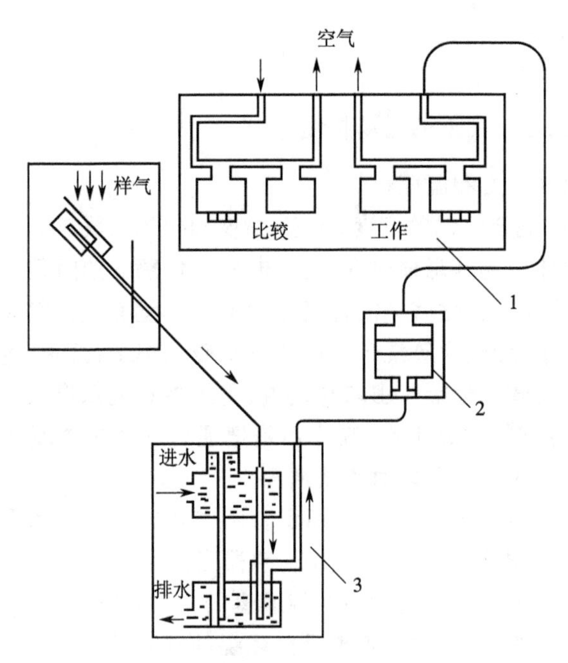

图 9-13　用于烟气分析的热磁式氧分析仪

1—热磁氧传感器;2—检查过滤器;3—水流抽气泵

9.4.2　氧化锆法

氧化锆(ZrO_2)是一种金属氧化物陶瓷材料。在常温下,它具有单斜晶体结构。当温度升高至 1500 ℃时,晶体排列由单斜晶体变为立方体晶体,同时有 7%的体积收缩;当温度降低时,发生反方向相变又成为单斜晶体。因此,氧化锆晶体随温度的变化是不稳定的,经过反复加热和冷却,氧化锆会断裂。为解决上述纯净氧化锆的问题，而在氧化锆中加入少量的氧化钙（CaO）或氧化钇（Y_2O_3）等稀土氧化物作稳定剂，在经过高温处理，则其晶型变为不随温度变化的稳定萤石型立方晶体，这是一种稳定的氧化锆材料。由于在氧化锆的分子中，锆是正四价，氧是负二价。一个锆原子与二个氧原子结合，形成氧化锆分子。而钙是正二价，一个钙原子只能和一个氧原子结合，这样一来，当氧化钙进入氧化铅的晶格时，就产生了氧离子的空位，如图9-14所示。

这个空位叫做氧离子空穴。当温度在600～800 ℃时，空穴型氧化锆就成为良好的氧离子导体，具有导电特性，故被称为固体电解质。若在氧化锆固体电解质的两侧各附上一层多孔的金属铂电极，就构成了如图9-15所示的氧浓差电池。

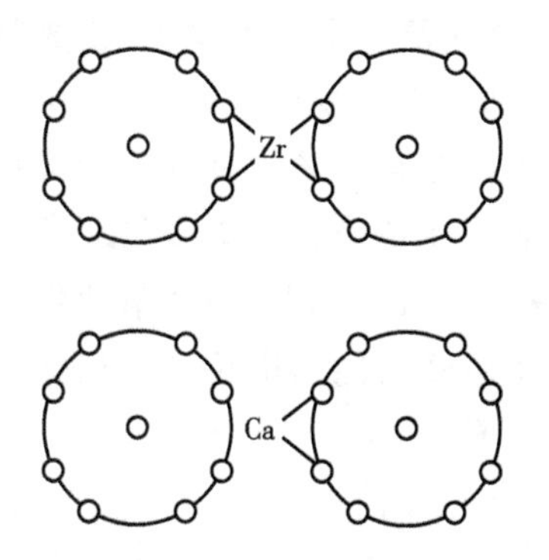

图9-14　氧化锆中的氧离子空穴

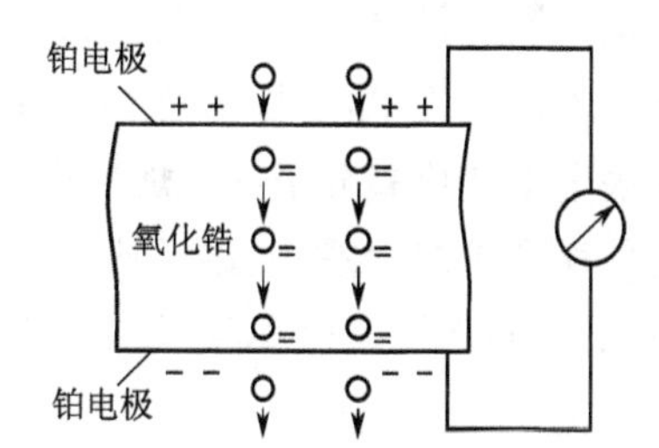

图9-15　氧浓差电池的形成

使用氧化锆固体电解质测量氧量时，传感器一般做成圆管状，如图9-16所示。

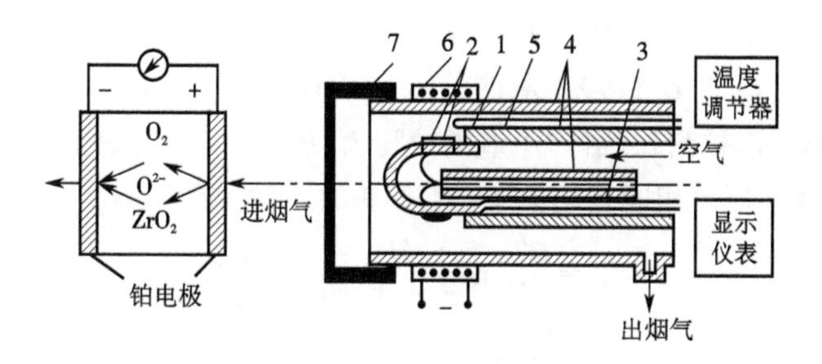

图9-16　氧浓差电池和氧化锆传感器

1—氧化锆管；2—内外铂电极；3—电极引线；4—Al_2O_3管；5—热电偶；6—加热丝；7—陶瓷过滤器

在管的内、外壁表面各烧结一层长度约为20 mm的多孔铂金属作为电极，并用0.5 mm的铂丝作内外电极引线。当传感器两侧气体含氧量不同时，则会在传感器上形成浓差电势。氧化锆氧量计就是把被测气体与含氧量确定的气体分别置于氧化锆传感器两侧，比较形成的浓差电势，换算被测气体含氧量。

测量时管内通入空气（参比气体），管外通烟气。管内外两侧气体中的氧分子被金属铂吸附，并且在其催化作用下得到电子和氧离子(O^{2-})，然后进入氧化锆离子空穴中，而在金属铂表面上留下过剩的正电荷。同时，氧化锆中的氧离子(O^{2-})也会失去电子成为氧分子进入到空气或烟气中。当固体电解质中氧离子浓度一定时，气体中的氧分子浓度越大，这种转移越多。当这两种以相反方向进行转移的过程最后达到动态平衡时，金属铂带正电而氧化锆带负电，二者之间具有静电吸引作用，这种作用不是均匀地分布在氧化锆固体电解质中，而是较多的氧离子聚集在铂金属表面附近，形成双电层，金属铂与氧化锆之间产生电位差，该电位差称为电极电位。

电极电位的高低不仅取决于组成电极的物质性质，而且与物质温度、离子及分子浓度等因素有关。由于空气中氧的分压 P_A 高于烟气中氧的分压 P_C(即 $P_A>P_C$)，所以空气侧铂电极电位高于烟气侧铂电极电位，二者之间便产生了电位差，构成氧浓差电池。由于大量的正电荷通过导线由正极流向负极，使正极正电荷减少，负极正电荷增多，即破坏了正负电极的正逆反应平衡，空气侧将有更多的氧分子变成离子进入氧化锆中，正极反应 $O^2+4e \longrightarrow 2O^{2-}$ 加剧。而氧化锆中将有更多的氧离子失去电子变成氧分子进入烟气中，负极反应 $2O^{2-} \longrightarrow O_2+4e$ 加剧。只要氧化锆管内外存在氧浓度差，上述反应就将继续进行，从而维持两极之间的电位差。根据原电池原理，氧浓差电动势 E 可由能斯特(Nernet)公式计算

$$E=\frac{RT}{nF}\ln\frac{P_A}{P_C} \tag{9-34}$$

式中 R——摩尔气体常数，$R=8.314\ \mathrm{J/(mol\cdot K)}$；

T——气体热力学温度，K；

n——1个氧分子所得电子数，$n=4$；

F——法拉第常数，$F=96\ 485\ \mathrm{C/mol}$；

P_A——空气(参比气体)中氧的分压力，Pa；

P_C——烟气(被测比气体)中氧的分压力，Pa。

若两侧气体的压力相同且均为 P，则式(9-34)可写成

$$E=\frac{RT}{nF}\ln\frac{P_A/P}{P_C/P}=\frac{RT}{nF}\ln\frac{\varphi_A}{\varphi_C} \tag{9-35}$$

式中 φ_A——参比气体中氧的体积分数，$\varphi_A=\frac{P_A}{P}$；

φ_C——被测气体中氧的体积分数，$\varphi_C=\frac{P_C}{P}$。

由式(9-35)可知，当氧浓差电池温度恒定，以及参比气体含量 φ_A 一定时，电池产生的氧浓差电动势将与被测气体含量 φ_C 呈单值函数关系。通过直接测量的电动势 E 的数值，就可以得出被测气体的含氧量。氧化锆氧量计是利用氧化锆固体电解质作为测量元件，将氧量信号转换为电量的信号，并由氧量显示仪表将被测气体的氧含量表示出来。

思考与练习题

9-1 气体成分分析的主要作用体现在哪些方面？

9-2 试简述电导式气体分析仪和热导式气体分析仪的工作原理及特点。

9-3 热导式气体分析仪的参比气室中一般充入什么气体？

9-4 在热导分析仪中，为什么要稳定样品流速？

9-5 热导分析仪的输出特性曲线是非线性的，在应用中如何克服？

9-6 除了气体成分分析仪器，气体成分测量系统一般还应包括哪些系统？各起到什么作用？

9-7 请简述电位滴定分析仪、红外线气体分析仪的主要工作原理。

9-8 气体成分测量中，常用的氧气含量测量仪器有哪些？各自采用何种测量原理？

9-9 在烟气成分分析中，取样点的位置设置应注意哪些问题？

9-10 热磁式氧分析仪中“磁风”是如何形成的？简述 O_2 含量的变化如何转换成电压信号值的变化。

9-11 热磁式氧分析仪有哪些附加误差？用什么办法可以消除或补偿这些误差？

9-12 试简述氧化锆氧量计的测氧原理。

9-13 用氧化锆氧量计测定烟气中的氧含量，若在 750 ℃条件下，烟气中氧含量分别为 1%、5%、10%，试用能斯特方程分别求出所产生的池电势值。

第10章　其他参数的测量

在现代生活中，环境噪声及放射性对人类健康有直接危害。通常来说，噪声并不致命，且与声源同时产生、同时消失，但噪声会使听力受到损害，会引起神经系统、心血管系统、消化系统的疾病。而环境中的放射性来源于天然的和人为的放射性核素，存在于大气、土壤、作物、道路、居室和水等环境中，人很难直接感受到它的危害。为了减少噪声、放射性对人们生活、工作环境的污染，需对环境噪声及放射性进行测量，为研究出相应控制措施提供理论基础。另外，在工业设备的运行中，经常要对水质进行分析，提高设备效率、节约燃料、防止事故、延长设备使用寿命。本章主要介绍水中的含盐量和含氧量的测定方法。

10.1　环境噪声测量

声音对于人类社会实践是非常有用的，它可帮助人们熟悉周围环境，也可向人们提供各种信息，互相交流思想；但是，有一些声音会使人感到烦躁不安，影响人们正常工作和身体健康，这种声音就是噪声。噪声测量是对环境噪声进行监测、评价和控制的重要手段。为正确测量和分析噪声，必须了解测量仪器性能和作用，明确测量分析的目的，选择适当的测量方法。常用噪声测量仪器有声级计、频谱分析仪、电平记录仪和磁带记录仪等。

10.1.1　噪声的物理量度

噪声是声波的一种，它具有声波的一切物理性质，在工程应用中除了用声速、频率和波长来描述外，还常用以下的物理量来表征其特性。

1）声强

声强是衡量声波在传播过程中声音强弱的物理量，通常用I表示。其物理意义为：垂直于声音的传播方向，在单位时间内通过单位面积的声音的能量，即单位面积上的声功率，其数学表达式为

$$I=\frac{W}{S} \tag{10-1}$$

式中　W——声源的能量，W；

S——声源能量所通过的面积，m^2。

对平面波而言，在无反射的自由声场里，声波传播过程中，声源传播路线相互平行，声波通过面的大小相同，因此，同一束声波通过与声源距离不同表面时，声强

不变。

对球面波来说，随着传播距离的增加，声波所触及的面也随之扩大。在与声源相距 r 米处，球表面的面积为 $4\pi r^2$，则该处的声强为

$$I=\frac{W}{4\pi r^2} \tag{10-2}$$

由此可知，对球面波而言，其声强与声源的能量成正比，与相距距离的平方成反比。

声音是能对人类的耳朵和大脑产生影响的一种气压变化，这种变化将天然的或人为的振动源（例如机械运转、说话时的声带振动等）的能量进行传递。人类最早对声音的感知是通过耳朵，普通人耳能听到的声音有一个确切的范围，该范围就称为“阈”。普通人耳能接收到的最小的声音称为“可闻阈”，其声强值约为 10^{-12} W/m^2，而普通人耳能够忍受的最强的声音称“痛阕”，其声强值约为 1 W/ m^2，超过这一数值，将引起人耳的疼痛。

2）声压

声压是指介质中有声波传播时，介质中的压强相对于无声波时介质压强的改变量。简单地说，声压就是声音所引起的空气压强的平均变化量，用 p 表示。其单位就是压强的单位，N/m^2，即帕（Pa）或 μPa。

声压与声强关系密切。在无反射、吸收的自由声场中，某点的声强与该处的声压的平方成正比，而与介质的密度和声速的乘积成反比，即

$$I=\frac{p^2}{\rho_0 c} \tag{10-3}$$

式中　p——声压，Pa；

ρ_0——介质密度，kg/m^3，一般空气取 1.225 kg/m^3；

c——介质中的声速，m/s。

由上式可知，对于球面声波或平面声波（即自由声场），如果测得某一点的声强、该点处的介质密度及声速，就可计算出该点的声压。对应于声强为 10^{-12} W/m^2 的可闻阈，声压约为 2.0×10^{-5} Pa，即 20 μPa。

3）声强级和声压级

由前文所述可知，可闻阈与痛阈间的声强相差 10^{12} 倍。这样，如用通常的能量单位计算，数字过大，极为不便。况且声音的强弱，只有相对意义，所以用对数标度。选定某 I_0 作为相对比较的声强标准。如果某一声波的声强为 I，则取比值 I/I_0 的常用对数来计算声波声强的级别，称为“声强级”。为了选定合乎实际使用的单位大小，规定声强级为

$$L_I=10\lg\frac{I}{I_0} \tag{10-4}$$

这样定出的声强级单位称为 dB（分贝）。测量声强较困难，实际测量中常常测出

声压。利用声强与声压的平方成正比的关系，可以改用声压表示声音强弱的级别，即声压级为

$$L_p = L_I = 10\lg \frac{I}{I_0} = 10\lg \left(\frac{p^2/\rho_0 c}{p_0^2/\rho_0 c}\right) = 20\lg \frac{p}{p_0} \tag{10-5}$$

声压级单位也为 dB(分贝)。通常规定选用 20 μPa 作为比较标准的参考声压 p_0，这与声强级规定的参考声强一致。

4) 声功率和声功率级

为了直接表示声源发声能量的大小，还可引用声功率的概念，声源在单位时间内以声波的形式辐射出的总能量称声功率，以 W 表示，单位为 W。在建筑环境中，对声源发出的声功率，一般可认为是不随环境条件而改变的，属于声源本身的一种特性。与声压一样，它也可用“级”来表示，声功率级采用如下的表达式

$$L_W = 10\lg \frac{W}{W_0} \tag{10-6}$$

式中　W_0——声功率的参考标准，10^{-12} W。

10.1.2　声级计

声级计是一种按照一定的频率计权和时间计权测量声音的声压级和声级的仪器，是声学测量中最常用的基本仪器。声级计适用于室内噪声、环境噪声、机器噪声、车辆噪声及其他各种噪声的测量，也可以用于电声学、建筑声学等的测量。声音是由振动引起的，因此将声级计上的传声器换成加速度传感器，还可以用来测量振动。

1) 声级计的分类

声级计用途广、品种多、新产品不断涌现，通常按其用途又可分为四大类，即普通声级计、精密声级计、脉冲精密声级计及精密积分式声级计。

2) 声级计结构和工作原理

声级计由传声器、放大器、衰减器、计权网络、有效值检波器和表头电路组成，如图 10-1 所示。

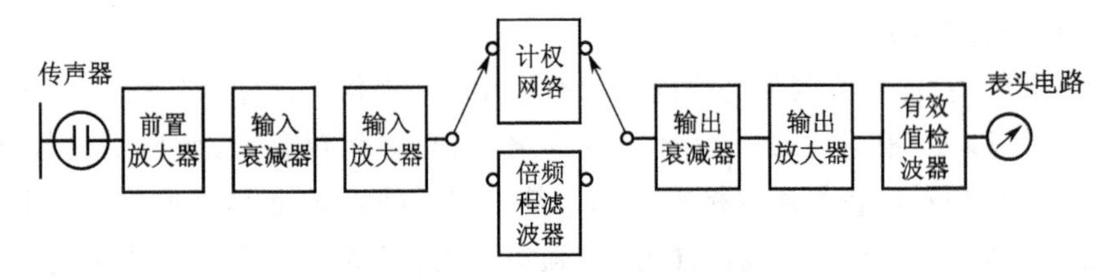

图 10-1　声级计构造方框图

(1) 传声器

这是将声信号(声压)转换为电信号(交变电压)的声电换能器。按照换能原理

和结构的不同，传声器可分为晶体传声器、电动式传声器、电容传声器和驻极体传声器等。其中最常用的是电容传声器。它具有频率范围宽、频率响应平直、灵敏度变化小、长时间稳定性好等优点，多用于精密声级计中。缺点是内阻高，需要用阻抗变换器与后面的衰减器和放大器匹配，而且要加极化电压才能正常工作。晶体传声器一般用于普通声级计，电动式传声器现已很少采用。电容传声器主要由紧靠着的后极板和绷紧的金属膜片组成，后极板和膜片互相绝缘，构成一个以空气为介质的电容器，如图 10-2 所示。

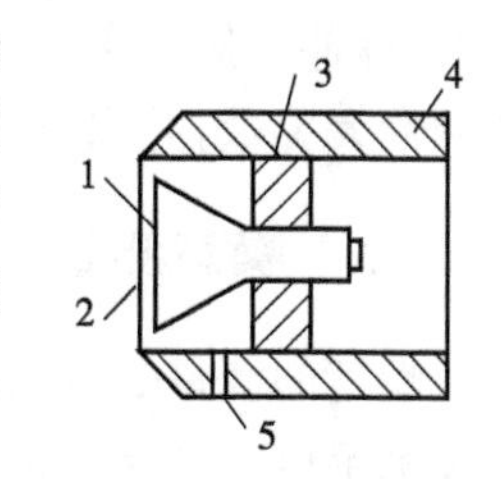

图 10-2　电容传声器

1—膜片；2—后极板；3—绝缘体；4—外壳；5—均压孔

当声波作用在膜片上时，膜片与后极板间距变化，电容也随之变化，产生一个交变电压信号，并输送到前置放大器中去。

(2) 放大器

电容传声器将声信号转换成的电信号是很微弱的，不能直接在电表上显示出来。因此，需要将电信号放大。根据声级计的测量范围要求及电表电路的灵敏度，可以估算出放大器的放大量。对放大器要求具有较高的输入阻抗和较低的输出阻抗，有一定的动态范围(要有四倍峰值因数容量)、较小的非线性失真和较宽的频率范围。还要求在使用中性能稳定，放大倍数随时间和温度的变化要小，以保证测量的准确性和可靠性。声级计内的放大系统包括输入放大器和输出放大器两组。

(3) 衰减器

声级计不仅要测量微弱信号，也要测量较强的信号，还要有较大的测量范围，例如要测量 25～140 dB 范围的声级。但检波器和指示器不可能有这么宽的量程范围，这就需要采用衰减器。为了提高信噪比，同样将衰减器分为输入衰减器和输出衰减器。输入衰减器放在第一组放大器前面，功能是将接收的强信号衰减，不使输入放大器过载。但在信号衰减时，第一组放大器所产生的噪声却不被衰减，信噪比得不到提高，输出衰减器接在第一组放大器和第二组放大器之间，而且在一般测量时，输出衰减器尽量处在最大衰减位置。这样，当测量较大信号时，由于输出衰减器的衰减作用，输入衰减器的衰减量减小，加到第一组放大器上的输入信号提高了，信噪比也就提高了。衰减器一般以 10 dB 分档。

(4) 计权网络

在噪声测量中，为了使声音的客观物理量和人耳听觉的主观感觉近似取得一致，声级计中设有 A、B、C 计权网络，并已标准化。有的声级计还具有“线性”频率响应，线性响应测量的是声音的声压级。A、B、C 计权网络测得的称为(计权)声级。

(5) 表头电路

表头电路用来将放大器输出的交流信号检波(整流)成直流信号，以便在表头上得到适当的指示。信号的大小一般有峰值、平均值和有效值三种表示方法，用得最多的是有效值。

声级计表头阻尼特性有“快”“慢”两种,“快”挡和“慢”挡分别要求信号输入 0.2 s 和 0.5 s后,表头上能达到最大读数。对于脉冲精密声级计表头,除“快”“慢”挡外,还有“脉冲”“脉冲保持”挡,“脉冲”和“脉冲保持”表示信号输入 35 ms 后,表头上指针达到最大读数,并保持一段时间。

10.1.3 噪声测量方法

噪声的测量是分析噪声产生的原因、制定降低或消除噪声的措施必不可少的一种技术手段。环境噪声不论是空间分布还是随时间的变化都很复杂,在测量时,随着被测对象、测量环境、检测和控制的目的的不同,噪声测量的方法也有所区别。本专业经常遇到的是空调设备的噪声测量。工程中测量噪声时的被测量常常是声源的声功率和声压级两个参数。

声功率是衡量声源每秒辐射出多少能量的量,它与测点距离及外界条件无关,是噪声源的重要声学参数。测量声功率的方法有混响室法、消声室或半消声室法、现场法。用这三种方法测量空调设备或机器噪声的声功率,所依据的原理就是声强的定义,即垂直于声音的传播方向,在单位时间内通过单位面积的声音的能量。由于声强级在测量过程中使用不太方便,因此,常常用声压级来替代声强级,其数学表达式为

$$L_p = L_W - 10\lg S \tag{10-7}$$

式中 L_p——声压级,dB;

L_W——声功率级,dB;

S——垂直于声传播方向的面积,m^2。

现场测量一般在机房或车间内进行,分为直接测量和比较测量两种方法。直接测量法是用一个假定空心的、且壁面足够薄的封闭物体将声源包围起来,测量该物体表面上各测点的声压级,由式(10-8)求出测量表面平均声压级 $\overline{L}_p$,然后由式(10-9)确定声功率级 L_W

$$\overline{L}_p = 10\lg \frac{1}{n}\left(\sum_{i=1}^{n} 10^{0.1L_{pi}}\right) \tag{10-8}$$

$$L_W = (\overline{L}_p - k) + 10\lg \frac{S}{S_0} \tag{10-9}$$

式中 $\overline{L}_p$——假定的测量物体表面上各测点的平均声压级,dB,基准值为 20×10^{-5} Pa;

L_{pi}——在假定的测量物体表面上测量所得到的各测点的声压级,dB;

n——测点数;

k——环境修正值;

S——测量表面面积,m^2;

S_0——基准面积,取 1 m^2。

比较测量法测量空调设备或机器本身辐射的噪声,是利用经过实验室标定过声功率的任何声源作为标准声源(一般可用频带宽广的小型高声压级的风机),在现场

将标准声源放在待测声源附近位置，对标准声源和待测声源各进行一次同一包围物体表面上各点的测量，对比测量两者的声压级，从而得出待测声源的声功率级。具体数值可利用式(10-10)进行计算

$$L_W = L_{WS} + (\bar{L}_p + \bar{L}_{pS}) \tag{10-10}$$

式中　L_W——待测声源声功率级，dB；

L_{WS}——标准声源声功率级，dB；

$\bar{L}_p$——待测声源的平均声压级，dB；

$\bar{L}_{pS}$——标准声源的平均声压级，dB。

10.2　照度测量

建筑光学是研究天然光和人工光在建筑中的合理利用，创造良好的光环境(Luminous Environment)，以满足人们工作、生活、审美和保护视力等要求的应用学科，是建筑物理学的组成部分。舒适的室内光环境应该包括以下几个方面内容：合适的照度，合理的照度分布，舒适的亮度及亮度分布，宜人的光色，避免眩光干扰，光的方向性，自然光的合理使用等。舒适的光环境可以满足人的视觉效能，创造特定的环境气氛，对人的精神状态和心理感受产生积极的影响。

10.2.1　光的性质

光是能量的一种存在形式。光在一种介质(或无介质)中传播时，它的传播路径将是直线，称之为光线。光是以电磁波的形式来传播辐射能的。电磁波的波长范围很广，只有波长在 380～780 nm 的这部分辐射才能引起光视觉，称为可见光(简称光)，这些范围以外的光称为不可见光。波长小于 380 nm 的电磁辐射称为紫外线、X 射线、γ 射线或宇宙线等，波长大于 780 nm 的辐射称为红外线、无线电波。紫外线和红外线虽然不可见，但其他特性均与可见光相似。

可见光辐射波长范围是 380～780 nm，眼睛对不同波长的可见光产生不同的颜色感觉。将可见光波长从 380 nm 到 780 nm 依次展开，将分别呈现紫、蓝、青、绿、黄、橙、红色。例如 700 nm 的光呈红色、580 nm 的光呈黄色、470 nm 的光呈蓝色等。单一波长的光呈现一种颜色，称为单色光。有的光源如钠灯，只发射波长为 583 nm 的黄色光，这种光源称为单色光源；一般光源如天然光和白炽光源等由不同波长的光组合而成，这种光源称为多色光源或称复合光源。

在建筑光学中用光通量、发光强度、照度和亮度等参数表示光源和受照面的光特性；用光影深浅、立体感强弱来表示建筑物表面和被观察物体的亮度差别；用光的吸收、反射、散射、折射、偏振等来表示光线从一种介质进入另一种介质时的变化规律；用发射或反射光谱、亮度和色度坐标来表示光源色和物体色的基本特性。建筑采光和照明技术就是根据建筑物的功能和艺术要求，利用光、影、色的基本特性，创

造良好的建筑光环境。

10.2.2 光的物理量度

光环境的设计和评价需要借助一系列的物理量来描述光源和光环境的特征。光的度量方法有两种：① 辐射度量，它是客观的物理量，不考虑视觉效果；② 光度量，是考虑视觉效果的生物物理量。辐射度量与光度量之间有密切联系，前者是后者的基础，后者可由前者导出。常用的光度量有光谱光效率、光通量、照度、发光强度和亮度。

1）光谱光效率

事实证明，在同样的环境条件下（指环境的明亮或昏暗状况），人们对物体发射或接受的辐射能量相同、但波长不同的光，视觉效果不同。

为了描述不同波长的光具有的不同视觉效果，引入了光谱光效率的概念，记作$V(A)$。光谱光效率是波长的函数，其最大值为1，发生在人们具有最大视觉效果的波长处。偏离该波长时，光谱光效率将小于1。

2）光通量

光通量(Luminous flux)是按照国际约定的人眼视觉特性评价的辐射能通量(辐射功率)，即光源所放射出光能量的速率或光的流动速率(Flow rate)，是说明光源发光能力的基本量。光通量可由辐射通量及光谱光效率$V(\lambda)$函数导出

$$\Phi_V = K_m \int_0^{\infty} \phi_{e,\lambda} V(\lambda) d\lambda \tag{10-11}$$

式中 Φ_V——光通量，lm；

$\phi_{e,\lambda}$——波长为λ的单色辐射能通量，W；

$V(\lambda)$——CIE标准明视觉光谱光效率；

K_m——最大光谱光视效能，lm/W。

光视效能K是描述光和辐射之间关系的量，它是与单位辐射通量相当的光通量。但是，K值是随光的波长而变化的，且在某一波长处存在最大值。根据一些国家权威实验室的测量结果，$K(\lambda)$最大值K_m在555 nm处。式(10-11)中的积分上下限分别为∞和0，实际上当波长小于380 nm和大于780 nm时，光谱光效率近似为零，因此即使上下限换成780 nm和380 nm，其结果也将相同。即

$$\Phi_V = K_m \int_{380}^{780} \phi_{e,\lambda} V(\lambda) d\lambda \tag{10-12}$$

光通量的单位是流明(Lumen)，符号是lm。Φ_V的下标表示"视觉"的意思，在国际单位制和我国规定的计量单位中，它是一个导出单位。1流明是发光强度为1坎德拉(Candela or candle)的均匀点光源在1球面度立体角内发出的光通量。在照明工程中，光通量是说明光源发光能力的基本量。例如，一只40 W白炽灯发射的光通量为350 lm；一只40 W荧光灯发射的光通量为2100 lm，是白炽灯的6倍。

3）照度

照度(Luminance)是受照平面上接受的光通量的面密度，即照度是用来表征被照面上接受光的强弱，符号为 E。若照射到表面的一点面元上的光通量为 $\mathrm{d}\Phi$，该面元的面积是 $\mathrm{d}A$，则

$$E=\frac{\mathrm{d}\Phi}{\mathrm{d}A} \tag{10-13}$$

照度的单位是勒克斯(Lux)，符号是lx。1勒克斯等于1流明的光通量均匀地分布在1 $\mathrm{m^2}$表面上产生的照度，即1 lx=1 $\mathrm{lm/m^2}$。勒克斯是一个较小的单位，例如：在装有40 W白炽灯的书写台灯下看书，桌面照度平均为200～300 lx；月光下的照度只有几勒克斯。

照度可直接相加。如房间里有4盏灯，它们对桌面上某点的照度分别为 E_1、E_2、E_3、E_4，则某点的总照度 E 等于4个照度值之和，写成通量表达式为

$$E=\sum_{i=1}^{n} E_i \quad (i=1,2,\cdots,n) \tag{10-14}$$

照度的英制单位是英尺烛光(Foot-candle)，符号为fc，1平方英尺($\mathrm{ft^2}$)被照面上均匀地接受1 lm光通量时，该被照面的照度为1英尺烛光(1 fc)，即1 fc=1 $\mathrm{lm/ft^2}$=10.76 lx。目前在英美等国还在沿用英制的单位。

4）发光强度

点光源在给定方向上发光强度(Luminous intensity, Candlepower)，是光源在这一方向上的立体角内发射的光通量与该立体角之商，符号为 I，即

$$I=\frac{\mathrm{d}\Phi}{\mathrm{d}\Omega} \tag{10-15}$$

式中　I——发光强度，单位是坎德拉，cd；

　　Ω——立体角，单位是球面度，sr。

发光强度的单位是坎德拉，在数量上1坎德拉等于1流明每球面度(1 cd = 1 lm/sr)。

发光强度常用于说明光源和照明灯具发出的光通量在空间各方向或在选定方向上的分布密度。例如，一只40 W白炽灯发出350流明光通量，它的平均发光强度为 $350/4\pi=28$ cd；在裸灯泡上面装一盏白色搪瓷平盘灯罩，灯的正下方发光强度能提高到70～80 cd；如果配上一个聚焦合适的镜面反射罩，则灯下方的发光强度可以高达数百坎德拉。在后两种情况下，灯泡发出的光通量并没有变化，只是光通量在空间的分布更集中了。

5）光亮度

光源或受照物体反射的光线进入眼睛后在视网膜上成像，使人们能识别它的形状和明暗。视觉上的明暗知觉取决于进入眼睛的光通量在视网膜物象上的密度——物象的照度。这说明确定物体的明暗要考虑两个因素：① 物体(光源或受照体)在指定方向上的投影面积，这决定物象的大小；② 物体在该方向的发光强度，这

决定物象上的光通量密度。根据这两个条件，可以建立一个新的光度量——光亮度(简称亮度)。

光亮度是表征发光面发光强弱的物理量。光亮度是一单元表面在某一方向上的光强密度。它等于该方向上的发光强度与此面元在这个方向上的投影面积之商，以符号 L 表示

$$L=\frac{\mathrm{d}I}{\mathrm{d}A\cos\theta} \tag{10-16}$$

式中 L——光亮度，公制单位是烛光/平方公尺(Candela/m^2，cd/m^2)。

应当注意，光亮度在各个方向上常常是不一样的，所以在谈到一点或一个有限表面的光亮度时需要指明方向。

式(10-16)定义的光亮度是一个物理量，它与视觉上对明暗的直观感受还有一定的区别，例如在白天和夜间看同一盏交通信号灯时，感觉夜晚灯的亮度高得多，这是因为眼睛适应了晚间相当低的光亮度的缘故。实际上，信号灯的光亮度并没有变化。由于眼睛已适应了环境亮度，物体明暗在视觉上的直观感受就可能比它的物理光亮度高一些或低一些。把能直观感觉到的一个物体表面发光的属性称为“视亮度”(Brightness 或 Luminosity)，这是一个心理量，没有量纲。它与“光亮度”这一物理量有一定的相关关系。

以上介绍的几个描述光的物理量各自有不同的应用领域，可以互相换算，用专门仪器进行测量。光通量表征光源或发光体辐射能量的大小；发光强度用来描述光通量在空间的分布密度；照度说明受照物体的照明条件(受照面光通密度)；亮度表示光源或受照物体的明暗差异。

10.2.3 光环境测量常用的仪器

建筑光学的测试技术是以光度学和色度学为基础的。对于光环境的测量仪器，目前主要以照度计和亮度计为主。

1) 照度计

光环境测量常用的物理测光仪器是照度计。最简单的照度计是由硒光电池和微电流计组成的，如图 10-3 所示。硒光电池是把光能直接转换为电能的光电元件。当光线照射到光电池上面时，入射光透过金属薄膜到达硒半导体层和金属薄膜的分界面上，在界面上产生光电效应。光电位差的大小与光电池受光表面的照度有一定的比例关系，这时如果接上外接电路，就会有电流通过，并且可以从微安表上指示出来。光电流的大小决定于入射光的强弱和回路中的

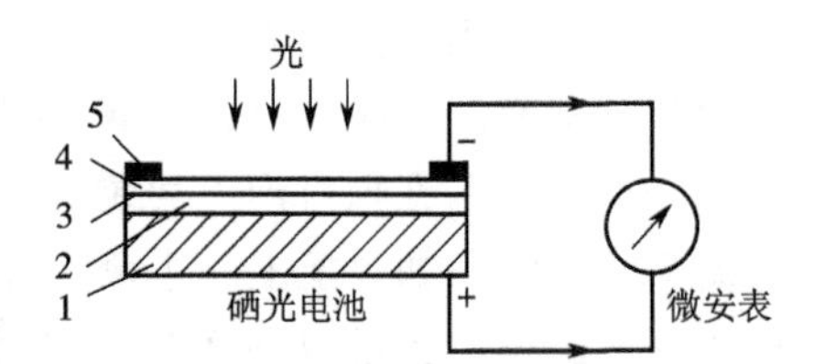

图 10-3 硒光电池和微电流计组成的照度计原理图

1—金属底板；2—硒层；3—分界面；4—金属薄膜；5—集电环

电阻。

照度计的分类按光电转换器件来区分，主要有硒（硅）光电池照度计和光电管照度计。其照度值有数字显示或指示针指示两种。无论何种照度计，均由光度探头、测量或转换线路及示数仪表等组成。

为了使照度测量更趋精确，对照度计和光电电池有以下要求。

(1) 线性度

照度计的响应度是探测器光电流或电压的输出值与入射光通量之比，在理想情况下，此比值与光通量输入水平的高低无关，即输出与输入线性相关。在测量范围内，照度计的读数要与投射到光电池的受光面上的光通量成正比。也就是说，用光电流示值与光电池受光面的照度为两个坐标画一张图，它们的关系应当是一条直线。硒光电池的线性度的好坏，除了与光电池本身的品质有关外，主要取决于示数仪表外电路的电阻和受光量，外电路电阻越小，照度越低，线性度越好。

(2) 光谱的灵敏度

光的计量是以“平均人眼”共有的光谱光视觉效率$V(\lambda)$特性为基础的。因此，用于物理测光的光探测器也必须具有与$V(\lambda)$一致的光谱灵敏度。但是常用光电池的相对光谱灵敏度与$V(\lambda)$曲线都有相当大的偏差，如图10-4所示。这造成了在测量光谱能量分布不同的光源，特别是测量非连续光谱的气体放电灯产生的照度时，会出现较大的误差。所以，精密照度计都要给光电池匹配一个合适的颜色玻璃滤光器，构成颜色校正光电池。它的光谱灵敏度与$V(\lambda)$曲线的相符程度越好，照度测量的精度越高。

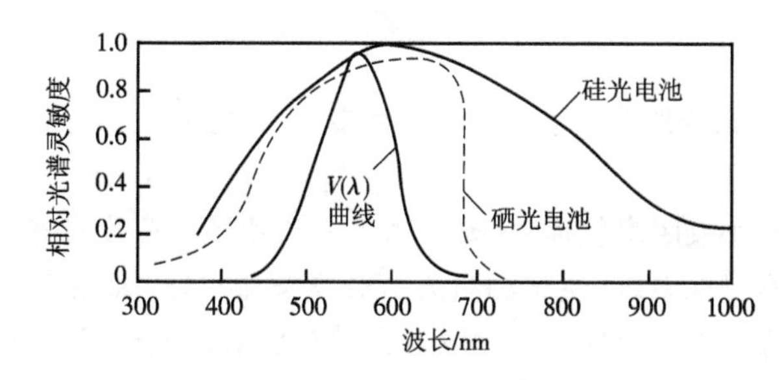

图10-4　光电池的相对光谱灵敏度与$V(\lambda)$曲线的比较

(3) 余弦修正

当光源由倾斜方向照射到光电池表面时，光电流输出应当符合余弦法则，即此时的照度应等于光线垂直入射时的法线照度与入射角余弦的乘积。但是，由于光电池表面的镜面反射作用，在入射角较大时，会从光电池表面反射掉一部分光线，致使光电流小于上面所说的正确数值。为了修正这一误差，通常在光电池上外加一个均匀漫透射材料的余弦校正器，这种光电池组合称为余弦校正光电池。

现代照度计常用的光探测器有两种：一种是硒光电池，另一种是硅光电池。硅光电池也叫太阳能电池,它的光电转换效率高,对红外波段的长波辐射很敏感,但是其光谱灵敏度的峰值仍在可见光范围的$V(\lambda)$峰值附近,因此也适于测光。专门测光用的硅光电池灵敏度很高,在温度变化和长时间曝光条件下的稳定性和线性均显著高于硒光电池,而且特别适合在电子放大线路中使用,所以近年来内装放大器,并有数字显示的硅光电池照度计发展很快。

2)亮度计

测量光环境或光源亮度用的亮度计有两类。其中一类是遮筒式亮度计,适合测量面积较大、亮度较高的目标,其构造原理如图10-5所示。筒的内壁是无光泽的黑色饰面,筒内还设有若干光阑遮蔽杂散反射光。在筒的一端有一个圆形的窗口,面积是A;另一端设光电池C。通过窗口,光电池可以接收到光亮为L的光源照射。若窗口的亮度为L,则窗口的光强为LA,在光电池上产生的照度则为

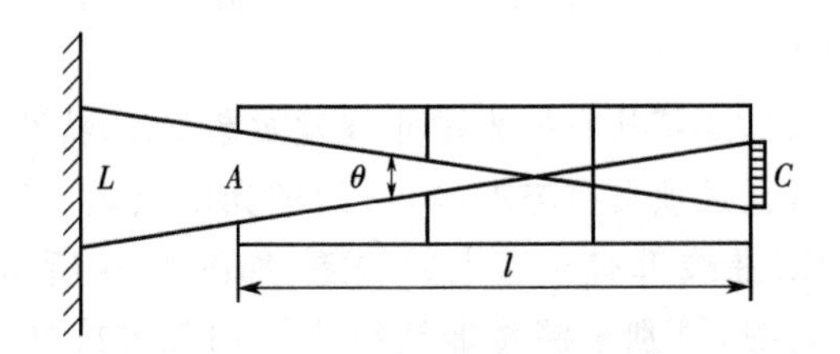

图10-5 遮筒式亮度计构造原理

$$E=\frac{LA}{l^2} \tag{10-17}$$

因而

$$L=\frac{El^2}{A} \tag{10-18}$$

如果窗口和光源的距离不大,窗口亮度就等于光源侧部分(θ角所含面积)的亮度。

当被测目标较小或距离较远时,要采用另一类透镜式亮度计来测量其亮度。这类亮度计通常设有目视系统,便于测量人员瞄准被测目标,如图10-6所示。光辐射由物镜接受并成像于带孔反射镜。光辐射在带孔反射镜上分成两路:一路窗口亮度就等于光源被测部分经反射镜反射进入目视系统;另一路通过小孔、积分镜进入光探测器。仪器的视角一般为$0.1°\sim2°$,由光阑调节。

为了使照度测量更精确,对亮度计有以下要求。

(1)光谱响应度

在亮度测量中,仪器的光谱响应度分布必须与国际照明委员会(CIE)明视觉光谱光效率一致。

(2)对红外辐射的响应

亮度计测量的是可见光区发光体的光亮度值,它不应对红外辐射产生响应。然而,亮度计所用的某些光电探测器件,诸如硅光电二极管,它在近红外区有较强的响

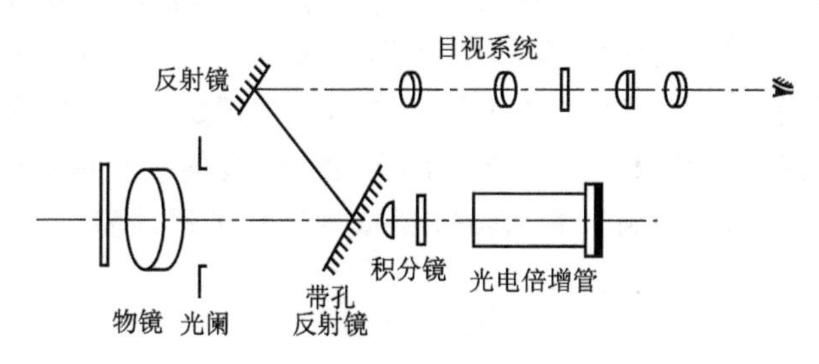

图 10-6　透镜式亮度计简图

应度，如果在红外区的透射比不等于零，则会给测量结果带来明显误差。

(3) 对紫外辐射的响应

亮度计除了不能对红外辐射产生响应以外，也不能对紫外辐射产生响应。亮度计所用的光电倍增管或硅二极管，在紫外区均有不同程度的响应，应加以控制。

在用照度计和亮度计测量光亮度时，各种特性随时都有可能发生变化，应严格按说明书的要求使用。使用时它们的特征要求除以上所描述的以外，还有绝对光谱响应的不稳定、零点漂移、测量距离变化引起的误差、磁场的影响、电源电压改变所引起的不稳定性，以及换挡误差等因素，均影响它们的基本特性，在实际测量时应尽量控制与避免。为了获得精确的测量结果，要按照有关规定对它们进行测量和检测，定期去计量部门进行校准。

10.3　环境放射性测量

有些物质的原子核是不稳定的，能自发地改变核结构，这种现象称为核衰变。在核衰变过程中总是放射出具有一定动能的带电或不带电的粒子，即 α、β 和 γ 射线，这种现象称为放射性。环境中的放射性来源于天然的和人为的放射性核素。大多数天然的放射性核素均可出现在大气中，但主要是氡的同位素(特别是^{222}Rn)，它是镭的衰变产物，能从含镭的岩石、土壤、水体和建筑材料中逸散到大气中。自然环境中的宇宙射线和天然的放射性物质构成的辐射称为天然放射性本底，它是判定环境是否受到放射性污染的基准。放射性测量仪器检测放射性的基本原理基于射线与物质间相互作用所产生的各种效应，包括电离、发光、热效应和能产生次级粒子的核反应等。放射性测量仪器种类很多，最常用的检测器有三类，即电离型检测器、闪烁检测器和半导体检测器。

10.3.1　电离型检测器

电离型检测器是利用射线通过介质时，使气体发生电离的原理制成的。应用气体电离原理的检测器有电流电离室、正比计数管和盖革计数管(GM 管)三种。目前应用最广泛的是盖革计数管。

常见的盖革计数管如图 10-7 所示。在密封玻璃管中固定一条细丝作为阳极，管内壁涂一层导电物质或另放进金属筒作用阴极，管内充约 1/5 大气压的惰性气体和少量猝灭气体(如乙醇、二乙醚、溴等)，猝灭气体的作用是防止计数管在一次放电后发生连续放电。图 10-8 是用盖革计数管测量射线强度的装置示意图。为减少本底计数和达到防护目的，一般将计数管放在铅或铁制成的屏蔽室中，其他部件装配在一个仪器外壳内，合称定标器。

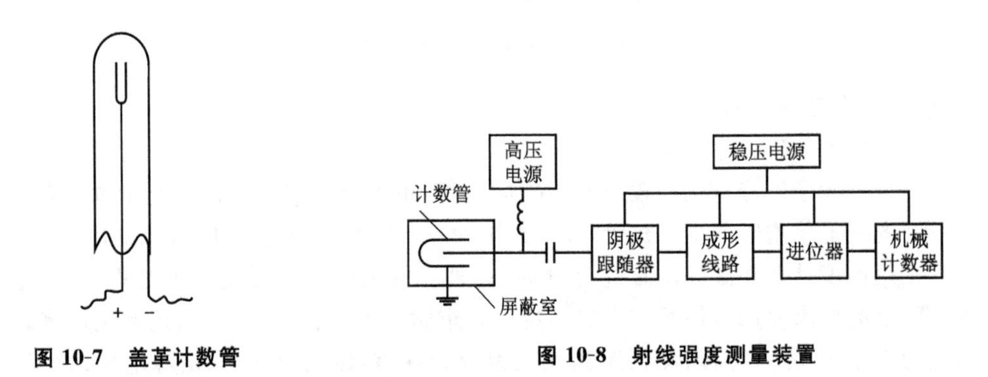

图 10-7　盖革计数管

图 10-8　射线强度测量装置

盖革计数管是使用最广泛的放射性检测器，被普遍地用于检测 β 射线和 γ 射线强度。这种计数器对进入灵敏区域的粒子有效计数率接近 100%。由于盖革计数管对不同的射线都给出大小相同的脉冲，因此不能用于区别不同的射线。

10.3.2　闪烁检测器

闪烁检测器是利用射线与物质作用发生闪光的仪器。它具有一个带电粒子作用后其内部原子或分子被激发而发射光子的闪烁体，如图 10-9 所示。当射线照在闪光体上时，便发射出荧光光子，并利用光导和反光材料等将大部分光子收集在光电倍增管的光阴极上，光子在灵敏阴极上打出光电子，经过倍增放大后在阳极上产生电压脉冲，脉冲经电子线路放大和处理后记录下来。

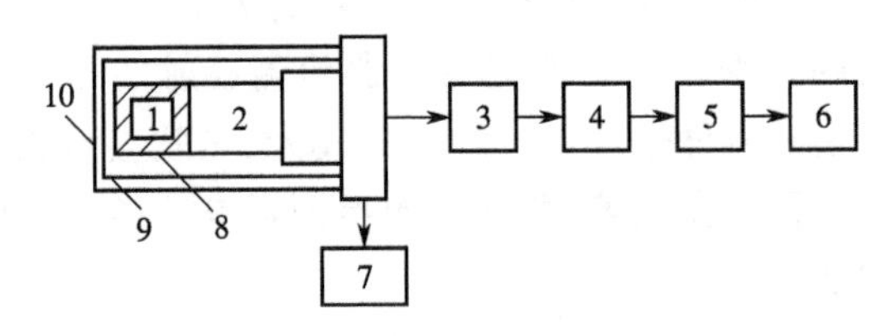

图 10-9　闪烁检测器测量装置

1—闪烁体；2—光电倍增管；3—前置放大器；4—主放大器；5—脉冲幅度分析器；
6—定标器；7—高压电源；8—光导材料；9—暗盒；10—反光材料

闪烁体材料可用 ZnS、NaI、蒽等有机或无机物质。探测 α 粒子时，通常用 ZnS

粉末；探测 γ 射线时，通常用 NaI 晶体；蒽等有机材料发光持续时间短，可用于高速计数和测量短寿命核素的半衰期。

闪烁检测器以其高灵敏度和高计数率的优点而被用于测量 α、γ、β 辐射强度。由于它对不同能量的射线具有很高的分辨率，所以可用测量能谱的方法鉴别放射性核素。这种仪器还可以测量照射量和吸收量。

10.3.3　半导体检测器

半导体检测器的工作原理与电离型检测器相似，但其检测元件是固态半导体。当放射性粒子射入这种元件后，产生的电子空穴受外加电场的作用，分别向两极运动，并被电极所收集，产生脉冲电流，再经放大后，由多谱分析器或计数器记录，如图10-10所示。

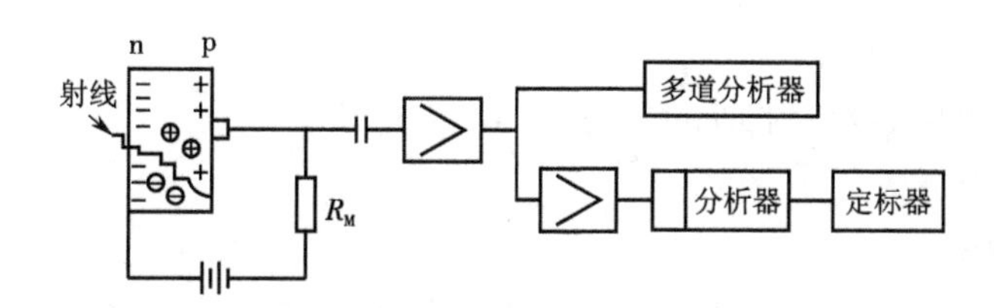

图 10-10　半导体检测器工作原理

半导体检测器可用作测量 α、γ 和 β 辐射。与前两类检测器相比，在半导体元件中产生电子空穴所需的能量要小得多。在同样的外加能量下，半导体中生成的光电子数多近 1000 倍。因此，半导体检测器输出脉冲电流大小的统计涨落比较小，对外来射线有很好的分辨率，适于作能谱分析。其缺点是由于制造工艺等方面原因，检测灵敏区范围较小。但因为元件体积小，较易对组织中某点进行吸收剂量测定。

硅半导体检测器可用于 α 计数和测定 α 能谱。对 γ 射线一般采用锗半导体作检测元件，因为它的原子序较大，对 γ 射线吸收效果更好。在锗半导体单晶中渗入锂漂移型锗半导体元件，具有更优良的检测性能。因渗入的锂不取代晶格中的原有原子，而是夹杂其间，从而增大了锗的电阻率，使其在探测 γ 射线时有较大的灵敏区域。应用锂漂移型半导体元件时，在室温下锂容易逃逸，故要在液氮制冷条件下(－196 ℃)工作。

10.3.4　氡的测量方法与原理

随着科学技术的进步，测量氡的仪器和方法也在不断地完善和提高。到目前为止，氡的测量方法主要有静电计法、闪烁法、积分计数法、双滤膜法、气球法、径迹蚀刻法、活性炭浓缩法、活性炭滤纸法和活性炭盒法等。这里仅对其中的几种进行介绍。

1) 径迹蚀刻法

此法使用固定径迹探测器，通过测量径迹密度来确定氡浓度，适用于大规模测量。其原理是：测量时采用被动式采样，能测量采样期间内氡的累积浓度，在测量环境中暴露 20 d，其探测下限可达 2.1×10^{3} Bq・h/m³。固定径迹探测器是将聚碳酸酯片或 CR-39 置于一定形状的采样盒内，组成采样器。氡及其子体发射的 α 粒子轰击探测器时，通过自动计数装置进行计数。单位面积的径迹数与氡浓度和暴露时间的乘积成正比。用刻度系数可将径迹度换算成氡浓度。

氡浓度的计算公式为

$$C_{Rn}=\frac{n_R}{tF_R} \tag{10-19}$$

式中 C_{Rn}——氡浓度，Bq/m³；

n_R——净径迹密度，T_c/cm^2；

t——暴露时间，h；

F_R——刻度系数，$(T_c/cm^2)/(Bq\cdot h/m^3)$；

T_c——径迹数。

2) 双滤膜法

此方法是主动式采样，能测量采样瞬间的氡浓度，探测下限为 3.3 Bq/m³。采样装置如图 10-11 所示。

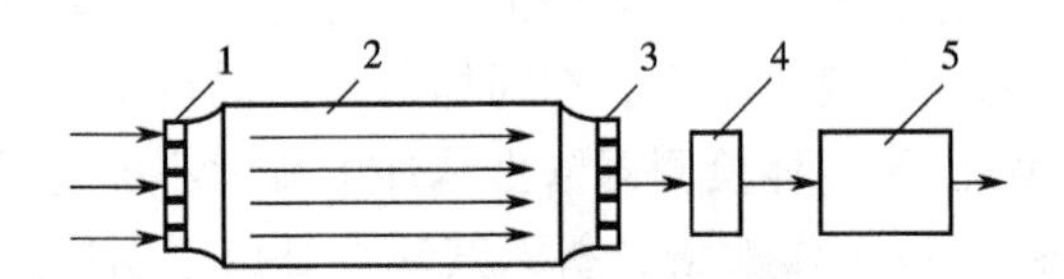

图 10-11 双滤膜法采样系统示意图

1—入口滤膜；2—衰变筒；3—出口滤膜；4、5—抽气泵

抽气泵开动后含氡气经入口滤膜进入衰变筒，被滤掉子体的纯氡在通过衰变筒的过程中又生成新子体，新子体的一部分为出口滤膜所收集。测量出口滤膜上的 α 放射性可换算出氡浓度。测量时用的设备或材料如下。

① 衰变筒：14.8 L。

② 流量计：量程为 80 L/min 的转子流量计。

③ 抽气泵。

④ α 测量仪：要对 Ra、RaC′的 α 粒子有相近的计数效率。

⑤ 子体过滤器。

⑥ 采样夹：能支持 $\phi60$ 的滤膜。

⑦ 秒表。

⑧ 纤维滤膜。

⑨ α 参考源：^{241}Am 或 ^{239}Pu。

⑩ 镊子。

操作程序如下。

① 装好滤膜，把采样设备按图 10-11 连接起来。

② 确定流速 q(L/min)及采样时间 t(min)。

③ 在采样结束后 $T_1 \sim T_2$时间间隔的净 α 计数(计数)。

④ 计算氡的浓度

$$C_{Rn}=K_t N_a=\frac{16.15}{VE\eta\beta ZF_f}N_a \tag{10-20}$$

式中　C_{Rn}——氡浓度，Bq/m^3；

K_t——总刻度系数，Bq/m^3 · 计数；

N_a——$T_1 \sim T_2$时间间隔的净 α 计数(计数)；

V——衰变筒容积，L；

E——计数效率，%；

η——滤膜过滤效率，%；

β——滤膜对 α 粒子的自吸收因子，%；

Z——与 t、$T_1 \sim T_2$有关的常数；

F_f——新生子体到达出口滤膜的份额，%。

3) 气球法

此法属主动式采样，能测量出采样瞬间空气中氡及其子体浓度，探测下限：氡 2.2 Bq/m^3，子体 5.7×10^{-7} J/m^3。

气球法采样系统如图 10-12 所示，其工作原理同双滤膜法，只不过气球代替了衰变筒。把气球法测氡和马尔柯夫法测 α 潜能联合起来，一次操作用时 26 min 即可得到氡及其子体 α 潜能浓度。其时间程序如图 10-13 所示。

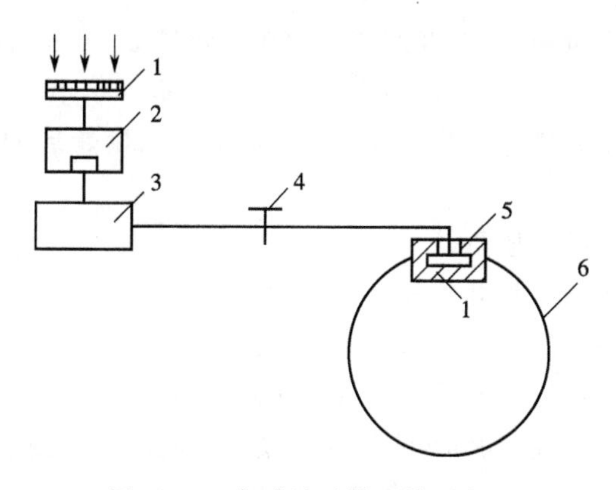

图 10-12　气球法采样系统示意图

1—采样头；2—流量计；3—抽气泵；4—调节阀；5—套杯；6—气球

用下式计算氡浓度

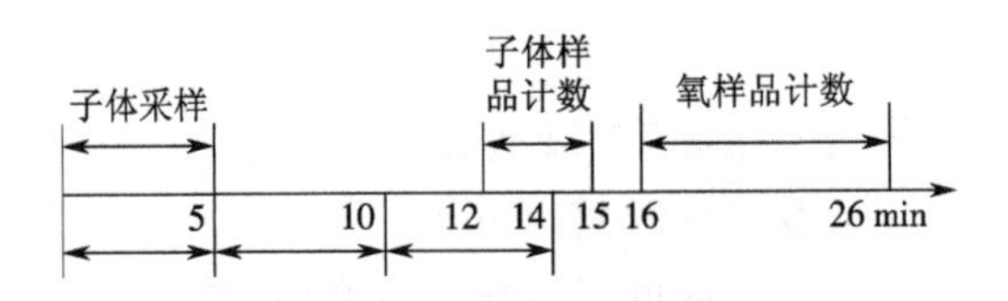

图 10-13　气球法测量的时间程序

$$C_{Rn}=K_b(N_R-10R) \tag{10-21}$$

式中　C_{Rn}——氡浓度,Bq/m³;

K_b——气球刻度常数,Bq/m³·计数;

N_R——出口滤膜的总 α 计数(计数);

R——本底计数率,计数/min。

4) 活性炭盒法

活性炭盒法(Activated carbon collectors,AC)是目前测量室内环境空气中氡浓度含量的常用被动式累计测量方法。采样器为塑料或金属制成的圆柱形小盒,盒内装有 25～200 g 活性炭,在盒口罩一层滤膜,以阻挡氡子体进入。一般取样周期在 1 周左右,然后采用 γ 能谱仪或液体闪烁仪进行测量。它的工作原理:氡气扩散进入炭床内被活性炭吸收,同时衰变,新生的子体也沉积在活性炭内。用 γ 能谱仪测量活性炭盒的氡子体特征,γ 射线峰或峰群强度,根据特征峰的面积计算出氡浓度。采用液体闪烁仪进行测量时,首先要将吸附在活性炭上的氡解析到闪烁液中,然后用闪烁计数器进行放射性测量。

使用活性炭盒法的主要仪器和材料:活性炭(椰壳炭 8～16 目)、采样盒、烘箱、天平、滤膜、γ 能谱仪或液体闪烁仪(也可用热释光仪)。

采样和测试程序如下。

① 将活性炭放入烘箱内,温度调节至 120 ℃烘烤 5～6 h,烘烤后放入磨口玻璃瓶中备用。

② 装样:称取(由采样盒大小确定,一般为 50 g),烘烤后的活性炭装入取样盒中,并覆盖好滤膜。

③ 称取活性炭盒的总质量。

④ 将活性炭盒进行密封并与外面空气隔绝。

⑤ 在采样现场,打开密封包装,放置在事先确定好的采样点处 2～7 d。

⑥ 采样结束时,将活性炭盒再密封好,送回实验室。

⑦ 样品取回 3 h 后进行测量,将活性炭盒在 γ 能谱仪上测量氡子体的 γ 射线特征峰面积。

氡的浓度按下式计算

$$C_{Rn}=\frac{an_\gamma}{K_W t_1^{-b} e^{-\lambda_R t_2}} \tag{10-22}$$

式中　C_{Rn}——采样周期内的平均氡浓度，Bq/m^3；

a——采样 1 h 的响应系数；

n_γ——特征峰对应的净计数率；

K_W——吸收水分校正系数；

t_1——采样时间，h；

b——累积指数，可取 0.48；

λ_R——氡的衰变常数；

t_2——采样时间终点到测量开始的时间间隔，h。

活性炭优点是：成本低，使用操作简单；测试结果比较精确。其缺点是：对测试点的湿度、温度比较敏感，不适合在室外和湿度较大的地区使用；需要在不同湿度条件下校正其响应系数 a。因此测试现场温度、湿度的变化对测试结果的影响较大，样品取回后必须尽快进行测试分析，氡的衰变较快，否则现场取回样品中的氡将会衰变，使测试结果产生较大误差。用液体闪烁仪测量需要将吸附的氡解析到闪烁液中，因而花费的时间比 γ 能谱仪长。

10.4　水中含盐量测量

电导率是表征水中盐量的一个综合性指标，水中含盐量可采用电导仪来测定。纯水的电导率很小，比如配置标准液用的蒸馏水的电导率很小，但当水中含有盐类物质时，水的电导（电阻的倒数）能力增加，电导率增大。常用的电导仪是通过测定溶液的电阻来确定其浓度。电导仪由电导池系统和测量仪器组成。电导池是盛放或发送被测溶液的容器。在电导池中装有电导电极和感温元件等。根据测量电导的原理不同，电导仪可分为平衡电桥式电导仪、电阻分压式电导仪、电磁感应式电导仪、电流测量式电导仪等。

电导仪使用前，需测定电极常数。电导仪的电极常数选用已知电导率的标准 KCl 溶液测定。不同浓度 KCl 溶液的电导率（25 ℃）列于表 10-1 中，当测定水样温度不是 25 ℃时，应将测定条件下水样的电导率换算成 25 ℃时的电导率。

表 10-1　不同浓度 KCl 溶液的电导率

浓度 mol/L	电导率 μs/cm	浓度 mol/L	电导率 μs/cm	浓度 mol/L	电导率 μs/cm	浓度 mol/L	电导率 μs/cm
0.0001	14.94	0.001	147.0	0.01	1413	0.05	6668
0.0005	73.9	0.005	717.8	0.02	2767	0.1	12 900

10.4.1　平衡电桥式电导仪

图 10-14 为平衡电桥式电导仪的原理图，图中 R_A、R_B 为固定电阻，R_C 可变电阻

(电位器),它们组成电桥的三个臂;另一个臂为 R_X,即被测溶液的电阻,E 为电源。当电极(电导液)插入待测溶液后,调节 R_C,使电桥平衡,即接于电桥对角线的电流表读数等于零。此时,有如下关系

$$R_A R_C = R_X R_B \tag{10-23}$$

$$R_X = \frac{R_A R_C}{R_B} \tag{10-24}$$

如此一来,就可方便地得到待测溶液的电导。

10.4.2 电阻分压式电导仪

图 10-15 为电阻分压式电导仪的原理图。图中 E 为高频电源,E_i 为输出信号,R_X 为被测溶液的电阻,R 为负载电阻。R_X 与 R 串联,当接通外加电源后,构成闭合回路,则 R 上的分压 E_i 可根据分压原理得到

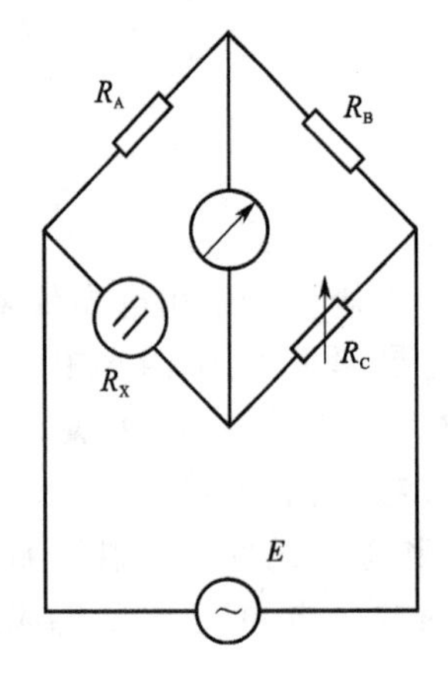

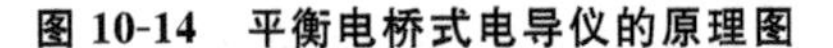

图 10-14 平衡电桥式电导仪的原理图

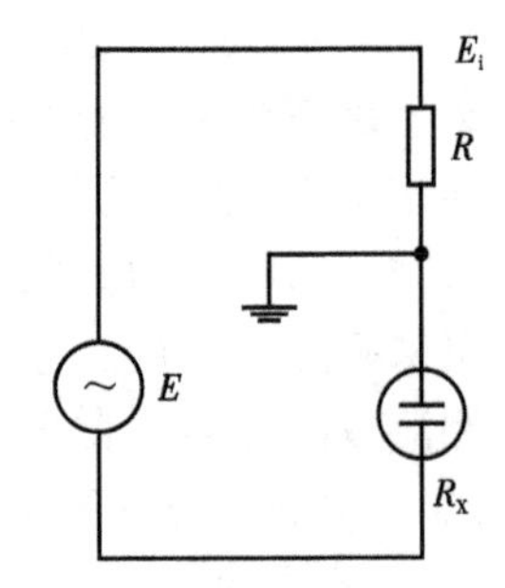

图 10-15 电阻分压式电导仪的原理图

$$E_i = E\frac{R}{R + R_X} = E\frac{R}{R + (K/G)} \tag{10-25}$$

因输入电压 E 和分压电阻 R 均为定值,而电导池常数 K 是已知的,故通过测定负载电阻 R 上的信号 E_i,便可以确定电导 G。

10.4.3 电磁感应式电导仪

电磁感应式电导仪如图 10-16 所示。在变压器 T_1 的初级 C_0 中通以交流电,故在被测溶液形成的短路线圈 C_1 中感应出电流 I_1,由于电磁感应,变压器 T_2 的副边有电流输出,其大小与被测溶液的电导率成正比。C_2 是接有滑线电阻的金属丝,置于 T_2 的原边上,C_1 和 C_2 的耦合方向相反,调节 R,使 C_1 和 C_2 中产生的电流相等,使输出为零。这样可通过调节 R 的大小,测出电导率。

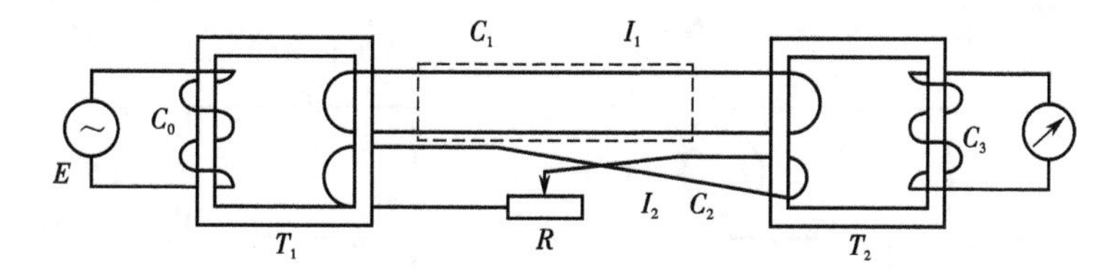

图 10-16　电磁感应式电导仪示意图

E—交流电源；T_1、T_2—变压器；R—滑线电阻；C_0、C_2、C_3—线圈；C_1—由被测溶液形成的短路线圈

10.5　水中含氧量测量

氧在水中的溶解度与空气中氧的分压、大气压力、水温、水中含盐量等有关，常用的测定溶解氧的仪表是隔膜电极式溶解氧测定仪。

隔膜电极式溶解氧测定仪由电极和电计两部分组成，电计是一个普通的放大器，如图10-17所示。电极根据其工作原理，可分为原电池型和极谱型。

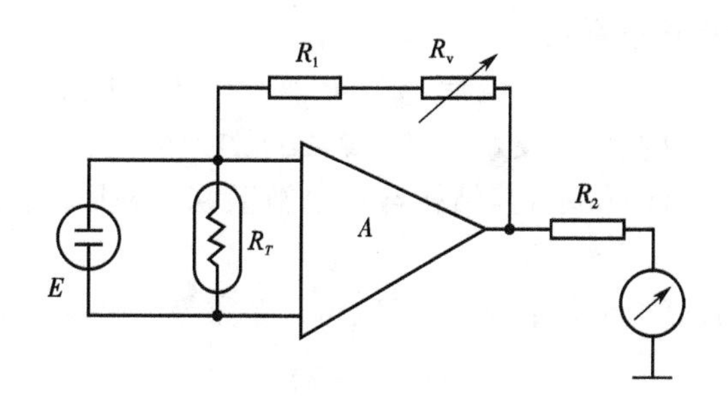

图 10-17　隔膜电极式溶解氧测定仪结构图

A—放大器；E—电极系统；R_T—热敏电阻；R_v—校正用电位器；R_1、R_2—电阻

原电池型如图10-18(a)所示。它是由两支电极和溶液组成的全电池，阴极常用金、银、铂等贵重金属，阳极用铅、铝等金属。将两支电极装在一个圆筒内，筒内灌有电解液（KOH、KCl），端部包有一层易透过氧的薄膜（如聚四氟乙烯），测定时，水中溶解氧透过薄膜进入电极，发生如下反应（用铅作阳极时）

阴极
$$O_2 + 2H_2O + 4e \longrightarrow 4OH^- \tag{10-26}$$

阳极
$$Pb + 4OH^- \longrightarrow PbO_2^{2-} + 2H_2O + 2e \tag{10-27}$$

这个电极系统产生的扩散电流为

$$i_s = nFAC_s(P_m/L) \tag{10-28}$$

式中　i_s——稳定状态下的扩散电流；

n——与电极反应有关的电子数；

F——法拉第常数；

A——阴极的表面积；

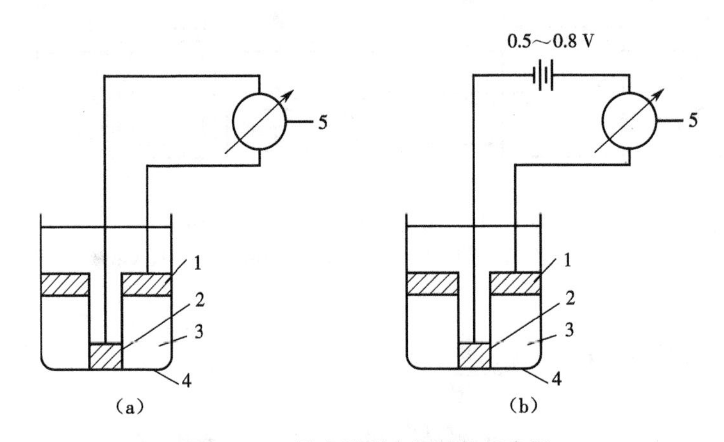

图 10-18　原电池型电极结构示意图

1—阳极；2—阴极；3—电解液；4—隔膜；5—电流表

L——隔膜厚度；

C_s——被测水中的溶解氧浓度；

P_m——隔膜的透过系数。

由式(10-28)可知，当电极选定后，$nALP_m$都为定值，扩散电流 i_s只与溶解氧的浓度 C_s有关，测出了 i_s的大小，便可知溶解氧浓度的大小。

极谱型如图 10-18(b)所示，其结构与原电池型基本相同，区别仅在于电极间外加有固定电压，一般为 0.5～0.8 V。

隔膜电极式溶解氧测定仪的反应速度、透过系数等与温度有关，可用下式表示

$$P_m = P_0 e^{\frac{E_P}{RT}} \tag{10-29}$$

式中　P_0——标准透过系数；

R——气体常数；

T——绝对温度；

E_P——透过时活化能量；

P_m——透过系数。

由式(10-29)可知，随着温度的升高，透过系数呈指数增长，扩散电流将成比例地增加，因而严重地影响了测量结果，故在仪器中采用热敏电阻进行温度补偿，以抵消温度对测量的影响。此外，被测水的压力、流速等对溶解氧的测定也有影响，故在测试过程中，必须采取措施，使之恒定。零点校正用标准液常用饱和亚硫酸钠溶液。

思考与练习题

10-1　声强和声压有什么关系？声强级和声压级是否相等？为什么？

10-2　光的本质是什么？

10-3　试述下列物理量的定义及其单位：① 光通量；② 照度；③ 亮度；④ 发光强度。

10-4 某一个声音的声强是 3.16×10^{-4} W/m^2,请计算这个声音的声强级。

10-5 试述照度计的工作原理。

10-6 试述亮度计的分类和工作原理。

10-7 请计算一个声压级为 72 dB 的声音的实际的声压值。

10-8 求具有 100 dB 声强级的平面波的声强与声压。已知:空气密度为 $1.21\ kg/m^3$,声速为 343 m/s。

10-9 简述噪声对建筑环境及人类的危害。

10-10 在环境放射性测量中,最常用的检测器有哪些?试述各自的工作原理?

10-11 氡的测量方法有哪些?简述其工作原理。

10-12 水中含盐量的测量方法有哪些,简述之?

10-13 简述水中含氧量的测量方法及其原理。

第 11 章　电动显示仪表

随着工业自动化技术的发展，自动化系统中监控的参数越来越多，为了便于集中管理和满足高度自动化的要求，必须对生产过程中的工艺参数进行检测，并把检测数值实时准确地显示、记录出来，便于运行操作人员及时了解情况，并进行参数整定。

显示仪表直接接收检测元件或变送器传送来的信号，经过测量线路和显示装置，对被测变量予以显示或记录。显示仪表按显示方式分为模拟式显示仪表、数字式显示仪表及图形显示器等。模拟式显示仪表以仪表指针的线性位移(或角位移)的形式进行指示和记录，一般由信号放大及变换环节、电磁偏转机构(或伺服电动机)和指示记录机构组成。因此，其测量速度和精度受到一定限制。数字式显示仪表具有测量速度快、精度高、读数直观、重现性好、功能多，并且便于与计算机等数字装置连用等优点，因此得到了迅速发展。从功能上，电子显示仪表分为模拟式、数字式和智能式三大类。

本章主要介绍模拟式显示仪表和数字式显示仪表：对模拟式显示仪表的结构和原理进行分析，并对新一代 ER 等系列平衡式记录仪进行简单介绍；对数字式显示仪表的组成三要素：模一数转换、非线性补偿、标度变换进行简单分析。

11.1　显示仪表的构成及基本原理

显示仪表通常由测量线路和显示装置(显示器)两部分组成，其中测量线路用以接收检测元件或变送器送来的电势、电流、电阻、电容等信号，设计的测量线路应合理，以便更好地接收变送器或转换部分送来的信息，然后传送给显示装置(显示器)。

11.1.1　模拟式显示仪表

1) 直接变换式仪表

由检测元件或传感器与直接变换式仪表组成的检测系统如图 11-1 所示，检测元件通常安装在现场设备上或其附近；测量线路和显示装置通常组成显示仪表，安装在控制室的仪表盘上。直接变换式仪表是开环串接系统。直接变换式仪表的特点如下。

① 获得线性刻度较困难。只有组成仪表的每个环节的灵敏度都是常数，才能保证仪表的线性刻度；或者几个环节的非线性正好互相补偿，才能使仪表的刻度为常数。但这两种要求都很苛刻，故直接变换式仪表较难获得线性刻度。

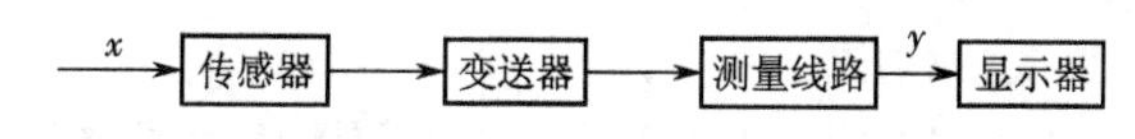

图 11-1　直接变换式仪表组成的检测系统框图

② 获得较高的精度较困难。因此要尽量减少各环节的误差并减少环节数目。

③ 信息的转换效率低。但该仪表结构简单可靠，重量轻、尺寸小、价格便宜，故目前仍有一定应用，例如配热电偶、热电阻使用的动圈式显示仪表即为直接变换式仪表。

2）平衡式显示仪表

所谓平衡式显示仪表即由闭环结构的平衡式测量线路构成的仪表，例如自动平衡式电子电位差计即为闭环结构，其结构如图 11-2 所示。图中 T 为检测元件输出信号在此比较；A 为放大器；M 为可逆电机；R 为记录机构；F 为传动装置及测量桥路；x 为被测变量；y 为仪表表示值；u_i 为检测元件输出电压信号；u_f 为反馈电压。由图 11-2 可知，平衡式显示仪表通常是由闭环结构的平衡式线路为主要内容，包括显示装置等所组成。平衡式显示仪表的特点如下。

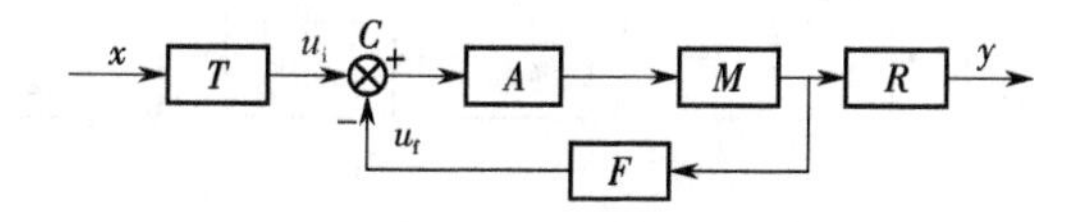

图 11-2　平衡式显示仪表结构框图

① 平衡式显示仪表线性度好、测量精度高。

② 平衡式显示仪表反应速度快。

③ 平衡式显示仪表比直接变换式仪表结构复杂、造价高。

3）显示仪表的基本技术性能

显示仪表的质量，可用其技术性能来衡量。测量始终离不开测量仪表，要使得测量结果的精度高，需要选择合适的测量仪表。在选择测量仪表时，需要了解仪表的基本性能指标，衡量仪表的技术性能指标有基本误差、测量范围、精度等级、温度稳定性、静态特性和动态特性和分辨力等（请参看第 1 章相关内容）。

11.1.2　数字式显示仪表

数字式显示仪表，就是把与被测量（例如温度、流量、液位、压力等）成一定函数关系的连续变化的模拟量变换为连续的数字量显示的仪表。

数字式显示仪表按输入信号的不同，可分为电压型和频率型两大类。电压型仪表的输入信号是连续的电压或电流信号；频率型仪表的输入信号是连续可变的频率或脉冲序列信号。按使用场合不同，数字式显示仪表可分为实验室用和工业用两大类。实验室用的有数字式电压表、频率表、相位表、功率表等。工业用的有数字式温度表、流量表、压力表、转速表等。

1）数字式显示仪表的构成

数字式显示仪表的构成如图 11-3 所示。它由前置放大器、模拟一数字信号转换器(即 A/D)、非线性补偿、标度变换及显示装置等部分组成。检测元件送来的信号，首先经变送器转换成电信号；由于该信号较小，通常须进行前置放大；然后进行模拟一数字信号转换，把连续输入的电信号转换成数码输出；而被测变量经过检测元件及变送器转换后的电信号与被测变量之间有时为非线性函数关系，这在模拟式显示仪表中可以采用非等分刻度标尺的方法很方便地加以解决，对于不同量程和单位的转换系数可以使用相应的标尺来显示，但在数字式显示仪表中，所观察到的是被测变量的绝对数字值，因此对 A/D 输出的数码必须进行数字式的非线性补偿，以及各种系数的标度变换；最后送往读数器计数并显示，同时还送往报警系统和打印机构打印数字，在需要时也可将数码输出供其他计算装置等使用。此类仪表应用面较广，可与单回路数字调节器以及计算机系统等配套使用，精度较高。

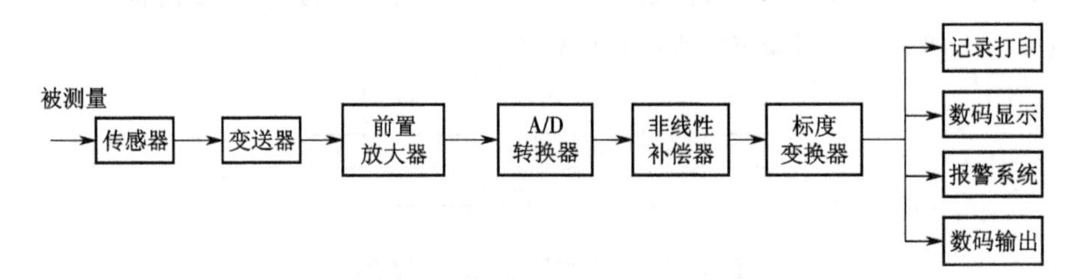

图 11-3　数字式显示仪表的构成框图

上述过程对于具体仪表来说可以各不相同。有的仪表是先进行线性化处理和标度变换，然后再进行 A/D 转换，这类仪表在模拟信号时已经被线性化了，因而精度只能达到 0.1%～0.5%；有的仪表则是先进行模拟一数字信号转换，而后作数字式线性化处理和系数标度变换，它可组成多种变换方案，适用面较广，精度较高，其结构也较复杂；还有的仪表的 A/D 转换与非线性补偿同时进行，而后作系数的标度变换，这种仪表结构简单、精度高，但只能应用于特定的非线性补偿及被测变量范围较窄的情况。总之各有利弊。

由上所述可知，数字式显示仪表中的核心环节是模一数转换器，它将仪表分成模拟和数字两大组成部分；而非线性补偿和系数的标度变换也是不可少的，这是数字式显示仪表应该具备的三大部分。这三部分又各有很多种类，三者相互巧妙地结合，可以组成适用于各种不同场合的数字式显示仪表。

2）数字式显示仪表的技术指标

数字式显示仪表的技术指标有分辨率、精确度、输入阻抗和干扰抑制比等。

(1) 分辨率

分辨率是指仪表在最小量程时，最末一位数字跳变一个字代表的量值。它反映了仪表的灵敏度。

(2) 精确度

在模拟量经 A/D 转换器变成数字量的过程中，放大器的漂移、电源波动、工作环境等变化均会直接影响测量的精确度，至少要产生 ±1 个量化单位的误差，因此，数字式显示仪表的误差由模拟误差和数字误差两部分构成。

数字式显示仪表精确度的表示方法有两种

$$\Delta = \pm a\% X \pm n \tag{11-1}$$

$$\Delta = \pm a\% X \pm b\% X_m \tag{11-2}$$

式中　Δ——测量误差；

X——被测参数的读数值；

X_m——被测参数的满度值；

n——最末位数的倍数；

a、b——系数。

系数 a 取决于仪表内部的基准电源和测量线路的传递系数不稳定等因素；系数 b 则取决于数字式显示仪表的量化误差、零漂及噪声等因素。

实际使用时，上式中的 n 需要换算，不太方便。因此，第二种方法用得较多。如果将第二种方法用相对误差 δ 来表示，则可以写为

$$\delta \frac{\Delta}{X} = \pm a\% \pm b\% \frac{X_m}{X} \tag{11-3}$$

(3) 输入阻抗

它是指仪表在工作状态下，两个输入端子之间所呈现的等效阻抗。当测量小信号(小于 10 V)时，一般将测量信号直接加在放大器的输入端。由于采用了深度负反馈放大器，使输入阻抗大大提高，一般在 $10^9 \sim 10^{12}$ Ω。当测量大信号(大于 10 V)时，若采用输入分压器，则输入阻抗会降低(如 10^7 Ω)，输入阻抗降低将产生测量误差。因为仪表的输入回路中存在输入电流，当信号源内阻或测量线路电阻较大时，输入电流会在电阻上产生较大压降，从而导致测量误差。

(4) 干扰抑制比

工业现场存在很强的电磁场及各种高频干扰，因此，对数字抗干扰性有一定的要求，通常用干扰抑制比来表示。干扰有串模干扰和共模干扰。串模干扰是指叠加在测量信号上的交流干扰，无论它是从信号源引入还是从输入线感应引入，都是串联在测量回路中的。共模干扰是指两个输入端和地之间的电压干扰。常见的共模干扰是由于不同的地电位所造成的电位差。一般共模干扰不会直接影响测量结果，但是在一定条件下(如输入回路两端不对称)，共模干扰会转化为串模干扰，影响测量结果。

11.2 模拟式显示仪表

11.2.1 动圈式显示仪表

动圈式显示仪表是一种发展较早的模拟式显示仪表，目前还有应用，它可以对直流毫伏信号进行显示，也可以对非电势信号但能转换成电势信号的参量进行显示。例如检测元件、传感器或变送器送来的直流毫伏信号，就可直接进行显示；否则须经过适当的转换电路后，方可进行显示。动圈式显示仪表是供热与空调及燃气工程中广泛使用的模拟式显示仪表，可与热电偶等组成温度自动检测系统。

1）特点

该仪表采用灵敏度较高的磁电系测量机构，易将微弱的被测信号转换为指针的角位移。动圈式显示仪表指示清晰、连续，体积小，重量轻，结构简单，维修方便，价格低廉，具有一定的抗干扰能力，噪声对其影响不大。它可以作参数指示显示，如XCZ型；也可作参数指示显示和控制，如XCT型。它可与热电偶、热电阻等测温元件配合，用于温度显示、调节；也可与其他变送器配合，测量、控制其他参数。

2）工作原理

图11-4是动圈式温度指示仪的工作原理图。动圈式显示仪表测量机构的核心部件是一个磁电式毫伏计。它的基础是永久磁铁的磁场和流过仪表动圈的电流所形成的磁场的相互作用。仪表中的动圈是用漆包细铜线绕制成的矩形框，用张丝把它吊在永久磁铁的磁场中。当被测参数(温度)经热电偶或热电阻等测量传感器转换成相应的测量信号即热电势或电阻输入动圈(电阻信号还需经测量桥路进一步转换为电压)时，便有一微安级电流流过动圈。此电流在动圈中形成的磁力线与永久磁铁的磁力线相互作用，使动圈的两个有效边(与永久磁铁的磁场方向垂直的两边)各受到一个大小相等、方向相反的作用力 F，从而形成旋转力偶矩 M_1，它和电流的关系为

$$M_1 = C_1 I \tag{11-4}$$

式中 C_1——常数(对具体仪表而言)；

I——流过动圈的电流。

由于 M_1 的作用，使动圈旋转。张丝也随动圈的转动而被扭转，张丝产生一个反抗动圈偏转的反作用力矩 M_2，即

$$M_2 = C_2 \alpha \tag{11-5}$$

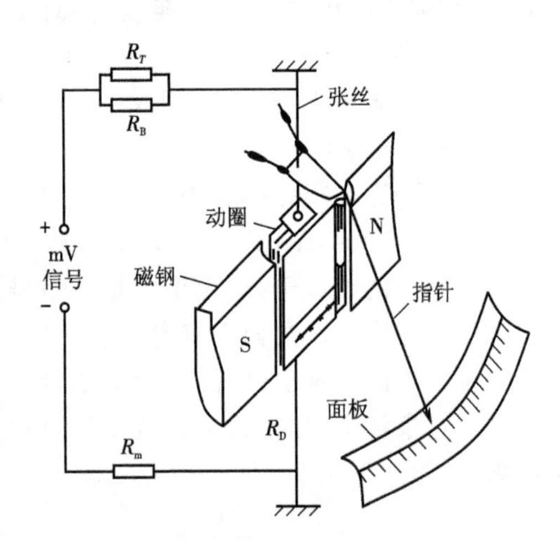

图11-4 动圈式温度指示仪的工作原理

式中　C_2——常数(张丝的几何尺寸已定)；

α——动圈偏转的角度。

当两力矩平衡($M_1=M_2$)时，则 $C_1 I=C_2\alpha$

即

$$\alpha=\frac{C_1}{C_2}I=CI \tag{11-6}$$

式中　C——仪表系数，$C=C_1/C_2$。

此时，动圈就停留在某一平衡位置上而不再继续转动。式(11-6)说明：动圈偏转的角度 α 大小与流过仪表动圈的电流 I 成正比。又因为 $I=\frac{E(T,T_0)}{R_{总}}$，式(11-6)可改写成

$$\alpha=C\frac{E(T,T_0)}{R_{总}} \tag{11-7}$$

这就是动圈式温度指示仪面板直接刻成温度示值的依据。

3) 动圈式显示仪表组成

动圈式显示仪表的组成如图 11-5 所示，它由测量线路和测量机构两部分组成。对于不同型号的仪表，其测量线路各不相同，但测量机构一样，如图 11-6 所示。各部件作用如下。

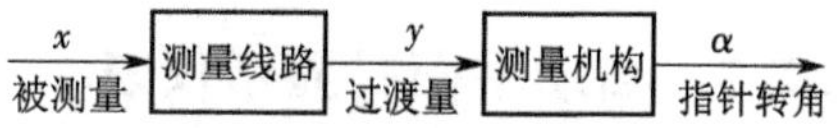

x 被测量 → 测量线路 → y 过渡量 → 测量机构 → α 指针转角

图 11-5　动圈式显示仪表组成框图

永久磁铁(包括极靴)和圆柱形的软铁心形成辐射磁场，使两者之间气隙中各处的磁场均匀(即磁力线密度相等)，且使动圈在气隙中转动时，其有效边始终与磁场垂直。上、下张丝是用以支承动圈，并作传导电流的导线，且当动圈转动时会产生扭转，从而对动圈产生反力矩，起平衡力矩的作用。动圈是用漆包线绕制的无骨架线

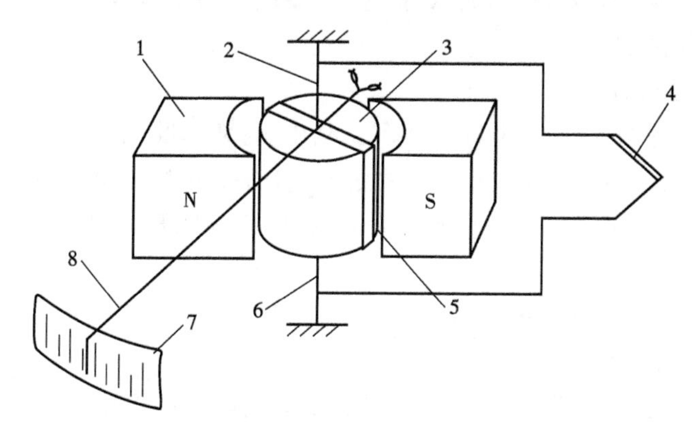

图 11-6　动圈式显示仪表测量机构图

1—永久磁铁；2、6—张丝；3—铁心；4—测量热电偶；5—动圈；7—刻度盘；8—指针

框,由上、下张丝支承,悬挂在永久磁铁和软铁心所组成的辐射磁场内的气隙中,当信号电流通过时,可以在气隙中转动。刻度盘、指针用于指示被测量的数值。

动圈式显示仪表是利用永久磁铁形成的磁场对通过信号电流的可动线圈所产生的作用力矩和支承机构的反作用力矩相互作用而工作的一种磁电仪表系列。

4) 测量线路

动圈式显示仪表的测量线路有两种:配接热电偶型和配接热电阻型。动圈式显示仪表的测量机构要求输入量为直流毫伏信号,因此,当配用热电偶测温时,热电偶可与动圈测量机构的线路直接相连,不需要附加变换装置。仪表使用的环境温度对指示值有影响,为保证测量的准确性,配热电偶的动圈式显示仪表在使用过程中,除热电偶需要进行冷端温度补偿外,还应考虑外线路电阻对示值的影响。动圈式显示仪表的指示仪要求输入的信号为直流电压信号,因此,当配接热电阻测量温度时,必须将热电阻值转换成直流毫伏信号,再与动圈式显示仪表的测量机构相接,指示被测对象的温度,为此,可采用不平衡电桥测量线路。

11.2.2 自动平衡式显示仪表

自动平衡式显示仪表是一种用途广泛的自动显示记录仪表,它能测量、显示记录各种电信号(直流电压、电流或电阻),若配用热电偶、热电阻或其他能转换成直流电压、电流或电阻的传感器、变送器,就可以连续指示和记录过程中的温度、压力、流量、物位及成分等各种参数,并可附加调节器、报警器和计算器等,实现多种功能,且具有较高的精度、灵敏度和信息能量传递效率,性能稳定、可靠,线性好,响应速度快。

自动平衡式显示仪表的型号很多,其基本原理是利用电压平衡法。所谓平衡法就是用一个已知的量与被测量作比较,当两者达到平衡状态(互相补偿)时,由已知量确定未知量。自动平衡式显示仪表的特点是自动地调整平衡状态。自动平衡式显示仪表可实现连续测量、自动显示、报警等,在供热与空调及燃气工程的测量系统中可用作为记录仪表。

1) 手动电位差计

手动电位差计的原理如图 11-7 所示。其中 E_S是标准电池,它具有准确的电势值和很好的电压稳定性;G 是灵敏度较高的检流计;R_K是标准电阻;R_P是带有滑动触点的电阻;R_B是可调电阻;E 是直流电源;K 是单刀双掷开关;K_1是电源开关;E_X是被测电势。

手动电位差计的工作步骤如下。

(1) 调准工作电流

在进行测量之前,首先必须校准工作电流 I。具体步骤是先合上开关 K_1,然后再把单刀双掷开关 K 扳向位置“1”,此时观察检流计 G,并调节 R_B,直到检流计 G 指零停止,此时电流 I 经过R_K所产生的电压降与标准电池的电压 E_S正好相等,但方向相反,所以 ald 回路内无电流流过,检流计 G 指零。故有 $E_S=IR_K$,即

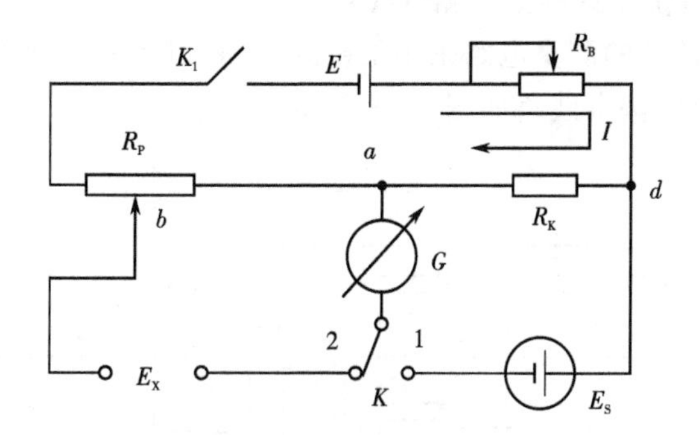

图 11-7 手动电位差计原理图

$$I=\frac{E_S}{R_K} \tag{11-8}$$

由于标准电池电压 E_S 和标准电阻 R_K 都是准确的固定值，所以工作电流也是准确的固定值，这样当 I 流过已知电阻 R_P 便得知已知电压，对应于 R_P 的不同点有不同的确定电压与之对应，这为下一步的测量准备了条件。

(2) 对未知电势的测量

当工作电流 I 调准后，把 K 扳到位置“2”，然后观察检流计 G，并调节滑动电阻 R_P 的触点，当检流计 G 指零时就停止 R_P 的调节，此时有

$$E_X=IR_{Pab}=\frac{E_S}{R_K}R_{Pab} \tag{11-9}$$

由于滑线电阻 R_P 已知，对应于 R_P 的每点电阻也已知，而 E_S、R_K 又是固定值，所以被测电势 E_X 的大小，就可在滑触点 b 上读出。

由上所述可知，电位差计的原理是用已知电位差(U_{ab})去平衡(补偿)未知的被测电势 E_X 进行工作；如同天平称重时，用已知重量的砝码去平衡被称重物的原理一样。

2) 电子自动电位差计

(1) 工作原理及构成

电子自动电位差计是自动平衡式显示仪表的一种。它和手动的直流电位差计比较，相当于用放大器代替了检流计来检查测量电路不平衡电压的大小和极性，并将这个电压放大后驱动可逆(伺服)电动机，再通过机械传动机构完成调整电压平衡、指示和记录被测电压(电势)等的人工操作。同步电动机用以带动记录纸的移动和控制打印记录机构及测点切换机构。随着输入被测电势的变化，仪表将会从一个平衡状态过渡到另一个新的平衡状态，若放大器无输出，可逆电机停止在一定的位置上，其在转动的同时也带动指针移动，指示被测位，因此这种仪表是一个随动系统。当系统平衡，输入信号被补偿电压所平衡，对测量传感器(变送器)来说，没有负载电流输出，显示仪表的输入阻抗相当于无穷大，因而其测量精度较高，这类显示仪表的精度等级通常为 0.5 级。

(2) 电子自动电位差计的基本测量线路

电子自动电位差计的测量电路采用了桥式线路,以不平衡电桥输出的电压与被测电压(电势)相平衡,基本线路如图 11-8 所示。

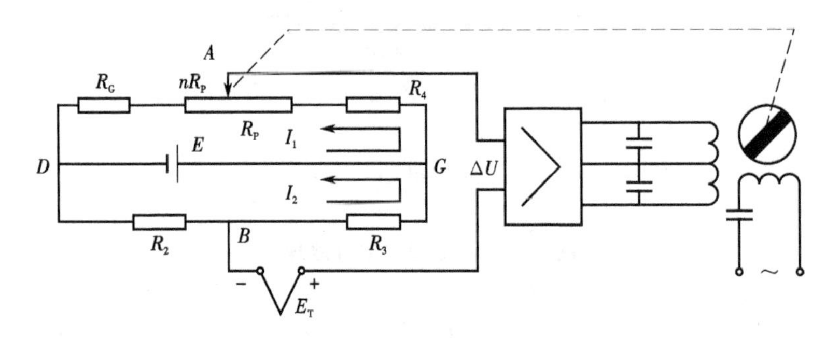

图 11-8 电子自动电位差计测量电路的基本线路

测量桥式线路可看成是由上、下两个支路组成的,其中 R_4、R_P和 R_G构成上支路,支路电流为 I_1;下支路由 R_2和 R_3构成,支路电流为 I_2。在测量电路中,电桥的输出电压 U_{AB},与被测电压(电势)E_T是反向串连接的,若两者不相等,某差值电压 $\Delta U=U_{AB}-E_T$被送入放大器经放大后得到足够的功率,驱动可逆电动机转动,以改变滑动触点 A 的位置,即改变了 U_{AB},直至 $U_{AB}=E_T$时才停止动作。此时,测量电路平衡,则

$$E_T=U_{AD}+U_{DB}=I_1 nR_P+I_1R_G-I_2R_2 \tag{11-10}$$

式中 n——滑线电阻 R_P上电压降 I_1R_P的系数,对应滑动触点 A 从始端到终端的 n 位为 0~1。

滑动触点 A 是和指示、记录机构联动的,A 点位置即可代表被测电压(电势)的数值,但必须保证上下支路的电流均为规定值。目前,国产的电子自动电位差计采用稳压电源供电,桥路电源电压为 1 V 直流电压,工作电流有两种规格:总电流为 6 mA 的,$I_1=4$ mA,$I_2=2$ mA;总电流为 3 mA 的,$I_1=2$ mA, $I_2=1$ mA。因而固定了上、下支路的总电阻值。

当滑线电阻 R_P的滑动触点 A 位于始端时,电桥的输出电压恰与被测电压(电势)的起始值相平衡,即为仪表的测量下限,则

$$E_{Tmin}=I_1R_G-I_2R_2$$

当滑线电阻 R_P的滑动触点 A 位于终端时,电桥的输出电压恰与被测电压(电势)的最大位相平衡,即为仪表的测量上限,则

$$E_{Tmax}=I_1R_p+I_1R_G-I_2R_2 \tag{11-11}$$

所以,仪表的测量范围(量程)为

$$\Delta E=E_{Tmax}-E_{Tmin}=I_1R_P \tag{11-12}$$

(3) 注意事项

电子自动电位差计可用于配接热电偶、输出直流电压或电流的变送器,作为温

度、直流电压(电势)或电流等参数的显示仪表。

电子电位差计用来与热电偶配接测量温度时,测量电路在接未知电势的地方接热电偶。为进行热电偶冷端温度补偿,要将测量电路的 R_2 改为铜绕线电阻 R_{Cu},并把 R_{Cu} 与热电偶的冷端放在一起,随冷端温度变化而变化,R_{Cu} 的变化使 B 点电位发生变化,该变化则用来补偿热电偶由于冷端温度变化引起的电位变化,保证指示值不受冷端温度变化的影响。

3) 电子自动平衡电桥

电子自动平衡电桥是自动平衡式显示仪表的一种主要类型,它与热电阻配套使用可作为温度测量的自动显示仪表。当它和其他电阻型传感器相配套时,可测量显示一些其他参数。它用放大器代替手动平衡电桥中的检流计,用可逆电机代替人手来实现自动平衡。当测量电桥不平衡时,测量电桥电路输出一个电压经过放大器放大,控制可逆电机旋转带动滑线电阻的触点移动,直至达到新的平衡状态时,测量电路两端的电位相等。放大器无输入,触点停在新的位置上,这个触点的位置即表示被测电阻大小。图 11-9 是与热电阻配接测量温度的平衡电桥的实际测量线路图。

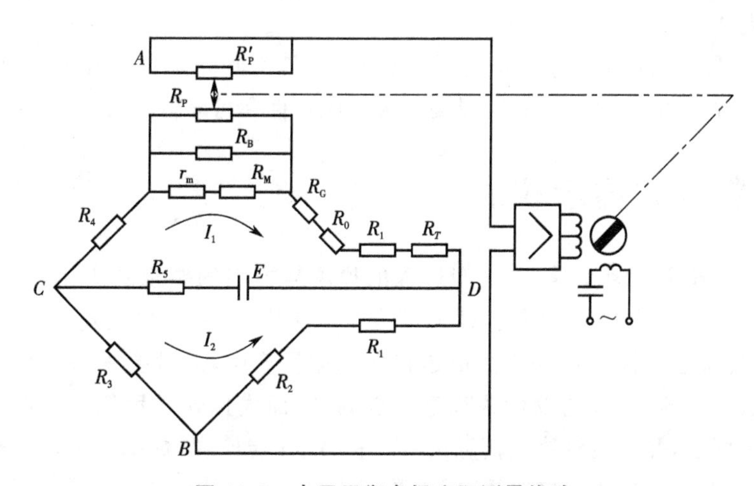

图 11-9　电子平衡电桥实际测量线路

图中 R_T 为热电阻,R_1 为外接电阻(包括外线路电阻)。R_2 和 R_3 是下支路桥臂电阻,R_4 和 R_G 是上支路桥臂电阻,连同 R_P 等组成上支路。其中 R_G 为下限调整电阻,R_P 为滑线电阻,R'_P 为副滑线电阻,R_B 是 R_P 的并联电阻,两者并联总阻值保持在 $(90\pm0.1)\ \Omega$。R_M 为量程调整电阻,R_4 为上支路限流电阻。除热电阻 R_T 外,其他电阻均用锰铜线双绕法绕制。

当热电阻 R_T 处于下限温度时,滑线电阻触点 A 位于滑线电阻的最左端,电桥处于平衡状态。当温度增加时,热电阻 R_T 增加,电桥失去平衡,可逆电机带动触点 A 向右移动,当温度升到测量上限时,触点 A 移到最右端,电桥又处于平衡状态。在标尺中间的任何位置,电桥都能获得平衡状态。

热电阻感温元件采用三线制接线法与桥路相接,以便消除环境温度变化对测量的影响。一般规定每根连接线的线路电阻与外接调整电阻之和为2.5 Ω。

4) 新型(ER)系列平衡记录仪

随着我国改革开放的不断深入,国内有关仪表厂已经引进了国外的先进技术和设备,生产了具有国际先进水平的各种记录仪,例如四川某厂的ER系列记录仪,上海某厂生产的EH系列中型记录仪、EL系列小型记录仪等,这些先进的记录仪都是自动平衡式显示仪表,且具有外形美观、性能优良、可靠性高等优点,无故障时间长达10万小时,深受用户欢迎。

该类仪表无论是在电路方面,还是在部件方面都采用了许多新技术,现将ER系列主要特点介绍如下。

① 采用导电塑料滑线电阻:在芯棒上先用卡玛丝绕制成滑线电阻,然后再在上面涂敷一条导电塑料。它具有表面光滑、耐腐蚀、耐氧化、接触良好等优点。

② 仪表放大器为无输入变压器和机械斩波器的印刷板插件,体积小,重量轻,可靠性高。其前置放大为非调制式的直流放大器。使用的器件是低零漂、高输入阻抗的运算放大器。

③ 仪表测量电路中的量程电阻采用特殊电阻,用激光来修正其阻值,误差不大于±0.1%;且长期稳定性极高,对提高仪表的稳定性和可靠性意义重大。

11.3 数字式显示仪表

随着科学技术不断发展,对生产过程的检测与控制的要求越来越高,由于传统模拟显示仪表存在着很大局限性,即测量速度不够快,存在读数误差,不利于信息处理,易受环境杂散干扰影响等。特别是在现代化生产中,通常要求将多路测量信息通过计算机及时地、按事先设计的程序加以处理,而模拟式显示仪表只能给出被测信息的记录图纸,并不能对这些信息进行分析、统计与处理;数字式显示仪表能克服上述缺点,并与计算机能很好联用,因而数字式显示仪表逐渐地获得了广泛应用。

数字式显示仪表通常将检测元件、变送器或传感器送来的电流或电压信号,经前置放大器放大,然后经A/D转换成数字量信号,最后由数字显示器显示其读数。由于检测元件的输出信号与被测变量之间是非线性关系,因此数字式显示仪表必须进行非线性补偿;显示仪表必须直接显示参数值,例如温度、压力、流量、物位等大小,但A/D转换后的数字量与被测变量常不相等,故必须进行标度变换,使仪表显示的数字即为参数值。因此,模—数转换(A/D)、非线性补偿和标度变换是组成数字式显示仪表的三要素。另外,还有前置放大器和数字显示器。

11.3.1 模—数转换(A/D)

在数字式显示仪表中,为实现数字显示,需把连续变化的模拟量转换成数字量,用一定的量化单位使连续量的采样值整量化，量化单位越小，整量化误差越小，数字量越接近于连续量值，但这要求模—数转换装置的频率响应和前置放大器的稳定性等越高。模—数转换技术就是研究如何将连续量进行整量化。

工业生产过程参数连续变化的范围很宽广，有各种各样的物理量与化学量，检测元件把这些参数转变成电的模拟量，在这里主要讨论电模拟量的模—数转换技术。

将模拟量转换为一定码制的数字量统称为模—数转换。模—数转换一般多为直流（缓变）电压到数字量的转换。A/D 转换器是一个编码器，理想的 A/D 转换器的输入与输出函数关系可表示为

$$D \equiv [U_X/U_q] \tag{11-13}$$

式中 D——A/D 输出的数字信号；

U_X——A/D 输入的模拟电压；

U_q——A/D 量化单位电压。

式(11-13)中的恒等号和括号的定义为 D 最接近比值 U_X/U_q（用四舍五入法取整），而比值 U_X/U_q 和 D 之间的差值即为量化误差。

表征模—数转换器性能技术指标有多项，最重要的是转换器的精度与转换速度。模拟（电压）—数字的转换方法很多，从比较原理来看，分为直接比较型、间接比较型和复合型三大类。

1）直接比较型 A/D 转换

直接比较型 A/D 转换原理是基于电位差计的电压比较原理。即用一个作为标准的可调参考电压 U_R 与被测电压 U_X 进行比较，当两者达到平衡时，参考电压的大小等于被测电压。经过不断比较，将参考电压转换为数字输出，实现 A/D 转换。其原理如图 11-10 所示。下面对典型的逐次逼近反馈编码型模—数转换器加以讨论。

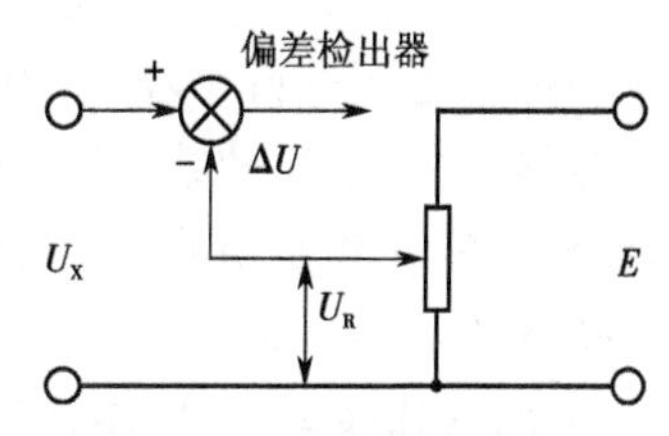

图 11-10 直接比较 A/D 转换原理图

逐次比较型 A/D 转换是最典型的直接比较型 A/D 转换。工作过程是用标准电压与被测电压从高位到低位逐次比较。采用大者弃、小者留的原则，不断逼近、逐渐积累，将被测电压转换成数字量。为具体了解这种转换原理，下面举例说明，将模拟电压 624 mV 按 8、4、2、1 码转换为数字输出（分辨力 1 mV）。

标准电压具有以下等级：800 mV、400 mV、200 mV、100 mV；80 mV、40 mV、20 mV、10 mV；8 mV、4 mV、2 mV、1 mV。标准电压共有三组，从高到低的顺序与被测电压 642 mV 进行比较，逐步实现模—数转换。比较过程和结果如图 11-11 所示，其过程如下。

① 用第一组的最大值 800 mV 与 642 mV 进行比较，800 mV>642 mV，此值弃去，记作“0”（标在示意图横坐标下方）。

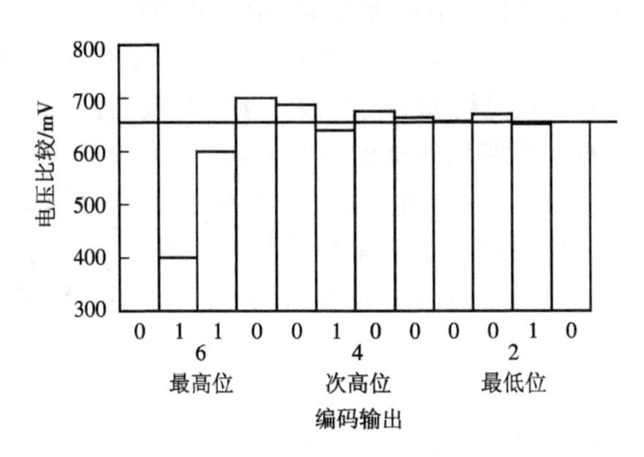

图 11-11　逐次逼近 A/D 转换编码过程示意

② 用 400 mV 与 642 mV 比较，400 mV<642 mV，此值留下，记作“1”。

③ 用(200+400) mV 与 642 mV 比较，(200+400) mV<642 mV，将(200+400)mV 值留下，记作“1”。如此下去，直至第十二步，将最小电压值 1 mV 用完，得到图 11-11 横坐标下方的三位二进制数码(0110 0100 0010)，这个数码是经比较后的转换结果，为模拟电压 642 mV 的 8、4、2、1 码形式的数字输出。

要实现以上转换，必须具备的条件如下。① 要有一套相邻关系为二进制的标准电压，产生这套电压的网络称为解码网络。② 要有一个比较鉴别器，通过它将被测电压和标准电压进行比较，并鉴别出大小，以决定是“弃”还是“留”。③ 要有一个数码寄存器，每次的比较结果“1”或“0”，由它保存下来。④ 要有一套控制线路完成下列两个任务：比较是由高位开始，由高位到低位逐位比较；根据每次的比较结果，使相应位数码寄存器记“1”或记“0”，并由此决定是否保留这位“解码网络”来的电压。

2）间接比较型 A/D 转换

所谓间接比较型 A/D 转换，就是被测电压不是直接转换成数字量，而是先转换成某一中间量，再将中间量整量化转换成数字量。该中间量目前多数为时间间隔或频率两种，即 U-T 型或 U-F 型 A/D 转换器。将被测电压转换成时间间隔的方法有：积分比较(双积分)法、积分脉冲调宽法和线性电压比较法。这里仅介绍双积分型 A/D转换。

它的工作原理是将被测(输入)电压在一定时间间隔内的平均值转换成另一时间间隔，由脉冲发生器和计数器配合，测出此时间间隔内的脉冲数，得到数字量。设有一被测电压 $U_X(t)$随时间变化的规律如图 11-12 所示。

现按照一定的时间间隔 t_1，把其分成 n 等分，然后求出各段的平均值 $\overline{U}_{XJ}$，再把 $\overline{U}_{XJ}$转换成另一时间间隔 t_2^j，且满足正比关系，即 $t_2^j \infty \overline{U}_{XJ}$；将 $\overline{U}_{X1}$、$\overline{U}_{X2}$…被转换成与其对应时间间隔 t_2^1、t_2^2…，最后由脉冲发生器和计数器配合，得到数字量 N。

具体步骤为：① 完成被测电压 U_X到平均值 $\overline{U}_{XJ}$(在一定的时间间隔 t_1内)的转换，图 11-13 中的采样积分阶段；② 完成被测电压平均值 $\overline{U}_{XJ}$到另一时间间隔 t_2的转换($t_2<t_1$),图 11-13 中的反向积分阶段;③ 将时间间隔 t_2 整量化而成数字量 N。这样就完成了被测电压到数字量的转换。

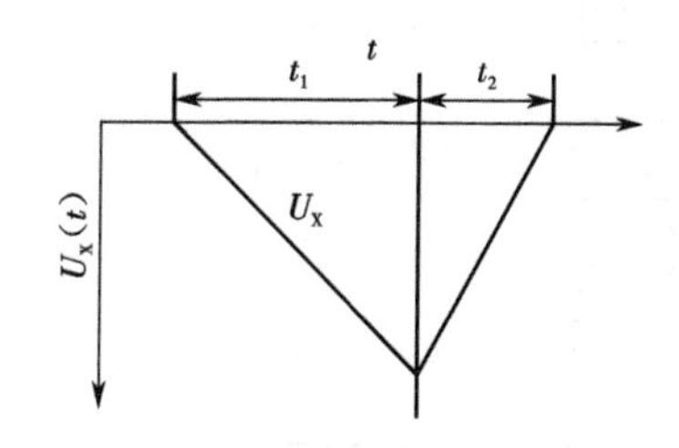

图 11-12　积分器输出电压波形图

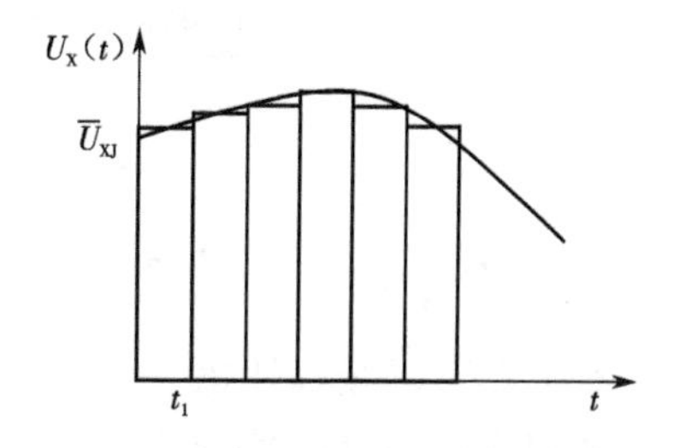

图 11-13　被测电压平均值求取图

11.3.2　非线性补偿

在实际测量中,很多检测元件或传感器的输出信号与被测变量之间的关系是非线性的,如热电偶的热电势与被测温度,流体流经节流元件的差压与流量,皆为非线性关系。对于模拟式显示仪表,只将仪表刻度按对应的非线性关系划分即可。但在数字式显示仪表中,A/D 为线性转换,且转换后的数码直接用数码管显示被测变量,必须进行非线性补偿,消除或者减小非线性误差。

非线性补偿方法主要有两种:① 用硬件方式实现;② 用软件方式实现(常用在智能仪表中)。硬件非线性补偿,可放在 A/D 转换之前的称为模拟式线性化;放在 A/D 转换之后的称为数字线性化;在 A/D 转换中进行非线性补偿的称为非线性 A/D 转换。模拟式线性化精度较低,但调整方便,成本低;数字线性化精度高;非线性A/D 转换介于上面两者之间,补偿精度可达 0.1%~0.3%,价格适中。

1) 模拟式线性化

(1) 串联式线性化

图 11-14 所示为串联式线性化的原理框图。由于检测元件或传感器的非线性,当被测变量 X 被转换成电压量 U_1 时,它们之间为非线性关系,而放大器一般具有线性特性,经放大后的 U_2 与 X 之间仍为非线性关系,因此应加入线性化器。利用线性化器的非线性静特性来补偿检测元件或传感器的非线性,使 A/D 转换之间的 U_0 与 X 之间具有线性关系。

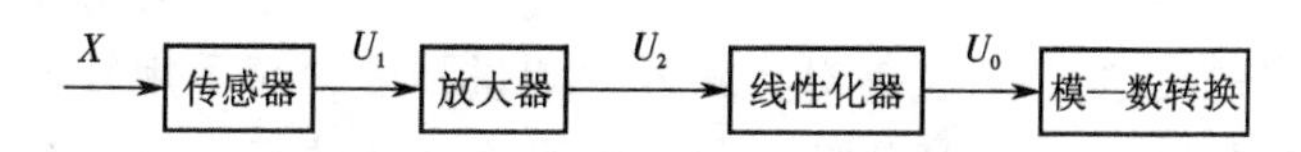

图 11-14　串联式线性化原理框图

(2) 反馈式线性化

反馈式线性化就是利用反馈补偿原理,引入非线性的负反馈环节,用负反馈环节本身的非线性特性补偿检测元件或传感器的非线性,使 U_0 和 X 之间的关系具有线性特性。反馈式线性化的原理框图如图 11-15 所示。

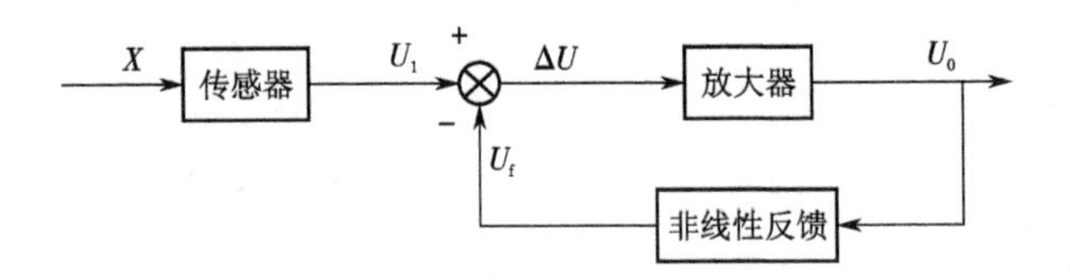

图 11-15　反馈式线性化原理框图

(3) A/D 转换线性化

它是通过 A/D 转换直接进行线性化处理的一种方法。例如，利用 A/D 转换后的不同输出，经逻辑处理后发出不同的控制信号，反馈到 A/D 转换网络中，改变A/D 转换的比例系数，使 A/D 转换输出的数字量 N 与被测量 X 呈线性关系。

2) 数字线性化

数字线性化是在模—数转换之后的计数过程中，进行系数运算而实现非线性补偿的一种方法。基本原则仍然是"以折代曲"，用不同斜率的斜线段乘不同系数，可使非线性的输入信号转换为有着同一斜率的线性输出，达到线性化目的。

11.3.3　信号的标准化及标度变换

由检测元件或传感器送来信号的标准化或标度变换是数字信号处理的一项重要任务，也是数字式显示仪表设计中必须解决的基本问题。

一般情况下，由于需测量和显示的过程参数(包括其他物理量)多种多样，因而仪表输入信号的类型、性质千差万别。即使是同一种参数或物理量，由于检测元件和装置的不同，输入信号性质、电平高低等也不相同。以测温为例，用热电偶作为测温元件，得到电势信号；以热电阻作为测温元件，得到电阻信号，采用温度变送器时，得到的又是变换后的电流信号。另外，信号电平高低相差极大，这都不能满足数字仪表或数字系统的要求，尤其在巡回检测装置中，会使输入部分的工作变得困难。故必须将这些不同性质的信号或不同电平的信号统一起来，即输入信号的规格化，或称为参数信号的标准化。这种规格化的统一输出信号可以是电压、电流或其他信号。由于各种信号变换为电压信号比较方便，且数字式显示仪表都要求输入电压信号，故将各种不同的信号变换为电压信号。目前国内采用的统一直流信号电平有以下几种：0～10 mV，0～30 mV，0～40.95 mV、0～50 mV 等。采用较高的统一信号电平能适应更多的变送器，可提高对大信号的测量精度。而采用较低的统一信号电平，对小信号的测量精度高。所以统一信号电平高低的选择应根据被显示参数信号大小来确定。

对于过程参数测量用的数字仪表的显示，往往要求用被测变量的形式显示，如温度、压力、流量、物位等。这就存在一个量纲还原问题，通常称之为"标度变换"。

图 11-16 为一般数字式显示仪表的标度变换原理图。其刻度方程可以表示为

$$y=S_1S_2S_3x=Sx \tag{11-14}$$

式中　S——数字式显示仪表的总灵敏度或称标度变换系数；

S_1、S_2、S_3——模拟部分、模—数转换部分、数字部分的灵敏度或标度变换系数。

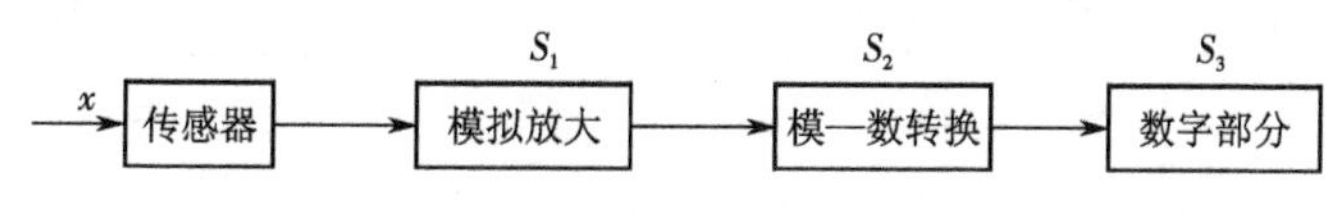

图 11-16　数字式显示仪表的标度变换原理图

因此，标度变换可通过改变 S 来实现，使显示的数字值的单位和被测变量或物理量的单位一致。模—数转换装置确定后，那么确定模—数转换系数 S_2，要改变标度变换系数 S，可改变模拟转换部分的转换系数 S_1，如传感器的转换系数及前置放大器的放大系数等；也可通过改变数字部分的转换系数 S_3 来实现。前者称为模拟量的标度变换，后者称为数字量的标度变换。因此标度变换可在模拟部分进行，也可在数字部分进行。

11.3.4　数字式显示仪表与传感器或变送器的连接

数字式显示仪表与传感器的连接和模拟式显示仪表与传感器的连接基本相同。目前国内推广使用的仪表主要是Ⅲ型仪表及与Ⅲ型仪表通用的新型仪表，在Ⅲ型仪表中的变送器一般有两线制和四线制接法。两线制接法的变送器又分有源和无源两种，无源变送器需外部提供 24 V、DC 电源；有源变送器则不需要外部电源就能提供 4～20 mA 的测量信号。四线制接法的变送器则将外部电源线与 4～20 mA 的测量信号线分开，外部电源一般有 24 V、DC 电源和 220 V、AC 电源两种。本节主要介绍两线制无源变送器与数字式显示仪表的接法。

数字式显示仪表与变送器的连接和模拟式显示仪表与变送器的连接区别是：数字式显示仪表与两线制变送器连接时，可选择带变送器 24 V、DC 电源及选择带测量信号变送输出的功能。

1）变送器与数字式显示仪表连接（外接电源）

两线制变送器（压力、温度、流量、液位等参数）一般需要外部提供电源（24 V、DC 电源），而电源回路中的电流是变送器传输的测量信号，一般是 4～20 mA。接法如图 11-17 所示。

2）变送器与数字式显示仪表连接（内部电源）

两线制变送器所需要提供的电源（24 V、DC 电源），可直接由数字式显示仪表提供，且电源回路中的电流是变送器传输的测量信号，一般是 4～20 mA。接法如图 11-18 所示。实际接线时，注意电源与信号端的正负极接法。

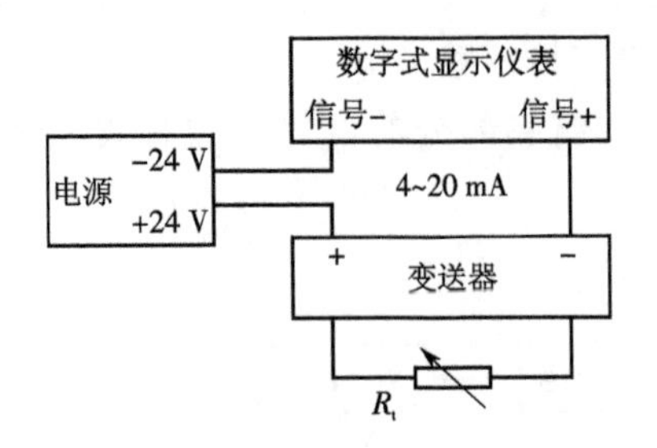

图 11-17　变送器与数字式显示仪表(外接电源)连接

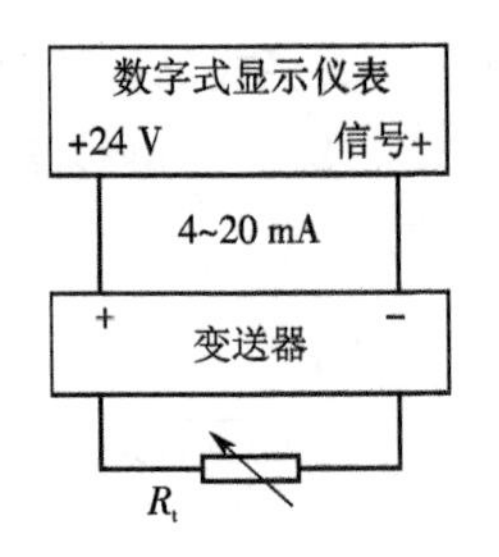

图 11-18　变送器与数字式显示仪表(内部电源)连接

思考与练习题

11-1　某五位数字电压表满量程 $U_m=5$ V,分辨率为 0.0001 V,被测值 $U=3.5$V,$a=0.02$,$n=2$,则最大测量误差为多少?

11-2　某数字电压表满量程 $U_m=2$ V,$a=0.02$,$b=0.01$,如果被测电压 U 分别为 0.2 V、1 V 和 2 V 时,则相对误差分别为多少?得出什么结论?

11-3　简述动圈式显示仪表的特点及其工作原理。

11-4　简述动圈式显示仪表的组成,并说明各部件的作用。

11-5　说明手动电位差计、电子自动电位差计与电子自动平衡电桥的区别。

11-6　数字式显示仪表的三要素是什么?并对其进行简单分析。

第12章　智能仪表

12.1　智能仪表简介

随着科学技术的发展，人们面临着越来越复杂和繁重的测试任务，模拟式、数字式仪表和测试设备已不能适应这种形势的发展，在计算机技术，特别是在大规模集成电路技术飞速发展的推动之下，测量仪表正在向智能化方向发展，以智能仪表为基本部件的分布式自动测量系统和技术也应运而生。

智能仪表就是指含有微处理器的仪表和测试装置，它们不但能进行测量，而且能存储信号和处理数据，有些智能仪表甚至具有协助专家推断、分析与决策的能力。智能仪表主要由硬件和软件(这是其他仪表所没有的)两大部分组成，数据采集技术和各种接口技术是它的硬件基础，数据处理技术为它的软件基础。

本章所讲述的智能仪表为新一代带微处理器的测量仪表，即具有记忆、判断和处理功能的仪表。而更全面的理解其内涵应是：以微处理机或单片机为核心部件，借助计算机技术和测控技术设计和制造出来，并用软件代替一部分硬件功能的新型仪表。

智能仪表具有如下特点。

① 保持原有模拟仪表的操作及使用特点，对不懂计算机的仪表操作人员，可按常规仪表的习惯进行操作，例如，手动/自动切换、参数整定等。

② 具有可编程特性。

③ 控制功能丰富。

④ 计算功能强、运算精度高。

⑤ 具有自动补偿、自选量程、自校正、自诊断、进行巡检等功能。

⑥ 具有标准通讯接口，可与上位机相连，实现分布式自动测量系统。

智能仪表的构成如下。

智能仪表的硬件，一般来说由三部分组成，即微处理机、操作显示部件、通道接口部件。智能仪表的软件有两种，一种是管理软件，另一种是应用软件。

智能仪表产品，总地来看会朝着高精度、高可靠性、小型轻量化、模板模块化、数字化、智能化方向方展。

20世纪80年代以来，国外智能仪表已全面完成产品化开发阶段，智能仪表在工业过程自动化中的应用已极为普遍。智能温度传感器、数字温度显示调节仪表、智能变送器、智能电磁流量计、智能记录仪、带微机的单回路调节器、多回路调节器、分布式数据采集系统、数字执行器等智能仪表已完成了常规的一代更新。目前我国几大仪表厂已引进了智能仪表技术，在引进技术消化吸收基础上移植、创新，自主开发出了国产化产品。预计 21 世纪将是智能仪表的时代。

12.2 智能仪表的结构

12.2.1 智能仪表的硬件结构

从智能仪表的结构框图 12-1 可以看出，智能仪表的硬件由数据采集单元和微处理器两部分组成。与传统的测量仪表的明显区别是，智能仪表是用微处理器与存储器来代替过去以电子线路为主体的结构，而且用软件来代替部分电子线路硬件功能。微处理器是智能化仪表的核心，它作为核心单元，控制数据采集单元进行数据采样，并对采样数据进行计算及数据处理，如数字滤波、标度变换、非线性补偿、数据计算等。然后把计算结果进行显示、存储及打印。

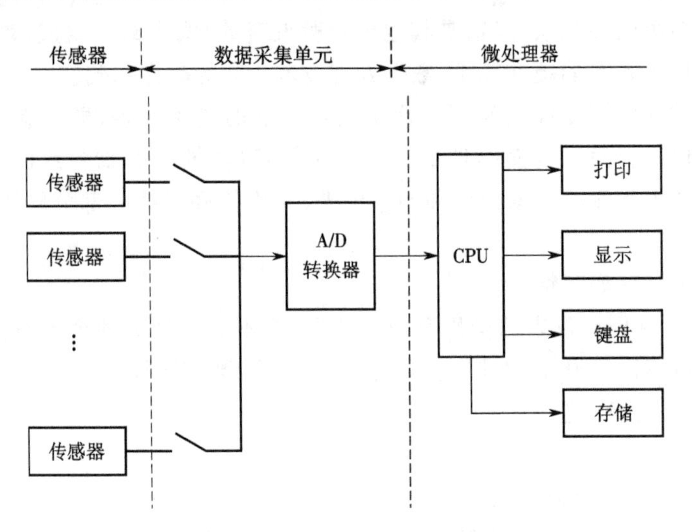

图 12-1 智能仪表的结构框图

在使用中，智能仪表常常被组成一级自动检测系统，成为自动检测系统的基本组成部分，这种检测系统是传感器、变送器、微型打印机和智能仪表的有机结合。

如果生产过程要求对更多的参数进行巡回测量，或对数据要进行两级处理，则需要考虑采用分布式自动测量系统，其原理框图如图 12-2 所示。

对于分布式自动测量系统(如图 12-3 所示)，上一级智能仪表(或微型计算机)给下一级的智能仪表以工作指令，并将下级智能仪表处理结果调来作进一步处理，最后打印报表。在分布式自动测量系统中要解决的关键问题之一是通讯问题，目前，各智能仪表之间的通讯，或微型计算机和智能仪表之间的通讯有 IEEE—488 总线接口、RS—232C 总线接口、RS—48 总线接口等。

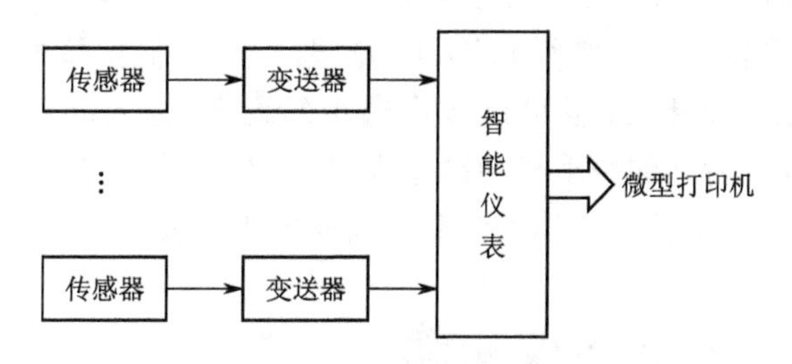

图 12-2 分布式自动测量系统原理框图

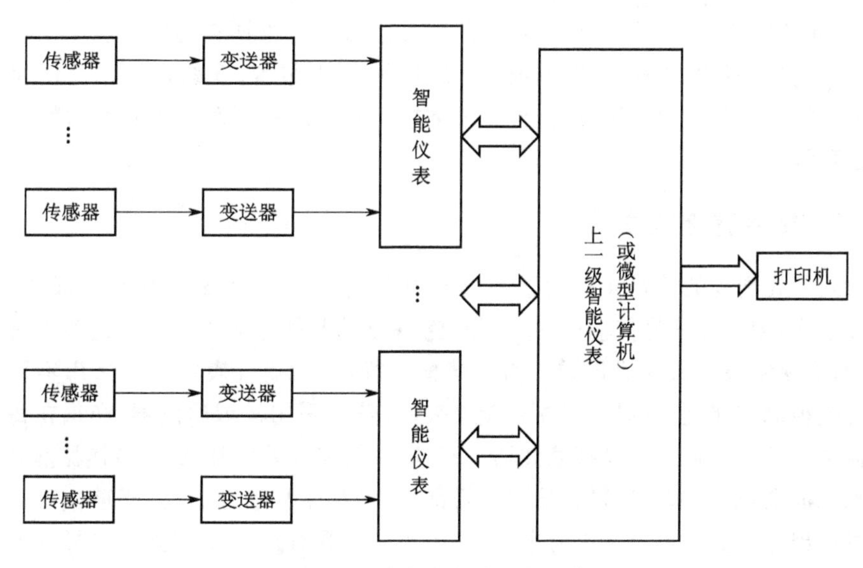

图 12-3 分布式自动测量系统

12.2.2 智能仪表的结构特点

智能仪表是当代高水平测量仪表的代表，是在常规的测量仪表的基础上发展起来的新一代测量仪表，其结构上的特点如下。

① 微处理器化。现在世界上流行的智能仪表中几乎都带有微处理器及相应的程序。微处理器在测量仪表中的使用可以说是检测技术上的一个飞跃，是赋予仪表智能特性的核心。从目前的发展趋势来看，微处理器在测量仪表中所发挥的作用将会越来越突出。这种仪表内部的微处理器部分，实际上是专用微型机，因此，把仪表的其他部分看成微型机的相应部分或外部设备，也未尝不可。微处理器在这里不但要完成某些计算和显示，而且要控制内部操作。

② 采用总线结构和标准化接口。在智能仪表中，仪表设备需与计算机连接。当仪表设备远离计算机时，采用串行数据传送方式很有效，它节省了传送连线，降低了成本，是长距离通讯的最佳方式。

③ 智能仪表的面板与传统仪表已不大相同,淘汰了大多数的旋转式开关、调节器之类的元件,智能仪表广泛使用LED、LCD显示器,它们由微处理器控制,不但能显示测量结果或处理结果,而且可以显示选用的程序、输入的数值,甚至图像画面等。智能仪表的面板有些像微型机的键盘和显示部分。由于应用了微处理器,不少硬件被软件代替,从而使仪表的体积和重量及成本相应减小。

12.3 智能仪表的典型功能

智能仪表利用其内含微处理器的记忆和运算功能,使它具有多种数据处理功能,而不同的仪表需要的数据处理功能差别可能很大。根据它们在仪表中的应用进行分类,可分为巡回检测、数字滤波、标度变换、超限报警、非线性校正及误差补偿等。也可根据其采用的算法分类,分为乘常数运算、偏移运算、比例运算、微分运算、积分运算等。

12.3.1 数字滤波技术

从安装在现场的传感元件到微型机的模拟量入口,一般都有相当一段距离,通常为几十米,因而在信号传输途中不可避免地会混入各种干扰信号。这些干扰是随机的,对测量结果引入随机误差。为了滤掉干扰,在常规仪表中可以采用不同形式的阻容模拟滤波器(滤波器),但在智能仪表中,若仍采用模拟滤波器,必须在每个通道的模拟开关前各接一个模拟滤波器,而不能在模拟开关后及A/D转换器前共用一个模拟滤波器,对全部通道进行滤波。否则,在换接采样通道时,由于前次采样在模拟开关输出端的滤波电容存储有电荷,在随后一次采样时便转移到被采样的通道而造成干扰误差,尤其在采样速度较高的系统中,这一误差就更大。此外,当噪声频率很低时,由于时间常数的增大,其体积和成本迅速增长,而滤波性能却变差。为克服模拟滤波器上述两个缺陷,在智能仪表中通常采用数字滤波器,它是通过对输入数据进行必要的处理运算,用软件来实现滤波的。

数字滤波的优点如下。

① 不需要增加硬件设备,只要在程序进入算法之前,附加一段数字滤波的程序即可。

② 多个输入通道共用一个滤波器,从而有显著的经济性。

③ 数字滤波不需要硬件,因此可靠性高,也不存在阻抗匹配的问题。

④ 使用灵活,只要改变滤波程序段,或者只改变参数,就可实现不同的滤波效果,很容易解决较低频信号的滤波问题。

12.3.2 标度变换

生产过程中的各个参数都有不同的量纲和数值,根据不同的测量参数,采用不同的传感器，就有不同的量纲和数值，如温度的测量，常采用热电阻或热电偶，铂铑10-铂热电偶在0～1600 ℃时，其热电势为16.77 mV。又如采用弹性元件测量压力时，其压力测量范围可从几十毫米水柱至几百千克每平方厘米。所有参数都经过传感器及检测电路转换为A/D转换器所能接受的0～5 V信号电压，再由A/D转换器转换为0000H～0FFFH(12位)数字量以便进行计算机处理。为了便以显示、报警、记录和累计，必须把这些数字量转换为与被测参数相对应的参数量，便于操作人员的管理和监控，这就是标度转换。标度转换的前提条件是测量值和工程量值的关系为线性。关于标度转换的原理可参阅相关自动仪表设计资料和书籍，这里不再赘述。

12.3.3　非线性补偿技术

在设计、制造和使用测量仪表时，总是希望仪表的输入和输出量是线性关系，这样得到的刻度方程就是线性方程。均匀的刻度不但使读数看起来清楚、方便，而且使仪表在整个刻度范围内灵敏度一致，尤其是工业生产过程用的电动单元组合式仪表，由于单元之间用标准信号联系，要求单元仪表的输入、输出特征必须是线性的。

但是，实际上在测量仪表的组成环节中，往往存在非线性的环节，特别是传感器的输出量与被测物理量之间的关系，绝大部分都是非线性的。造成非线性的原因主要有两个方面：一是由于许多传感器的转换原理并非线性，如在温度测量中，热电阻及热电偶与温度的关系是非线性关系，在流量测量中，孔板输出的差压信号与流量输入信号之间也是非线性关系；二是由于所采用的测量电路的非线性，例如，测量热电阻用四臂电桥，电阻的变化引起电桥失去平衡，出现的输出电压与电阻之间的关系为非线性。为解决这类问题，在模拟式显示仪表中常采用下述三种办法。

① 缩小测量范围，即取非线性特性中的一段，以近似值指示。

② 指示仪表采用非线性刻度。

③ 增加非线性补偿环节，亦称线性化器，常用的线性化器有如下几种。

a. 采用模拟电路，如二极管阵列式开方器，各种对数、指数、三角函数运算放大器等，这种方法用得最多，但实现高精度的校正难度较大。

b. 采用数字电路。如数字控制分段校正，非线性转换器等，能获得较高的校正精度。

c. 利用微处理器的运算功能。模拟电路法和数字电路法均属硬件补偿，不但成本高，电路也复杂，而且有些补偿是极为困难甚至是不可能的。在微处理器化的智能仪表中，用软件方法实现，不必增加特殊的硬件结构，通过程序便可进行传感器信号的线性化处理。必须指出，传感器线性化的问题，也是仪表智能化的目的之一。

关于非线性补偿技术主要包括开环式非线性补偿法和线性插值法线性补偿法等。具体的线性补偿原理和方法请参见相关教材和文献。

12.3.4　数据处理功能

智能仪表具有较强的数据处理功能，其内容极为丰富，综述如下。

① 求取测量值的平均值、方差值、标准偏差值、均方根值等。

② 能按线性关系、对数关系及乘方关系求取测量值相对于基准值的各种比值。

③ 能进行各种随机量的统计规律的分析和处理。

④ 曲线拟合与非线性的校正。由于传感器及测量电路的特性往往是非线性的，因此，智能仪表必须具有线性化的处理功能。

线性化的关键是找出校正函数，如线性化器的函数。校正函数一般很难直接求出，为此，实际工作中常常采用曲线拟合的办法，即对传感器的非线性特性进行拟合。曲线拟合是从$(n+1)$对测定数据中(x_i, y_i)中求得自变量x与因变量y的一个近似函数$y=f(x)$，要求它能反映给定数据的一般趋势。一般常用最小二乘法来实现曲线的拟合，以拟合误差的平方和为最小值的曲线为最佳曲线。此外，也可把传感器的非线性曲线的整个区间划分成若干段，各段分别采用线性插值法来拟合。

必须注意，在进行拟合时，要根据传感器的特性来估计拟合函数的形式，使拟合的线性范围达到所要求的值，并保证非线性校正误差小于规定值。

⑤ 逻辑运算功能。智能仪器中的逻辑运算功能主要有：极值的判别与报警、峰值检测。智能仪器在测试过程中可将检测结果与预先设定的极限(极大值或极小值)进行比较，如果检测值超过预先设定的极限，智能仪表将处于报警状态，并产生一系列规定的报警动作，此即为极值的判别与报警功能。

在智能仪表中，也常需找出一组检测数据的最大值或最小值，此即为峰值检测。这种情况通常也无须记录所有的检测值，仅记录最大值或最小值。当发现新的最大值或最小值时，应对原存储数据进行更新。程序先把第一个检测数作为最大值，然后用新的测量值与之比较。如果新数大，则将其作为最大值，否则，用下一个新测量值与原最大值进行比较。比较过程中，用一个计数器计算比较次数，直到把所有检测数据比较完毕。

⑥ 微积分运算功能。微积分运算功能包括数字微分算法和数字积分算法及数字算法等。

在检测过程中，有时要求出被观测波形的各点斜率及极值(极大值或极小值)，这就要用到数字微分算法。对于实时信号处理可以采用两点差法、三点差法和梯形积分法等数字微分算法。

12.3.5 实时自动零位校准和自动精密校准功能

自动零位校准的目的是消除由于环境因素的变化，使传感器的输出或放大器的增益等发生变化所造成的仪表零点漂移，而引起的系统误差。在智能化仪表中克服系统误差有很多方法，如零值法、替代法等。

12.3.6 自诊断功能

为提高系统的安全性、可靠性，有必要对输入、输出接口，控制电路等有关部分进行检查和诊断。诊断方式一般采用查询方式进行，遇到故障点便自动显示部位，这可大大缩短排除故障的时间，提高智能化仪表的功能。一个自动测量系统需要自检的内容是多方面的，不同的系统要求也不同。然而对传感器接口的自诊断是基本要求。

所谓对传感器接口自诊断，是判断所测定的信号是否真正可靠，这对提高系统安全性是很重要的。传感器接口诊断的具体方法是根据 A/D 程转换值处在正常量程还是溢出量来判断的。

12.3.7　自动定时控制

自动定时控制是某些测量过程所必需的，因此，智能仪表的内部一般都配有能连续工作一段时间的时钟作为时间标尺。定时控制可用硬件完成，通常微处理器系列中都有硬件定时器，它的特点是定时准确，能通过编程来确定时间，并可以向 CPU 发出定时的信号，CPU 会立即响应，并进行处理，在定时期间 CPU 可以从事其他工作。缺点是定时的时间长度有限制，更长时间的定时，可以利用实时时钟进行。此外，还可以用软件达到延时的目的，通常编制固定的延时程序，作为子程序存放在只读存储器中，这类子程序可按 0.1 s、1 s，甚至 1 h 延时设计，用户在使用中只要给定各种时间常数，通过反复调用这些子程序，就可以延长较长时间，实现自动定时控制。软件延时方法的优点是简单方便，但精度不如硬件提供的高，而且占用主机的机时。

12.3.8　自动量程切换

绝大多数智能仪表都是可编程控制的，而且量程切换一般也是通过软件来实现的。自动量程切换硬件结构有分立元件和集成芯片两种方案。

分立元件的自动量程切换电路由衰减器和测量放大器两部分组成，设计程序的原则就是通过控制衰减器和测量放大器，使相应的断电器触点和电子开关接通，完成量程切换。编制软件采用逐级比较的方法，从大到小(从高量程到低量程)自动进行，一旦判定被测参数所属量程，程序即自动转移，从而完成量程切换。

12.4　分布式自动测量系统

在一个规模较大的工业测控系统中，常常有几十个、几百个甚至更多的测量对象，只有及时准确地掌握这些对象的运行状态，才能对整个工业过程实施有效的控制，保证生产的安全，提高产品的质量，使设备安全可靠地运行。

对于一个工业化过程的自动测量系统，大致可分为两种形式：集中式自动测量系统及主从分布式自动测量系统。

12.4.1 集中式自动测量系统

集中式自动测量系统是在对工业过程实施监控的初期形成的一种自动测量的形式,得到过广泛应用。集中式自动测量系统的核心是一台微型计算机,设置在监控中心。在微型计算机内扩展了一定数量的I/O接口板(数字式或模拟式),以便与各式的测量仪表进行匹配连接。各种所需的测量仪表(模拟式或数字式,非智能式)被安装在工业测量与控制现场,通过传输导线将现场仪表的输出信号引至监控中心并与微型计算机内扩展的I/O接口板连接,形成一个集中式自动测量系统。系统的结构框图如图12-4所示。

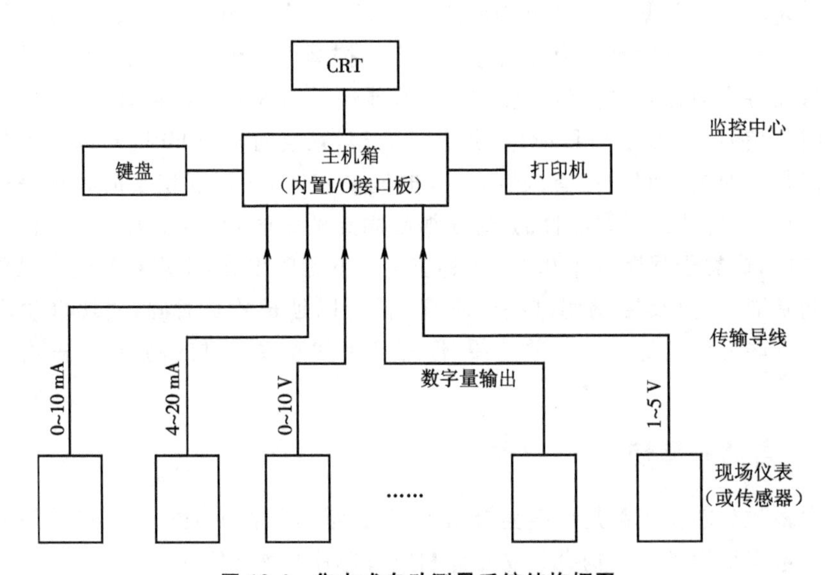

图12-4 集中式自动测量系统结构框图

集中式自动测量系统的工作过程:计算机按设定的测量周期时间,定时地采集现场仪表或传感器送来的不同类型的信号(电流信号0～10 mA或4～20 mA;电压信号0～10 V或1～5 V;数字信号,高低电平等)。集中在计算机中进行转换处理、显示、打印、下限的报警及数据的存储,一次巡回测量就完成了一个测量周期。

集中式自动测量有以下特点。

① 集中式自动测量在监控中心可实时观察到系统的全部测量数据,给系统管理者调控系统提供最实时、精确、完整的基础数据。

② 由于集中式自动测量系统是以微型计算机为核心的,具有强大的数值计算、逻辑判断、信息存储等功能,为系统的运行现状分析、故障诊断、优化运行等提供了手段。

③ 集中式自动测量系统只适用于规模较小的工业过程,如在一个车间内或一个生产线上等。这主要是因为:一方面,主机箱内I/O扩展板的数量限制了现场仪表

或传感器的数量，使得测量规模不可能太大，一般测量点数应在100点以内；另一方面，现场仪表或传感器到监控中心的距离也不能太大，一般应在百米以内，否则由于传输导线的长度太长，使传输的信号损失太大，且导线的成本也太高。

④ 由于集中式自动测量系统中的现场仪表或传感器没有智能因素，因此所有的处理功能都集中在监控中心的主机上，当系统的规模较大时，主机的负担较重，实时性变差。

由以上分析可知：当测量点数较多，测量的地理范围较大时，不适于采用集中式自动化测量系统。

12.4.2 主从分布式自动测量系统

一个规模较大的工业过程测量系统，具有测量点数多、信号类型多样化、测量点地域分布广等特点。显然集中式自动测量系统很难完成上述任务。随着计算机技术、数据通讯技术及智能仪表技术的发展，为适应较大规模工业过程的自动测量与控制，产生了主从分布式自动测量系统。

主从分布式自动测量系统的结构如图12-5所示。主从分布式自动测量系统主要由三部分构成：主计算机、通信信道及现场分机。主计算机可由一台带有RS—232C或RS—485总线接口的微型计算机担任。RS—485接口总线是串行接口总线的一种形式。在许多工业环境中，要求用最少的信号线完成通信任务，用RS—485总线是一个比较好的解决方案，对于多个分机直连非常方便。RS—485总线是半双工工作方式，采用双绞线作为传输介质，在任意时刻只能由一台分机占有，可进行分时双向数据通信，可以节省昂贵的信号线，同时可以高速远距离传递信号。许多智

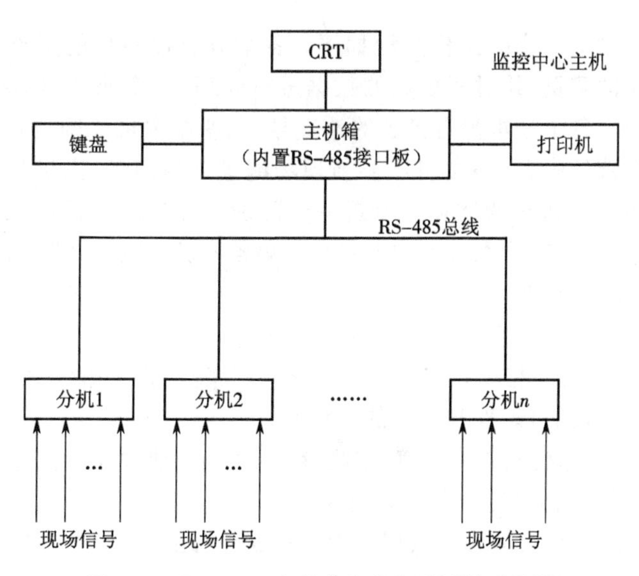

图12-5　RS—485主从分布式自动测量系统图

能仪表都在总线配有 RS—485 接口,将它们联网可构成分布式系统。一般情况下,RS—485 总线可连接 32 台分机,最大传输距离可达到 1200 m,数据传送速率可达 100 kbit/s。一般情况下,分机都由智能仪表担任。

无线信道的主从分布式测量系统主要是在通信方式上采用了超短波无线电,使得数据的传送范围更大,一般可应用于几十公里的测量范围。其工作原理如图 12-6 所示。

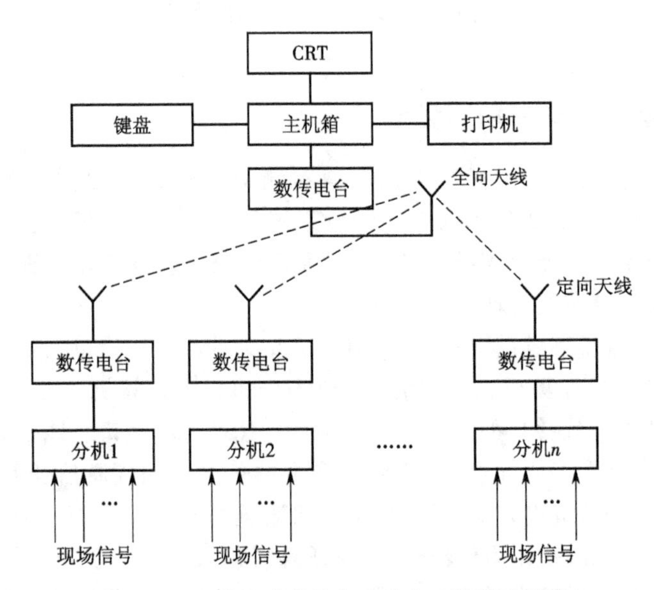

图 12-6 无线信道主从分布式自动测量系统图

主从分布式测量系统的工作过程如下。各个分机按各自的巡检周期完成所规定范围内测量点的测量,并对测量点的数据进行处理(数字滤波、标度转换、A/D 转换、显示、存储等),各个分机都有自己的地址号,以便与主机之间进行数据交换。主机是整个测量系统的中心,但主机不参与现场测量点的测量,主机只负责整个系统的数据交换和对分机送来的数据进行进一步的加工处理。测量系统的数据交换完全由主机来控制,主机用分别寻址的方式来收集各分机的数据,定时地由 1 号机到 n 号机来完成一个通信周期。

主从分布式自动测量系统的特点如下。

① 主从分布式自动测量系统具有负载分散、危险分散、功能分散、地域分散等特点,大大提高了系统的可靠性和应用的灵活性。

② 由于采用了总线或无线信道,使测量的作用半径加大,特别适用于集中供热、城市燃气、城市供水、排水的数据监测调度系统。

③ 由于功能分散,大部分的数据处理工作在分机已完成,使主机减轻了负担,提高了数据测量的实时性。

④ 由于主从分布式测量系统具有分散的结构形式,某一台分机出现故障并不影

响整个系统的运行，因此提高了测量系统的可靠性。

思考与练习题

12-1　智能仪表的基本特点是什么？

12-2　常见智能仪表的基本功能有哪些？

12-3　分布式自动测量系统的特点及其基本构成是什么？

附　　录

附表 1　铜-康铜热电偶分度表

分度号:T　　　参比端温度:0 ℃

t/℃	E/μV	S/(μV/℃)	dS/dt /(μV/℃)	t/℃	E/μV	S/(μV/℃)	dS/dt /(μV/℃)
−80	−2787.55	30.659	111.11	−35	−1298.94	35.407	99.52
−79	−2756.84	30.770	110.92	−34	−1923.49	35.507	99.38
−78	−2726.01	30.881	110.73	−33	−1227.93	35.606	99.26
−77	−2695.08	30.992	110.54	−32	−1192.27	35.705	99.16
−76	−2664.03	31.102	110.35	−31	−1156.52	35.804	99.07
−75	−2632.87	31.213	110.15	−30	−1120.67	35.903	98.99
−74	−2601.61	31.323	109.96	−29	−1084.71	36.002	98.91
−73	−2570.23	31.432	109.76	−28	−1048.66	36.101	98.84
−72	−2538.74	31.542	109.55	−27	−1012.51	36.200	98.76
−71	−2507.14	31.652	109.34	−26	−976.26	36.299	98.69
−70	−2475.44	31.761	109.12	−25	−936.91	36.397	98.60
−69	−2443.62	31.870	108.90	−24	−903.47	36.496	98.50
−68	−2411.70	31.979	108.67	−23	−866.92	36.594	98.37
−67	−2379.67	32.087	108.43	−22	−830.23	36.693	98.23
−66	−2347.52	32.195	108.19	−21	−793.54	36.791	98.05
−65	−2315.27	32.303	107.94	−20	−756.70	36.889	97.83
−64	−2282.92	32.411	107.68	−19	−719.76	36.986	97.58
−63	−2250.45	32.519	107.41	−18	−682.73	37.081	97.27
−62	−2217.88	32.626	107.13	−17	−645.59	37.181	96.91
−61	−2185.20	32.733	106.85	−16	−608.36	37.273	96.50
−60	−2152.41	32.840	106.55	−15	−571.04	37.374	96.03
−59	−2119.52	32.946	106.25	−14	−533.62	37.470	95.49
−58	−2086.52	33.052	105.94	−13	−496.10	37.565	94.90
−57	−2053.42	33.158	105.63	−12	−458.49	37.659	94.25
−56	−2020.21	33.264	105.31	−11	−420.78	37.753	93.54
−55	−1986.89	33.369	104.98	−10	−382.98	37.846	92.79
−54	−1953.47	33.474	104.66	−9	−345.09	37.939	92.01
−53	−1919.94	33.578	104.32	−8	−307.10	38.030	91.26
−52	−1886.31	33.682	103.99	−7	−269.03	38.121	90.41
−51	−1852.58	33.786	103.66	−6	−230.86	38.211	89.64

续表

t/℃	E/μV	S/(μV/℃)	dS/dt /(μV/℃)	t/℃	E/μV	S/(μV/℃)	dS/dt /(μV/℃)
−50	−1818.74	33.889	103.33	−5	−192.61	38.301	88.94
−49	−1784.80	33.993	103.00	−4	−154.26	38.389	88.53
−48	−1750.75	34.095	102.68	−3	−115.83	38.477	87.92
−47	−1716.61	34.198	102.36	−2	−77.31	38.565	87.70
−46	−1682.36	34.300	102.05	−1	−38.70	38.653	87.79
−45	−1648.01	34.402	101.75	0	+0.00	38.741	66.38
−44	−1613.55	34.504	101.46	1	+38.8	38.808	67.60
−43	−1579.00	34.605	100.18	2	+77.6	38.876	68.76
−42	−1544.34	34.706	100.92	3	+116.5	38.945	69.88
−41	−1509.59	34.807	100.67	4	+155.5	39.016	70.94
−40	−1474.73	34.907	100.43	5	+194.6	39.087	71.96
−39	−1439.77	35.008	100.22	6	+233.7	39.160	72.94
−38	−1404.72	35.108	100.01	7	+272.9	39.233	73.86
−37	−1369.56	35.208	99.83	8	+312.1	39.307	74.70
−36	−1334.30	35.308	99.66	9	+351.5	39.382	75.59
10	390.9	39.458	76.39	55	2250.3	43.231	84.21
11	430.4	39.535	77.15	56	2293.6	43.315	84.02
12	470.0	39.613	77.86	57	2336.9	43.399	83.83
13	509.6	39.691	78.55	58	2380.4	43.483	83.62
14	549.4	39.770	79.19	59	2423.9	43.566	83.41
15	589.2	39.849	79.80	60	2467.5	43.649	83.20
16	629.1	39.929	80.37	61	2511.2	43.733	82.98
17	669.0	40.010	80.91	62	2555.0	43.815	82.75
18	709.1	40.091	81.41	63	2598.8	43.898	82.52
19	749.2	40.173	81.88	64	2642.8	43.930	82.28
20	789.4	40.255	82.33	65	2686.8	44.063	82.04
21	829.7	40.328	82.74	66	2730.9	44.145	81.79
22	870.1	40.420	83.12	67	2775.1	44.226	81.55
23	910.6	40.504	83.47	68	2819.3	44.308	81.29
24	951.1	40.587	83.80	69	2863.7	44.389	81.04
25	991.7	40.671	84.10	70	2908.1	44.470	80.78
26	1032.5	40.756	84.37	71	2952.6	44.550	80.52
27	1073.3	40.840	84.62	72	2997.2	44.631	80.26
28	1114.1	40.925	84.84	73	3041.9	44.711	79.99
29	1155.1	41.010	85.04	74	3086.6	44.791	79.73
30	1196.2	41.095	85.22	75	3131.5	44.870	79.46

续表

t/℃	E/μV	S/(μV/℃)	dS/dt /(μV/℃)	t/℃	E/μV	S/(μV/℃)	dS/dt /(μV/℃)
31	1237.3	41.180	85.37	76	3176.4	44.950	79.19
32	1278.5	41.266	85.50	77	3221.4	45.029	78.92
33	1319.8	41.351	85.62	78	3266.4	45.107	78.65
34	1361.2	41.437	85.71	79	3311.6	45.186	78.38
35	1402.7	41.523	85.79	80	3356.8	45.264	78.10
36	1444.3	41.608	85.84	81	3402.1	45.342	77.82
37	1485.9	41.694	85.88	82	3447.5	45.420	77.56
38	1527.7	41.780	85.90	83	3492.9	45.497	77.29
39	1569.5	41.866	85.91	84	3538.5	45.574	77.01
40	1611.4	41.952	85.89	85	3584.1	45.651	76.74
41	1653.4	42.038	85.87	86	3629.8	45.728	76.47
42	1695.5	42.124	85.83	87	3675.5	45.804	76.20
43	1737.6	42.209	85.77	88	3721.4	45.880	75.93
44	1779.9	42.295	85.70	89	3767.3	45.956	75.66
45	1822.2	42.381	85.62	90	3813.2	46.032	75.39
46	1864.6	42.466	85.53	91	3859.4	46.107	75.13
47	1907.1	42.552	85.42	92	3905.5	46.182	74.86
48	1949.7	42.637	85.31	93	3951.7	46.257	74.60
49	1992.4	42.723	85.18	94	3998.0	46.331	74.34
50	2035.2	42.808	85.04	95	4044.4	46.405	74.08
51	2078.0	42.893	84.89	96	4090.8	46.479	73.82
52	2121.0	42.977	84.74	97	4137.4	46.553	73.56
53	2164.0	43.062	84.57	98	4183.9	46.626	73.30
54	2207.1	43.147	84.40	99	4230.6	46.700	73.05
100	4277.3	46.773	72.80	150	6702.4	50.149	63.20
101	4324.2	46.845	72.55	151	6752.5	50.212	63.06
102	4371.0	46.918	72.30	152	6802.8	50.275	62.92
103	4418.0	46.990	72.06	153	6852.1	50.338	62.78
104	4465.0	47.062	71.81	154	6903.5	50.400	62.65
105	4512.1	47.133	71.57	155	6953.9	50.463	62.51
106	4559.3	47.205	71.34	156	7004.4	50.526	62.37
107	4606.5	47.276	71.10	157	7054.9	50.588	62.24
108	4653.8	47.347	70.87	158	7105.6	50.650	62.11
109	4701.2	47.418	70.64	159	7156.2	50.712	61.98
110	4748.7	47.488	70.41	160	7207.0	50.774	61.84
111	4796.2	47.559	70.18	161	7257.8	50.836	61.71

续表

t/℃	E/μV	S/(μV/℃)	dS/dt /(μV/℃)	t/℃	E/μV	S/(μV/℃)	dS/dt /(μV/℃)
112	4843.8	47.629	69.96	162	7308.7	50 897	61.58
113	4891.4	47.699	69.74	163	7359.6	50.959	61.46
114	4939.2	47.768	69.52	164	7410.6	51.020	61.33
115	4987.0	47.838	69.30	165	7461.6	51.082	61.20
116	5034.9	47.907	69.09	166	7512.7	51.143	61.07
117	5082.8	47.976	68.88	167	7563.9	51.204	60.94
118	5130.8	48.045	68.67	168	7615.2	51.265	60.82
119	5178.9	48.113	68.46	169	7666.4	51.325	60.69
120	5227.0	48.181	68.26	170	7717.8	51.386	60.57
121	5275.3	48.250	68.06	171	7769.2	51.446	60.44
122	5323.5	48.318	67.86	172	7820.7	51.507	60.32
123	5371.9	48.385	67.67	173	7872.2	51.567	60.19
124	5420.3	48.453	67.47	174	7928.8	51.627	60.07
125	5468.8	48.520	67.28	175	7975.5	51.687	59.94
126	5517.3	48.587	67.09	176	8027.2	51.747	59.82
127	5566.0	48.654	66.91	177	8079.0	51.807	59.69
128	5614.7	48.721	66.72	178	8130.8	51.886	59.57
129	5683.4	48.788	66.54	179	8182.7	51.926	59.44
130	5712.2	48.854	66.36	180	8234.7	51.985	59.32
131	5761.1	48.921	66.19	181	8286.7	52.045	59.19
132	5810.1	48.987	66.01	182	8338.8	52.104	59.07
133	5859.1	49.053	65.84	183	8390.9	52.163	58.94
134	5908.2	49.118	65.67	184	8443.1	52.222	58.81
135	5957.3	49.184	65.50	185	8495.3	52.280	58.69
136	6006.5	49.249	65.33	186	8547.6	52.339	58.56
137	6055.8	49.315	65.17	187	8600.0	52.397	58.43
138	6105.2	49.380	65.01	188	8652.4	52.456	58.31
139	6154.6	49.445	64.85	189	8704.9	52.514	58.18
140	6204.1	49.509	64.69	190	8757.5	52.572	58.05
141	6253.6	49.574	64.53	191	8810.1	52.630	57.92
142	6303.2	49.639	64.38	192	8862.7	52.688	57.79
143	6352.9	49.703	64.23	193	8915.4	52.746	57.66
144	6402.6	49.767	64.07	194	8968.2	52.803	57.53
145	6452.4	49.831	63.93	195	9021.1	52.861	57.40
146	6502.3	49.895	63.78	196	9073.9	52.918	57.27
147	6552.2	49.959	63.63	197	9126.9	52.975	57.13

续表

t/℃	E/μV	S/(μV/℃)	dS/dt /(μV/℃)	t/℃	E/μV	S/(μV/℃)	dS/dt /(μV/℃)
148	6602.2	50.022	63.49	198	9179.9	53.032	53.00
149	6652.2	50.086	63.34	199	9233.0	53.089	56.87
				200	9286.1	53.146	56.73

附表 2　铂电阻温度计分度表

分度号:Pt100　　　R_0=100.00 Ω　　　(单位:Ω)

温度/℃	0	1	2	3	4	5	6	7	8	9
−200	17.28	—	—	—	—	—	—	—	—	—
−190	21.65	21.21	20.78	20.34	19.91	19.47	19.03	18.59	18.16	17.72
−180	25.98	25.55	25.12	24.69	24.25	23.82	23.39	22.95	22.52	22.08
−170	30.29	29.86	29.43	29.00	28.57	28.14	27.71	27.28	26.85	26.42
−160	34.56	34.13	33.71	33.28	32.85	32.43	32.00	31.57	31.14	30.17
−150	38.80	38.38	37.95	37.53	37.11	36.68	36.26	35.83	35.41	34.98
−140	43.02	42.60	42.18	41.76	41.33	40.91	40.49	40.07	39.65	39.22
−130	47.21	46.79	46.37	45.96	45.53	45.12	44.70	44.28	43.86	43.44
−120	51.38	50.96	50.54	50.13	49.71	49.29	48.88	48.46	48.04	47.63
−110	55.52	55.11	54.69	54.28	53.87	53.45	53.04	52.62	52.21	51.79
−100	59.65	59.23	58.82	58.41	58.00	57.59	57.17	56.76	56.35	55.93
−90	63.75	63.34	62.93	62.52	62.11	61.70	61.29	60.88	60.47	60.06
−80	67.84	67.43	67.02	66.61	66.21	65.80	65.39	64.98	64.57	64.16
−70	71.91	71.50	71.10	70.69	70.28	69.88	69.47	69.06	68.65	68.25
−60	75.96	75.56	75.15	74.75	74.34	73.94	73.53	73.13	72.72	72.32
−50	80.00	79.60	79.20	78.79	78.39	77.99	77.58	77.18	76.77	76.37
−40	84.03	83.63	83.22	82.82	82.42	82.002	81.62	81.21	80.81	80.41
−30	88.04	87.64	87.24	86.84	86.44	86.04	85.63	85.23	84.83	84.43
−20	92.04	91.64	91.24	90.84	90.44	90.04	89.64	89.24	88.84	88.44
−10	96.03	95.63	95.23	94.83	94.43	94.03	93.63	93.24	92.84	92.44
−0	100.00	99.60	99.21	98.81	98.41	98.01	97.62	97.22	96.82	96.42
0	100.00	100.40	100.79	101.19	101.59	101.98	102.38	102.78	103.17	103.57
10	103.96	104.36	104.75	105.15	105.54	105.94	106.33	106.73	107.12	107.52
20	107.91	108.31	108.70	109.10	109.49	109.88	110.28	110.67	111.07	111.46
30	111.85	112.25	112.64	113.03	113.43	113.82	114.21	114.60	115.00	115.39
40	115.78	116.17	116.57	116.96	117.35	117.74	118.13	118.52	118.91	119.31
50	119.70	120.09	120.48	120.87	121.26	121.65	122.04	122.43	122.82	123.21
60	123.60	123.99	124.38	124.77	125.16	125.55	125.94	126.33	126.72	127.10
70	127.49	127.88	128.27	128.66	129.05	129.44	129.82	130.21	130.60	130.99
80	131.37	131.76	132.15	132.54	132.92	133.31	133.70	134.08	134.47	134.86
90	135.24	135.63	136.02	136.40	136.79	137.17	137.56	137.94	138.33	138.72
100	139.10	139.49	139.87	140.26	140.64	141.02	141.41	141.79	142.18	142.56
110	142.95	143.33	143.71	144.10	144.48	144.86	145.25	145.63	146.01	146.40
120	146.78	147.16	147.55	147.93	148.31	148.69	149.07	149.46	149.84	150.22
130	150.60	150.98	151.37	151.15	152.13	152.51	152.89	153.27	153.65	154.03
140	154.41	154.79	155.17	155.55	155.93	156.31	156.69	157.07	157.45	157.83

续表

温度/℃	0	1	2	3	4	5	6	7	8	9
150	158.21	158.59	158.97	159.35	159.73	160.11	160.49	160.86	161.24	161.62
160	162.00	162.38	162.76	163.13	163.51	163.89	164.27	164.64	165.02	165.40
170	165.78	166.15	166.53	166.91	167.28	167.66	168.03	168.41	168.79	169.16
180	169.54	169.91	170.29	170.67	171.04	171.42	171.79	172.17	172.54	172.92
190	173.29	173.67	174.04	174.41	174.79	175.16	175.54	175.91	176.28	176.66
200	177.03	177.40	177.78	178.15	178.52	178.90	179.27	179.64	180.02	180.39
210	180.76	181.13	181.51	182.18	182.25	182.62	182.99	183.36	183.74	184.11
220	184.48	184.85	185.22	185.59	185.96	186.33	186.70	187.07	187.44	187.81
230	188.18	188.55	188.92	189.29	189.66	190.03	190.40	190.77	191.14	191.51
240	191.88	192.24	192.61	192.98	193.35	193.72	194.09	191.45	194.82	195.19
250	195.56	195.02	196.29	196.66	197.03	197.39	197.76	198.13	198.50	198.86
260	199.23	199.54	199.96	200.33	200.69	201.06	201.42	201.79	202.16	202.52
270	202.89	203.25	203.62	203.98	204.35	204.71	205.08	205.44	205.80	206.17
280	206.53	206.90	207.26	207.63	207.99	208.35	208.72	209.08	209.44	209.81
290	210.17	210.53	210.89	211.26	211.62	211.98	212.34	212.71	213.07	213.43
300	213.79	214.15	214.51	214.88	215.24	215.60	215.06	216.32	216.68	217.04
310	217.40	217.76	218.12	218.49	218.85	219.21	219.57	219.93	220.29	220.64
320	221.00	221.36	221.72	222.08	222.44	222.80	223.16	223.52	223.88	224.23
330	224.59	224.95	225.331	225.67	226.02	226.38	226.74	227.10	227.45	227.81
340	228.17	228.53	228.88	229.24	229.60	229.95	230.31	230.67	231.02	231.38
350	231.73	232.09	232.45	232.80	233.16	233.51	233.87	234.22	234.58	234.93
360	235.29	235.64	236.00	236.35	236.71	237.06	237.41	207.77	238.12	238.48
370	238.83	239.18	239.54	239.89	240.24	240.60	240.95	241.30	241.65	242.01
380	242.36	242.17	243.06	243.42	243.77	244.12	244.47	244.82	245.17	245.53
390	245.88	246.23	246.58	246.93	247.28	247.63	247.98	248.33	248.68	249.03
400	249.38	249.73	250.08	250.43	250.78	251.13	251.48	251.83	252.18	252.53
410	252.88	253.23	253.58	253.92	254.27	254.62	254.97	255.332	255.67	256.01
420	256.36	256.71	257.08	257.40	257.75	258.10	258.45	258.79	259.14	259.49
430	259.83	260.18	260.53	260.87	261.22	261.57	261.91	262.26	262.60	262.95
440	263.29	263.64	263.98	264.33	264.67	265.02	265.36	265.71	266.05	266.40
450	266.74	267.09	267.43	267.77	268.12	268.46	268.80	269.15	269.49	269.83
460	270.18	270.52	270.86	271.21	271.89	271.89	272.23	272.58	272.92	273.26
470	273.60	273.94	274.29	274.63	274.97	275.31	275.65	275.99	276.33	276.67
480	277.01	277.36	277.70	278.04	278.38	278.72	279.06	279.40	279.74	280.08
490	280.41	280.75	281.08	281.42	281.76	282.10	282.44	282.78	283.12	283.46
500	283.80	284.14	284.48	284.80	285.15	285.50	285.83	286.17	286.51	286.85
510	287.18	287.52	288.20	288.86	288.53	288.87	289.20	289.54	289.88	290.21

续表

温度/℃	0	1	2	3	4	5	6	7	8	9
520	290.55	290.89	291.22	291.22	291.89	292.23	292.56	292.90	293.223	203.57
530	293.91	294.24	294.57	294.57	295.24	295.58	295.91	296.25	296.58	296.91
540	297.25	297.58	297.92	298.25	298.58	298.91	299.25	299.58	299.91	300.25
550	300.58	300.91	301.24	301.58	301.91	302.24	302.57	302.90	303.23	303.57
560	303.90	304.23	304.56	304.89	305.22	305.55	305.88	306.22	306.55	306.88
570	307.21	307.54	307.87	308.20	308.53	308.86	309.18	309.51	309.84	310.17
580	310.50	310.83	311.16	311.49	311.82	312.15	312.47	312.80	313.13	313.46
590	313.79	314.11	314.44	314.77	315.10	315.42	315.75	316.08	316.41	316.73
600	317.06	317.39	317.71	318.04	318.37	318.69	319.01	319.34	319.67	319.90
610	320.32	320.65	320.07	321.30	321.62	321.95	322.27	322.60	322.92	323.25
620	323.57	323.89	324.22	324.54	324.87	325.19	325.51	325.84	326.16	326.48
630	326.80	327.13	327.45	327.78	328.10	328.42	328.74	329.06	329.39	329.71
640	330.03	330.35	330.68	331.00	331.32	331.64	331.96	332.28	332.60	332.93
650	333.25	—	—	—	—	—	—	—	—	—

参考文献

[1] 方修睦.建筑环境测试技术[M].北京:中国建筑工业出版社,2002.

[2] 刘自放,刘春蕾.热工检测与自动控制[M].北京:中国电力出版社,2007.

[3] 林宗虎.工程测量技术手册[M].北京:化学工业出版社,1997.

[4] 刘耀浩.建筑环境设备测试技术[M].天津:天津大学出版社,2005.

[5] 姜忠良,陈秀云.温度的测量与控制[M].北京:清华大学出版社,2005.

[6] 郑正泉,姚喜贵,马芳梅,等.热能与动力工程测试技术[M].武汉:华中科技大学出版社,2001.

[7] 沙定国.误差分析与测量不确定度评定[M].北京:中国计量出版社,2003.

[8] 周渭,于建国,刘海霞.测试与计量技术基础[M].西安:西安电子科技大学出版社,2004.

[9] 金麟孙.仪器计量误差理论[M].上海:上海科学技术出版社,1983.

[10] 吕崇德.热工参数测量与处理[M].北京:清华大学出版社,2001.

[11] 徐大中,糜振琥.热工测量与实验数据整理[M].上海:上海交通大学出版社,1991.

[12] 张华,赵文柱.热工测量仪表[M].北京:冶金工业出版社,2006.

[13] 王魁汉.温度测量实用技术[M].北京:机械工业出版社,2007.

[14] 丁力行,屈高林,郭卉.建筑热工及环境测试技术[M].北京:机械工业出版社,2006.

[15] 张子慧.热工测量与自动控制[M].北京:中国建筑工业出版社,1996.

[16] 郭绍霞.热工测量技术[M].北京:中国电力出版社,1997.

[17] 杜维.过程检测技术及仪表[M].北京:化学工业出版社,1999.

[18] 朱德祥.流量仪表原理和应用[M].上海:华东化工学院出版社,1992.

[19] 李德英.建筑节能技术[M].北京:机械工业出版社,2006.

[20] 陈刚.建筑环境测量[M].北京:机械工业出版社,2005.

[21] 郑洁.建筑环境测试技术[M].重庆:重庆大学出版社,2007.

[22] 周忠林,俞坚松,寿可宁.氢氧化钠吸收—盐酸萘乙二胺分光光度法测定污染源废气中的氮氧化物[J].环境与开发,2000,15(3):17-19.

[23] 金伟其,胡威捷.辐射度光度与色度及其测量[M].北京:北京理工大学出版社,2006.

[24] 齐斌,刘宝宜,马艳,等.锌-镉还原-盐酸萘乙二胺分光光度法测定大气中 NO_2 [J].分析化学,2007,35(4):59-60.

[25] 曹孝振,曹勤,姚安子.建筑中的噪声控制[M].北京:国防工业出版社,2005.
[26] 孟华.工业过程检测与控制[M].北京:北京航空航天大学出版社,2002.
[27] 王喜元.建筑室内放射污染控制与检测[M].南京:东南大学出版社,2004.
[28] 宋德萱.建筑环境控制学[M].南京:东南大学出版社,2003.
[29] 吴继宗,叶关荣.光辐射测量[M].北京:机械工业出版社,1992.
[30] 任天山.环境辐射测量与评价[M].北京:原子能出版社,2005.
[31] 何祚庥.基本物质科学和辐射技术[M].济南:山东教育出版社,2000.
[32] 孙运旺.传感器技术与应用[M].杭州:浙江大学出版社,2006.